数字图像处理

核心技术及应用

李达辉◎著

电子科技大学出版社
University of Electronic Science and Technology of China Press
·成都·

图书在版编目(CIP)数据

数字图像处理核心技术及应用/李达辉著. --成都：电子科技大学出版社，2018.6

ISBN 978-7-5647-6312-1

Ⅰ.①数… Ⅱ.①李… Ⅲ.①数字图象处理 Ⅳ.①TN911.73

中国版本图书馆 CIP 数据核字(2018)第 113830 号

内容简介

本书系统的讨论了数字图像处理的基本原理、基本方法、算法、实际技术和一些典型的应用。重点对数字图像处理的基本原理、图像变换、图像增强、图像恢复等内容进行了详尽的阐述。本书结构紧凑，内容深入浅出，讲解图文并茂，可作为电子信息工程相关专业的研究生、科技工作者和工程技术人员、影像工程技术人员等的参考用书。

数字图像处理核心技术及应用

SHUZI TUXIANG CHULI HEXIN JISHU JI YINGYONG

李达辉　著

策划编辑　杜　倩　刘　愚
责任编辑　魏　彬

出版发行　电子科技大学出版社
成都市一环路东一段 159 号电子信息产业大厦九楼　邮编　610051
主　　页　www.uestcp.com.cn
服务电话　028－83203399
邮购电话　028－83201495

印　　刷　三河市铭浩彩色印装有限公司
成品尺寸　170 mm×240 mm
印　　张　15.25
字　　数　273 千字
版　　次　2019 年 3 月第一版
印　　次　2024 年 9 月第二次印刷
书　　号　ISBN 978-7-5647-6312-1
定　　价　60.00 元

前　言

数字图像处理是一门综合性学科，它综合了计算机、数学、自动化、光学和视觉心理等众多研究领域的相关知识。数字图像处理技术的应用范围十分广泛，涉及文件处理、办公自动化、生物医学和材料的显微图像、医学影像分析、工业探伤和地质的放射图像、遥感、可视电话、航天航空及视频和多媒体系统等。

随着计算机技术、数字化技术和 Internet 技术的发展和广泛应用，数字图像处理学科已经成为与国计民生密切相关的应用学科，使得图像在信息获取及信息的利用等方面的作用也日益凸显出来。同时，由于近几年数字图像处理向各个应用领域的渗透，从而促使越来越多的研究人员迫切希望了解数字图像处理的相关技术及应用。因此，作者特策划了《数字图像处理核心技术及应用》一书。

本书对数字图像处理核心技术及应用进行了研究，注重理论与实践的统一。全书共分 9 章：第 1 章为引论，概括介绍了数字图像处理的主要研究内容、数字图像处理技术的发展方向等；第 2～7 章为数字图像处理核心技术部分，分别为图像变换技术、图像增强技术、图像复原与重建技术、图像压缩编码技术、图像检测与分割技术、图像匹配与模式识别技术；第 8 章和第 9 章为数字图像处理技术应用部分，主要探讨了数字图像处理技术在遥感领域及其他领域（如指纹识别、OCR 文字识别、车辆牌照识别等）的应用。

本书在撰写过程中，参考了大量有价值的文献与资料，吸取了许多人的宝贵经验，在此向这些文献的作者表示敬意。此外，本书的撰写还得到了出版社领导和编辑的鼎力支持和帮助，同时也得到了学校领导的支持和鼓励，在此一并表示感谢。由于作者自身水平及时间有限，书中难免有错误和疏漏之处，敬请广大读者和专家给予批评指正。

作　者

2018 年 4 月

目　录

第1章 引言

1.1 概述

图像处理就是对图像信息进行加工处理和分析，以满足人的视觉心理需要和实际应用或某种目的（如压缩编码或机器识别）的要求。

数字图像处理就是利用计算机对数字图像进行处理。随着计算机和多媒体技术的迅速发展和普及，数字图像处理技术受到了空前广泛的重视，出现了许多新的应用领域和新的处理方法。它具有精度高、处理内容丰富、方法易变、灵活度高等优点。但是它的处理速度受到计算机和电子元器件的限制，一般是串行处理，因此处理速度较慢。数字图像处理可以理解为以下两方面的操作。

①从图像到图像的处理。这类处理是将一幅视觉效果不好的图像进行处理，获得视觉效果好的图像。

②从图像到非图像的一种表示。这类处理通常又称为数字图像分析。通常是对一幅图像中的若干个目标物进行识别分类后，给出其特性测度。

这种从图像到非图像的表示，在许多的图像分析中起着非常重要的作用。例如，对人体组织切片图像中的细胞分布进行自动识别与分析，给出病理分析报告，这就是在计算机辅助诊断系统中的一个重要的应用。这类方法在图像检测、图像测量等领域中，有着非常广泛的应用。

1.2 数字图像处理的主要研究内容

数字图像处理的主要研究内容，根据其主要的处理流程与处理目标大致可以分为图像信息的描述、图像信息的处理、图像信息的分析、图像信息的编码及图像信息的显示等几个方面。将这几个方面展开，具体包括如下的研究方向。

1. 图像数字化

图像数字化就是将连续形式的图像通过数字设备(机电一体化信息设备)转化为计算机可以处理的离散化形式。转化过程中既要保证图像不失真,又要尽量使计算量达到最小。

图像数字化包含以下两方面的内容。

(1)采样

采样就是把连续的图像划分成若干个计算机能够识别的离散的点(像素)。

(2)量化

量化就是度量每一像素图像的亮暗信息(即灰度)。

2. 图像几何变换

图像几何变换的目的是改变一幅图像的大小或形状。例如,通过进行平移、旋转、放大、缩小镜像等,可以进行两幅以上图像内容的配准,以便于进行图像之间内容的对比检测。例如,在印章的真伪识别及相似商标检测中,通常都会采用这类的处理。另外,对于图像中景物的几何畸变进行校正,对图像中的目标物大小测量等,大多也需要图像几何变换的处理环节。

3. 图像变换

图像变换就是利用空间域处理方法和频率域处理方法对图像的表示域和表示数据进行改变,减少数字图像处理过程中的计算量,提高运算速度,以便于后续工作的顺利进行。例如,在进行图像低通滤波、高通滤波时,可以借助于傅里叶变换将在空间域中解决的问题转换到频率域中解决。

4. 图像增强

图像增强的目的是对图像进行加工,加工处理的结果没有好坏之分,就是把自己感兴趣的那一方面的内容进行突出,不感兴趣的内容当作无用的消息进行抑制,达到观察者满意的效果。图像增强的几种方法中,图像平滑对噪声的抑制效果好,但图像的边缘与轮廓模糊程度严重,细节保持效果不好。图像锐化与图像平滑正好相反,图像锐化就是对已退化的图像进行细节突出,但对灰度变化平缓的背景部分抑制效果不好。

5. 图像恢复

图像恢复的目的是将退化和模糊的图像的原有信息进行恢复,以达到清晰化的目的。图像退化是指图像经过长时间的保存之后,因发生化学反应而使画面的颜色及对比度发生退化改变的现象，或者是因噪声污染等导致画面退化的现象，或者是因为现场的亮暗范围太大，导致暗区或者高光区信息退化的现象。图像的模糊则常常是因为运动及拍摄时镜头的散焦等原因所导致的。无论是图像的退化还是图像的模糊，本质上都是原始信息部分丢失，或者原始信息相互混叠，或者原始信息与外来信息的相互混叠所造成的，因此，根据退化模糊产生原因的不同，采用不同的图像恢复方法即可达到图像清晰化目的。

6. 图像隐藏

图像隐藏就是将一幅图像或者多媒体信息在数字化时产生的噪声隐藏在一幅图像中。图像隐藏的目的就是利用秘密信息代替噪声，但是隐藏的过程中，要保证计算的数据量不能增加，更要保证隐藏图像或信息的抗干扰性，也就是解密之后的不失真性。图像隐藏的实例有很多，但最典型的就是数字水印技术。

7. 图像重建

图像重建的目的是根据二维平面图像数据构造出三维物体的图像。例如，在医学影像技术中的CT成像技术，就是将多幅断层二维平面数据重建成可描述人体组织器官三维结构的图像。三维重建技术也成为目前虚拟现实技术及科学可视化技术的重要基础。

8. 图像编码压缩

图像编码与压缩技术是数据压缩的一个分支，数字图像保真度的准则在图像压缩编码中，解码图像与原始图像可能会有差异，这样就需要有一种对信息损失的程度进行量度的标准，以描述解压缩所获得的图像相对于原图像的偏离程度。为实现简化图像的目的，一般采用图像编码进行处理，即用压缩的形式表示图像的数据，以此实现存储与传输。

9. 图像分割

为了能够简洁明白地从内容上表述原始图像，一般需要基于灰度或几何特性选定的特征基础上，把图像分为若干个具有特殊含义的部分。为了能够更深入地实现模式识别及视觉等处理，通常会从分割出的有特殊意义的部分进行下一部处理分析，以从中挖掘更有价值的信息。

10. 图像识别与理解

图像识别与理解是指通过对图像中各种不同的物体特征进行定量化描述之后，将所期望获得的目标物进行提取，并且对所提出的目标物进行一定的定量分析。要达到这个目的，实际上就是要实现对图像内容的理解，以及对特定目标的一个识别。因此，其核心是要完成依据目标物的特征对图像进行区域分割，获得期望目标所在的局部区域。

图像中目标物的特征描述一般包括了形状特征、纹理特征及颜色特征等。形状特征有长宽比、圆形度、面积、周长，等等。纹理，特征则包括了砖墙、布纹这类规则纹理，以及如沙滩、草坪这类非规则纹理。

1.3 数字图像处理技术的发展方向

随着微电子技术发展、计算机运算和处理速度的提升、各种快速算法的出现，数字图像处理技术的应用领域也越来越广泛，正在向现代文明的各个方向渗透，已经不单单是用于航天探测等少数尖端领域，目前在理发发型预测、邮件自动分拣等各个方面都有涉及。高速度、高分辨率、多媒体、智能化、标准化将是数字处理技术以后的发展方向，这主要表现在以下几个方面。

1. 提高处理精度与速度

数字图像处理技术在发展与完善的同时应进一步提高精度，着重解决图像处理速度等核心问题，将图像、图形技术相结合，朝着三维成像或多维成像的方向发展。例如，在多光谱卫星图像分析，天文、太空星体的探测及分析等方面，减少计算的数据量，提高运行速度，是推动技术进步的关键。

2. 图像处理的硬件技术

在图像处理技术方面，一种新的趋势是更加重视用于图像处理的专门硬件芯片的研究，在提高软件水平的同时，提高硬件水平，利用硬件技术尽可能实现数字图像处理的各项功能。

从 20 世纪 80 年代后期开始，图像处理的硬件技术也得到了迅速发展，不仅能处理二维图像，而且开始进行三维图像的处理。目前，一些图像处理硬件采用流水线结构，可以将 JPEG 集成到一个芯片上。

21 世纪以来，数字图像处理技术已经不单单应用在航天探测等少数尖端领域，它正在向现代文明的各个方向渗透。例如，近年来蓬勃发展的医学图像处理、多媒体信息处理技术、图像融合技术、虚拟现实技术等，图像在其中均占据了主要地位，文本、图形、动画、视频都要借助于图像处理技术才能充分发挥它们的作用。

3. 图像处理与通信技术结合

数字图像处理技术在理论、软件、硬件技术不断发展的同时，另一个新的发展方向是图像与通信技术的紧密结合。从1865年的传真通信开始，到目前正开始进入应用的可视电话，图像处理与通信技术的结合已经历了100多年的历程。随着微电子技术、计算机技术，特别是VLSI制造技术、通信数字化技术的迅速发展，图像与通信技术日益融合。会议电视、电视电话、图文电视、可视图文、传真等图像通信方式已应用到各行各业。

20世纪90年代初，以H.261(活动图像编码国际标准)及随后一系列图像编码、图像通信的国际标准先后获得通过为标志，解决了可视技术在通信中的应用这一长期困扰人们的问题，极大地推动了办公自动化、现场视频管理等图像通信方式的国际化和产业化，图像通信开始进入一个高速发展的新阶段。

4. 图像处理领域的标准化①

目前，市场上关于数字图像处理的软件和硬件种类繁多，没有一个统一的标准，不便于用户之间的交流与使用。针对这种情况，应建立图像信息库，制定一个统一的标准，使存放格式、检索方法一致化，子程序标准化，推动数字处理技术的发展。

5. 新理论与新算法

近年来，数字图像处理领域在理论上也有了新的发展，新的理论和新的算法不断涌现，如Wavelet算法、Morphology算法、Fractal算法、分形几何、数学形态学、神经网络算法、遗传算法等。数字图像处理技术的各种新算法与软件的结合将是今后研究的主要方向。

6. 应用领域不断开拓

从JPL实验室开拓性地将数字图像处理技术引入应用开始，数字图像

---

① 胡建楠.一种基于DSP和FPGA实时图像处理平台的硬件设计与实现[D].北京:北京交通大学,2010.

处理技术就一直为人类的航空航天及军事等尖端领域不断做出新的贡献，与此同时，欧、美、日等国家的科技人员又将图像处理技术从空间技术领域推广到了生物学、医学、光学、陆地探测卫星、多波段遥感图像分析、人工智能、粒子物理、地质勘探、工业检测及印刷等多种应用领域。特别是进入21世纪以来，关于图像处理方面的研究论著，无论在质量上还是数量上都在迅速攀升，技术上的突破不断促进数字图像处理技术向深度和广度发展，如图像水印、图像检索等各种新的应用方向不断出现。

数字图像处理理论和技术经过了近50年的发展，已不再局限于航空航天等少数尖端领域，而是迅速发展成一门独立的具有强大生命力的学科，并已渗透到了科学研究的各个领域、工业生产的众多行业、人类生活的各个方面。随着数字处理技术应用所涉领域的各种实际需求的不断增加，不论是在理论上还是实践上都具备很大的发展空间，不难预料，数字图像处理技术必将更加迅速地向广度和深度发展。

第 2 章　图像变换技术

2.1　傅里叶变换

傅里叶变换(DFT)是图像处理的重要手段，通过傅里叶变换可以达到滤除或者保留某些信息的目的。

2.1.1　连续傅里叶变换

1. 一维连续傅里叶变换

设 $f(x)$是一个连续时间信号，如果 $f(x)$属于 L^2 空间，即

$$\int_{-\infty}^{\infty} |f(x)|^2 \mathrm{d}x < \infty$$

那么 $f(x)$的傅里叶变换存在，并定义为

$$F(u) = \int_{-\infty}^{\infty} f(x) \mathrm{e}^{-\mathrm{j}2\pi ux} \mathrm{d}x$$

式中，j 为虚数单位；u 为频域变量；x 为空域变量。从 $F(u)$恢复 $f(x)$称为傅里叶逆变换，其逆变换为

$$f(x) = \int_{-\infty}^{\infty} F(u) \mathrm{e}^{-\mathrm{j}2\pi ux} \mathrm{d}u$$

此外，函数 $f(x)$还必须满足 Dirichlet 条件，即只有有限个间断点、有限个极值点和绝对可积，并且 $F(u)$也应是可积的。

$f(x)$一般是实函数，其傅里叶变换结果多为复函数，由实部和虚部组成，即

$$F(u)=R(u)+\mathrm{j}I(u)=|F(u)|\mathrm{e}^{\mathrm{j}\varphi(u)}$$

$$\varphi(u)=\arctan\frac{I(u)}{R(u)}$$

$$|F(u)|=\sqrt{R^2(u)+I^2(u)}$$

式中，$R(u)$为 $F(u)$的实部；$I(u)$为 $F(u)$的虚部；$|F(u)|$称为 $f(x)$的傅里

叶谱或幅度谱，谱的平方称为 $f(x)$ 的能量谱；$\varphi(u)$ 称为相位角或相谱；u 称为变换域变量，也叫作频域变量，应用欧拉公式，指数项 $e^{-j2\pi ux}$ 可展开为

$$e^{-j2\pi ux}=\cos 2\pi ux-j\sin 2\pi ux$$

2. 二维连续傅里叶变换

傅里叶变换可以推广到两个变量连续可积的函数 $f(x,y)$。如果 $F(u,v)$ 是可积的，那么存在如下的傅里叶变换对：

$$F(u,v)=\int_{-\infty}^{\infty}\int_{-\infty}^{\infty}f(x,y)e^{j2\pi(ux+vy)}\mathrm{d}x\mathrm{d}y$$

$$f(x,y)=\int_{-\infty}^{\infty}\int_{-\infty}^{\infty}F(u,v)e^{j2\pi(ux+vy)}\mathrm{d}x\mathrm{d}y$$

二维函数的傅里叶谱、相位和能量谱分别表示为

$$|F(u,v)|=\sqrt{R^2(u,v)+I^2(u,v)}$$

$$\varphi(u,v)=\arctan\frac{I(u,v)}{R(u,v)}$$

$$E(u,v)=R^2(u,v)+I^2(u,v)$$

2.1.2 离散傅里叶变换

1. 一维离散傅里叶变换

在 $f(x)$ 的傅里叶变换中，$f(x)$ 在开区间 $-\infty\sim+\infty$ 上是连续，$f(x)$ 同样也是连续的。但是，到目前为止，我们掌握的计算机水平还不能对连续的一维序列 $f(x)$ 进行直接运算。因此，要对连续一维序列 $f(x)$ 离散化处理。

如果以 Δx 为采样间隔，在 $(-\infty,+\infty)$ 范围内对 $f(x)$ 进行等间隔采样，那么可将连续函数离散化。通常情况下，不会对这无穷多个采样值进行同样的关注，若以某个起点 x_0 开始的采样值是所关注的值，则称该起点 x_0 的采样值为离散采样序列的第 1 个样本值，其余采样点以此类推，$(x_0+\Delta x)$ 点的采样值为第 2 个采样值，$(x_0+2\Delta x)$ 点的采样值为第 3 个采样值，…，$[x_0+(N-1)\Delta x]$ 点处的采样值为第 N 个采样值。这样就得到了具有 N 个采样值的离散序列。

将 N 个采样值排列如下：

$$f(x_0),f(x_0+\Delta x),f(x_0+2\Delta x),\cdots,f[x_0+(N-1)\Delta x]$$

上式序列可以表示为

$$f(x_0+n\Delta x)(n=0,1,2,3,\cdots,N-1)$$

式中 x_0 是一个确定的起点时刻，Δx 是采样间隔，这两个量都是常量，上

述序列的表达式中只有 n 是变量，因此，离散采样序列可以直接表示为 $f(n)$。即

$$f(n)=f(x_0+n\Delta x)\quad(n=0,1,2,3,\cdots,N-1)$$

为了和数字图像的其他表示方法一致，可以将 x 代替 n，即序列可以表示为

$$f(x)=f(x_0+x\Delta x)\quad(x=0,1,2,3,\cdots,N-1)$$

由此可得一维离散序列 $f(x)(x=0,1,2,3,\cdots,N-1)$ 的傅里叶变换定义为

$$F(u)=\sum_{u=0}^{N-1}f(x)\mathrm{e}^{-\mathrm{j}\frac{2\pi ux}{N}}\quad(u=0,1,2,3,\cdots,N-1)$$

式中，$F(u)=F(u_0+u\Delta u)(u=0,1,2,3,\cdots,N-1)$。

如果已知频率序列 $F(u)(u=0,1,2,3,\cdots,N-1)$，那么离散序列 $F(u)$ 的傅里叶逆变换定义为

$$f(x)=\frac{1}{N}\sum_{x=0}^{N-1}F(u)\mathrm{e}^{-\mathrm{j}\frac{2\pi ux}{N}}\quad(x=0,1,2,3,\cdots,N-1)$$

$f(x)$ 和 $F(u)$ 称为傅里叶变换对。

Δx 为空间域采样间隔，Δu 为频率域采样间隔，Δx 和 Δu 的关系可用下式表示

$$\Delta x=\frac{1}{N\Delta u}$$

令

$$W=\mathrm{e}^{-\mathrm{j}\frac{2\pi}{N}}$$

离散傅里叶变换的矩阵形式为

$$\begin{bmatrix}F(0)\\F(1)\\\vdots\\F(N-1)\end{bmatrix}=\begin{bmatrix}W^0 & W^0 & W^0 & \cdots & W^0\\W^0 & W^{1\times1} & W^{2\times1} & \cdots & W^{(N-1)\times1}\\\vdots & \vdots & \vdots & \vdots & \vdots\\W^0 & W^{-(N-1)\times1} & W^{-(N-1)\times2} & \cdots & W^{-(N-1)\times(N-1)}\end{bmatrix}\begin{bmatrix}f(0)\\f(1)\\\vdots\\f(N-1)\end{bmatrix}$$

$$\begin{bmatrix}f(0)\\f(1)\\\vdots\\f(N-1)\end{bmatrix}=\frac{1}{N}\begin{bmatrix}W^0 & W^0 & W^0 & \cdots & W^0\\W^0 & W^{1\times1} & W^{2\times1} & \cdots & W^{(N-1)\times1}\\\vdots & \vdots & \vdots & \vdots & \vdots\\W^0 & W^{-(N-1)\times1} & W^{-(N-1)\times2} & \cdots & W^{-(N-1)\times(N-1)}\end{bmatrix}\begin{bmatrix}F(0)\\F(1)\\\vdots\\F(N-1)\end{bmatrix}$$

式中，$W=\mathrm{e}^{-\mathrm{j}\frac{2\pi}{N}}$，称为变换核。

离散傅里叶变换也可以写为如下形式：

正变换为

$$F(u)=\sum_{u=0}^{N-1}f(x)W_N^{ux}\quad(u=0,1,2,3,\cdots,N-1)$$

逆变换为

$$f(x)=\sum_{X=0}^{N-1}F(u)W_N^{ux}\,(x=0,1,2,3,\cdots,N-1)$$

根据欧拉公式，傅里叶变换可以写为如下形式：

$$F(u)=\sum_{u=0}^{N-1}f(x)\left[\cos\frac{2\pi ux}{N}-\mathrm{j}\sin\frac{2\pi ux}{N}\right](u=0,1,2,3,\cdots,N-1)$$

由此可知，离散序列 $f(x)$ 的傅里叶变换 $F(u)$ 依然是离散序列，而且通常情况下是一个复数序列，与连续傅里叶变换类似，$F(u)$ 可以表示为

$$F(u)=R(u)+\mathrm{j}I(u)$$

式中，序列 $R(u)$ 和 $I(u)$ 分别表示离散序列 $F(u)$ 的实序列和虚序列，序列 $F(u)$ 还可以以指数形式表示为

$$F(u)=|F(u)|\,\mathrm{e}^{\mathrm{j}\varphi(u)}$$

其中，

$$|F(u)|=[R^2(u)+I^2(u)]^{\frac{1}{2}}$$

$$\varphi(u)=\arctan\left(\frac{I(u)}{R(u)}\right)$$

式中，$|F(u)|$ 称为 $F(u)$ 的模，又称为序列 $f(x)$ 的频谱或傅里叶幅度谱；$\varphi(u)$ 称为 $F(u)$ 的相角，或称为序列 $f(x)$ 的相位谱。

令

$$E(u)=|F(u)|^2$$

则频谱的平方 $E(u)$ 称为序列 $f(x)$ 的能量谱或功率谱。

2. 二维离散傅里叶变换

当傅里叶变换推广到两个离散变量函数 $f(x,y)$ 时，设其大小为 M 列 N 行，$f(x,y)$ 的二维离散傅里叶变换可以表示为

$$F(u,v)=\sum_{x=0}^{M-1}\sum_{y=0}^{N-1}f(x,y)\mathrm{e}^{-\mathrm{j}2\pi\left(\frac{ux}{M}+\frac{vy}{N}\right)}\mathrm{d}x\mathrm{d}y$$
$$(u=0,1,\cdots,M-1;v=0,1,\cdots,N-1)$$

其逆变换为

$$f(x,y)=\sum_{u=0}^{M-1}\sum_{v=0}^{N-1}F(u,v)\mathrm{e}^{-\mathrm{j}2\pi\left(\frac{ux}{M}+\frac{vy}{N}\right)}\mathrm{d}u\mathrm{d}v$$
$$(u=0,1,\cdots,M-1;v=0,1,\cdots,N-1)$$

在数字图像处理中，图像傅里叶变换一般取方阵，即 $M=N$，则傅里叶变换公式变为

$$F(u,v)=\sum_{x=0}^{N-1}\sum_{x=0}^{N-1}f(x,y)\mathrm{e}^{-\mathrm{j}2\pi\left(\frac{ux+vy}{N}\right)}\mathrm{d}x\mathrm{d}y(u,v=0,1,\cdots,N-1)\quad(2\text{-}1)$$

$$f(x,y)=\sum_{u=0}^{N-1}\sum_{v=0}^{N-1}F(u,v)e^{-j2\pi\left(\frac{ux+vy}{N}\right)}dudv(u,v=0,1,\cdots,N-1) \quad (2\text{-}2)$$

与二维连续傅里叶变换的情况类似，二维离散傅里叶变换的傅里叶谱和相位为

$$|F(u,v)|=\sqrt{R^2(u,v)+I^2(u,v)}$$

$$\varphi(u,v)=\arctan\frac{I(u,v)}{R(u,v)}$$

二维信号的离散傅里叶变换所得结果的频率成分的分布示意图如图 2-1 所示。即变换结果的左上、右上、左下、右下四个角部分对应低频成分，中央部分对应高频成分。

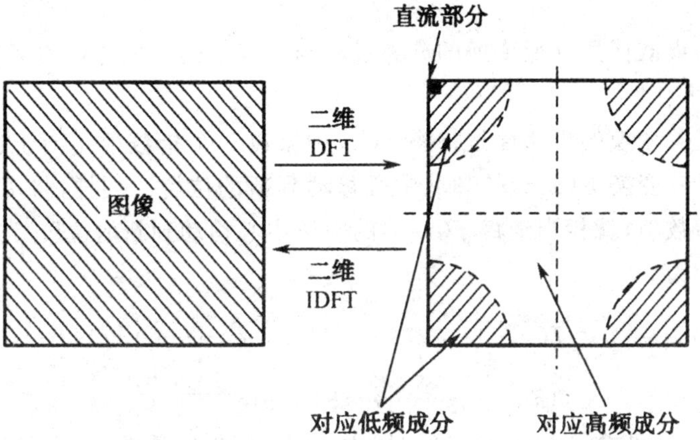

图 2-1　二维信号的离散傅里叶变换所得结果的频率成分的分布示意图

在数字图像处理系统上实现离散傅里叶变换，可利用离散傅里叶变换的可分离性、平移性、周期性、共轭对称性、旋转不变性等进行简化运算。现对这些性质予以介绍。

(1)可分离性

由式(2-1)，傅里叶变换对可表示为

$$\begin{aligned}F(u,v)&=\sum_{x=0}^{N-1}\sum_{x=0}^{N-1}f(x,y)e^{\frac{-j2\pi vy}{N}}e^{\frac{-j2\pi ux}{N}} \\ &\qquad\qquad (u,v=0,1,\cdots,N-1)\\ &=\sum_{x=0}^{N-1}e^{\frac{-j2\pi vy}{N}}\sum_{x=0}^{N-1}f(x,y)e^{\frac{-j2\pi ux}{N}}\end{aligned}$$

同理，式(2-2)可以分离成如下形式，即

$$f(x,y)=\frac{1}{N}\sum_{u=0}^{N-1}e^{\frac{-j2\pi ux}{N}}\sum_{v=0}^{N-1}F(u,v)e^{\frac{-j2\pi vy}{N}}(u,v=0,1,\cdots,N-1)$$

由上述的分离形式可以看出，一个二维离散傅里叶变换可以通过先后

两次运用一维傅里叶变换来实现，即先沿 $f(x,y)$ 的列方向求一维离散傅里叶变换得到 $F(x,v)$，再对 $F(x,v)$ 沿行方向求一维离散傅里叶变换得到 $F(u,v)$，整个过程如图 2-2 所示。

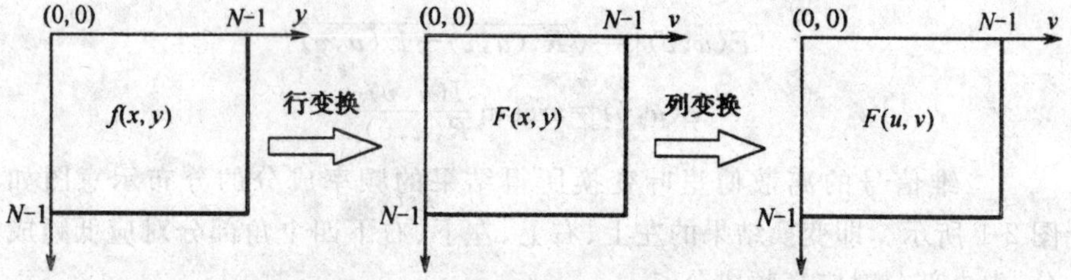

图 2-2　二维离散傅里叶变换的分离过程

二维离散傅里叶反变换的分离过程与正变换的分离过程相似。

(2)平移性

傅里叶变换的平移性是指将 $f(x,y)$ 乘以一个指数项相当于将其二维离散傅里叶变换 $F(u,v)$ 的频域中心移动到新的位置。同样，将 $F(u,v)$ 乘以一个指数项，就相当于将 $f(x,y)$ 的空域中心移动到新的位置。这个性质可以表示为

$$f(x,y)\mathrm{e}^{\frac{\mathrm{j}2\pi(u_0x+v_0y)}{N}} \Leftrightarrow F(u-u_0,v-v_0) \tag{2-3}$$

$$f(x-x_0,y-y_0) \Leftrightarrow F(u,v)\mathrm{e}^{\frac{-\mathrm{j}2\pi(ux_0+vy_0)}{N}} \tag{2-4}$$

式(2-3)和式(2-4)说明，当空域中 $f(x,y)$ 产生移动时，在频域中只发生相移，而傅里叶变换的幅值不变。因为

$$\left|F(u,v)\mathrm{e}^{\frac{-\mathrm{j}2\pi(ux_0+vy_0)}{N}}\right| = |F(u,v)|$$

反之，当频域中，$F(u,v)$ 产生移动时，相应的 $f(x,y)$ 在空域中也只发生相移，而幅值不变。

在数字图像处理中，常常需要将 $F(u,v)$ 的原点移到 $N\times N$ 方阵的中心，以便能清楚地分析傅里叶变换频谱的情况。要做到这一点，只需令

$$u_0=v_0=N/2$$

则

$$\mathrm{e}^{\frac{\mathrm{j}2\pi(u_0x+v_0y)}{N}} = \mathrm{e}^{\mathrm{j}2\pi(x+y)} = (-1)^{x+y} \tag{2-5}$$

将式(2-5)代入式(2-3)中，可得

$$f(x,y)(-1)^{x+y} \Leftrightarrow F\left(u-\frac{N}{2},v-\frac{N}{2}\right) \tag{2-6}$$

式(2-6)说明，如果需要将图像频谱的原点从起始点(0,0)移到图像的

中心点$\left(\frac{N}{2},\frac{N}{2}\right)$，只要将 $f(x,y)$乘上$(-1)^{x+y}$因子进行傅里叶变换即可实现，如图 2-3 所示表明了这一过程。

(a)未平移的傅里叶谱　　(b)原点移到中心的傅里叶谱

图 2-3　图像谱移动示例

(3)周期性、共轭对称性

设 a 和 b 为整数，离散傅里叶变换有如下的周期性：

$$F(u,v)=F(u+aM,v)=F(u,v+bN)=F(u+aM,v+bN)$$

同样，逆变换也具有如下周期性：

$$f(x,y)=f(x+aM,y)=f(x,y+bN)=f(x+aM,x+bN)$$

如图 2-4 所示，$f(x,y)$的 DFT 频谱是在水平方向以 N 为周期、在垂直方向以 M 为周期的周期图形。

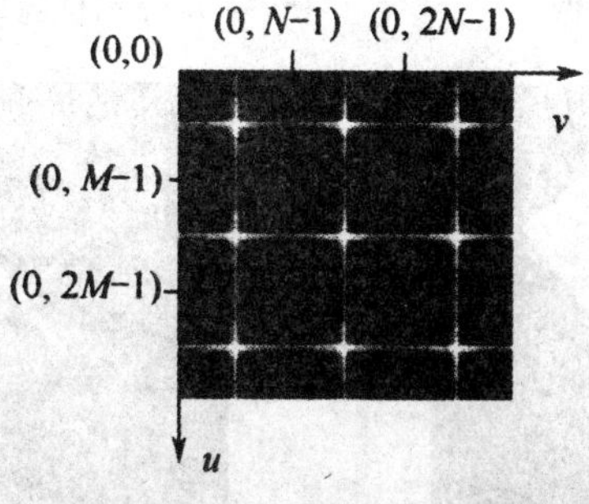

图 2-4　典型图像的频谱图

由于图像函数 $f(x,y)$一般为实函数，DFT 的共轭对称性可以表示为

$$F(u,v)=F*(-u,-v)$$

和

$$|F(u,v)|=|F*(-u,-v)|$$

在实际应用中，周期性和共轭对称性给我们带来了许多方便。

(4)旋转不变性

如果引入极坐标使

$$\begin{cases} x = r\cos\theta \\ y = r\sin\theta \end{cases} \qquad \begin{cases} u = \omega\cos\varphi \\ v = \omega\sin\varphi \end{cases}$$

那么 $f(x,y)$ 和 $F(u,v)$ 分别表示为 $f(r,\theta)$ 和 $F(\omega,\varphi)$。

在极坐标中，存在以下的变换对，即

$$f(r,\theta+\theta_0) \Leftrightarrow F(\omega,\varphi+\theta_0) \tag{2-7}$$

式(2-7)表明，如果 $f(x,y)$ 在空域旋转 θ_0 角度，那么相应的傅里叶变换$F(u,v)$在频域也旋转同一角度 θ_0。二维离散傅里叶变换的旋转性如图 2-5 所示，其中图 2-5(a)和图 2-5(b)是原图像及其傅里叶频谱，图 2-5(c)和图 2-5(d)则是旋转后的图像及其傅里叶频谱，由图 2-5 可见，如果图像本身在空间域旋转，则其二维离散傅里叶变换在频率域也会旋转，且旋转的角度相同。

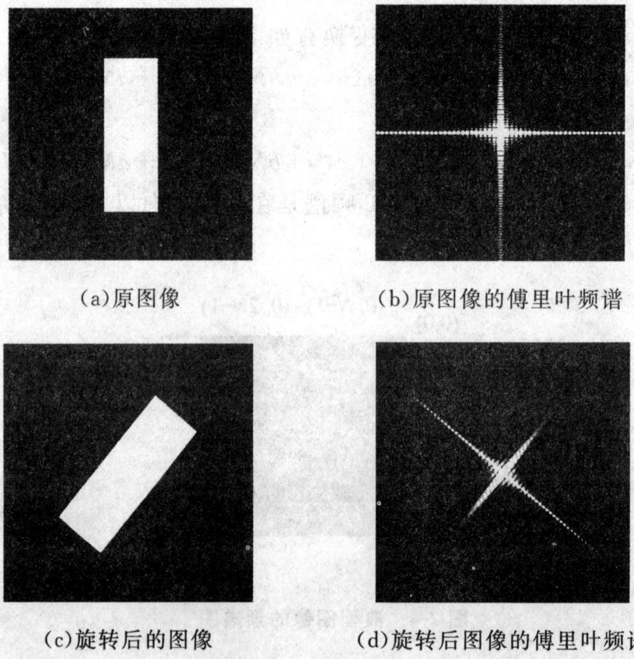

(a)原图像　(b)原图像的傅里叶频谱

(c)旋转后的图像　(d)旋转后图像的傅里叶频谱

图 2-5　二维离散傅里叶变换的旋转性

(5)卷积定理

对于连续函数 $f(x,y)$ 与 $g(x,y)$，它们的卷积定义为

$$h(x,y) = f(x,y) * g(x,y) = \int_{-\infty}^{\infty}\int_{-\infty}^{\infty} f(p,q)g(x-p,y-q)\mathrm{d}p\mathrm{d}q$$

现设 $f(m,n)$ 和 $g(m,n)$ 分别是 $A\times B$ 和 $C\times D$ 数字图像。定义两个正整数 M 和 N 满足

$$M\geqslant A+C-1, N\geqslant B+D-1$$

对 $f(m,n)$ 和 $g(m,n)$ 进行周期性延拓，在 x 和 y 方向的周期分别是 M 和 N。它们在一个周期内的离散值为

$$f_e(m,n)=\begin{cases} f(m,n), 0\leqslant m\leqslant A-1 \quad \text{and} \quad 0\leqslant n\leqslant B-1 \\ 0, A\leqslant m\leqslant M-1 \quad \text{or} \quad B\leqslant n\leqslant N-1 \end{cases}$$

$$g_e(m,n)=\begin{cases} g(m,n), 0\leqslant m\leqslant C-1 \quad \text{and} \quad 0\leqslant n\leqslant D-1 \\ 0, C\leqslant m\leqslant M-1 \quad \text{or} \quad D\leqslant n\leqslant N-1 \end{cases}$$

它们的离散卷积定义为

$$f_e(m,n) * g_e(m,n) = \sum_{i=0}^{M-1}\sum_{j=0}^{N-1} f_e(i,j) g_e(m-i, n-j)$$

$$(m=0,1,\cdots,M-1; n=0,1,\cdots,N-1)$$

二维离散卷积定理为

$$\mathrm{DFT}[f_e(x,y) * g_e(x,y)]=F_e(x,y)\cdot G_e(x,y)$$

式中，$F_e(x,y)$、$G_e(x,y)$ 分别为 $f_e(x,y)$ 和 $g_e(x,y)$ 的傅里叶交换。

2.2 离散余弦变换

离散余弦变换(Discrete Cosine Transform，DCT)是一种只考虑 DFT 实数部分的变换方法，它的计算功能与傅里叶相同，但计算量却又小得多。同样，如果考虑 DFT 的虚数部分，则对应离散正弦变换(DST)。

2.2.1 一维离散余弦变换

一维离散余弦的变换核定义为

$$g(x,u)=C(u)\sqrt{\frac{2}{N}}\cos\left[\frac{(2x+1)u\pi}{2N}\right] (x,u=0,1,2,\cdots,N-1)$$

式中，

$$C(u)=\begin{cases} \frac{1}{\sqrt{2}}, u=0 \\ 1, u\neq 0 \end{cases}$$

如果 $f(x)(x=0,1,2,\cdots,N-1)$ 为 N 点离散序列，那么一维离散余弦变换的定义如下：

$$F(u) = C(u)\sqrt{\frac{2}{N}}\sum_{u=0}^{N-1} f(x)\cos\left[\frac{(2x+1)ux}{2N}\right](u = 0,1,2,\cdots,N-1) \tag{2-8}$$

式中，$F(u)$为第 u 个余弦变换系数；u 为广义频率变量。

一维离散余弦逆变换定义如下：

$$f(x) = \sqrt{\frac{2}{N}}\sum_{u=0}^{N-1} C(u)F(u)\cos\left[\frac{(2x+1)ux}{2N}\right](x = 0,1,2,\cdots,N-1) \tag{2-9}$$

根据式(2-8)和式(2-9)可以看出，一维离散余弦正变换与逆变换的核相同。与傅里叶变换一样，离散余弦变换也可以写成如下的矩阵形式：

$$\boldsymbol{F}=\boldsymbol{G}\boldsymbol{f}$$

式中，

$$\boldsymbol{F}=[F(0),F(1),F(2),\cdots,F(N-1)]^{\mathrm{T}}$$

$$\boldsymbol{G}=\frac{1}{\sqrt{N}}\begin{bmatrix} \sqrt{\frac{1}{N}}[1 & 1 & \cdots & 1] \\ \sqrt{\frac{2}{N}}\left[\cos\left(\frac{\pi}{2N}\right)\right. & \cos\left(\frac{3\pi}{2N}\right) & \cdots & \left.\cos\left(\frac{(2N-1)\pi}{2N}\right)\right] \\ \sqrt{\frac{2}{N}}\left[\cos\left(\frac{2\pi}{2N}\right)\right. & \cos\left(\frac{6\pi}{2N}\right) & \cdots & \left.\cos\left(\frac{(2N-1)2\pi}{2N}\right)\right] \\ \vdots & \vdots & & \vdots \\ \sqrt{\frac{2}{N}}\left[\cos\left(\frac{(N-1)\pi}{2N}\right)\right. & \cos\left(\frac{(N-1)3\pi}{2N}\right) & \cdots & \left.\cos\left(\frac{(N-1)(2N-1)\pi}{2N}\right)\right] \end{bmatrix}$$

$$\boldsymbol{f}=[f(0),f(1),f(2),\cdots,f(N-1)]^{\mathrm{T}}$$

2.2.2 二维离散余弦变换

一维离散余弦变换可以很方便地推广到二维离散余弦变换，设二维离散图像序列为$\{f(x,y)(x=0,1,2,\cdots,M-1;y=0,1,2,\cdots,N-1)\}$，则二维离散余弦的正变换核为

$$g(x,y,u,v)=\sqrt{\frac{2}{MN}}C(u)C(v)\cos\left[\frac{(2x+1)u\pi}{2M}\right]\cos\left[\frac{(2x+1)v\pi}{2N}\right]$$

$$(x,u=0,1,2,\cdots,M-1;y,v=0,1,2,\cdots,N-1)$$

式中，

$$C(u)=\begin{cases}\frac{1}{\sqrt{2}},u=0\\ 1,u\neq 0\end{cases}$$

$$C(v)=\begin{cases}\dfrac{1}{\sqrt{2}},v=0\\ 1,v\neq 0\end{cases}$$

二维离散余弦正变换为

$$f(u,v)=\sqrt{\frac{2}{MN}}\sum_{x=0}^{M-1}\sum_{y=0}^{N-1}f(x,y)C(u)C(v)\cos\left[\frac{(2x+1)u\pi}{2M}\right]\cos\left[\frac{(2x+1)v\pi}{2N}\right]$$

$$(u=0,1,2,\cdots,M-1;v=0,1,2,\cdots,N-1) \tag{2-10}$$

二维离散余弦逆变换定义形式为

$$f(x,y)=\sqrt{\frac{2}{MN}}\sum_{x=0}^{M-1}\sum_{y=0}^{N-1}F(u,v)C(u)C(v)\cos\left[\frac{(2x+1)u\pi}{2M}\right]\cos\left[\frac{(2x+1)v\pi}{2N}\right]$$

$$(x=0,1,2,\cdots,M-1;y=0,1,2,\cdots,N-1) \tag{2-11}$$

与一维离散余弦变换一样，二维离散余弦变换也可以写成如下的矩阵形式：

$$\boldsymbol{F}=\boldsymbol{G}\boldsymbol{f}\boldsymbol{G}^{\mathrm{T}}$$

根据式(2-10)和式(2-11)可以看出，二维离散余弦正变换与逆变换的核也相同，而且是可分离的，即可分离以后进行运算。

$$\begin{aligned}g(x,y,u,v)&=\sqrt{\frac{2}{MN}}C(u)C(v)\cos\left[\frac{(2x+1)u\pi}{2M}\right]\cos\left[\frac{(2x+1)v\pi}{2N}\right]\\&=\left\{\sqrt{\frac{2}{M}}C(u)\cos\left[\frac{(2x+1)u\pi}{2M}\right]\right\}\left\{\sqrt{\frac{2}{N}}C(v)\cos\left[\frac{(2x+1)v\pi}{2N}\right]\right\}\\&=g_1(x,u)g_2(y,v)\end{aligned}$$

$$(x,u=0,1,2,\cdots,M-1;y,v=0,1,2,\cdots,N-1)$$

与傅里叶变换类似，根据可分离性原理，一次二维离散余弦变换，可以通过二次一维离散余弦正变换完成，其算法流程如图 2-6 所示。

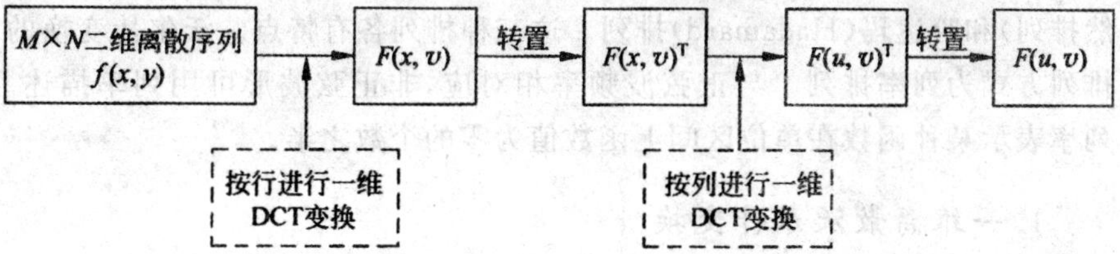

图 2-6　离散余弦的分离运算流程

2.3 离散沃尔什变换和离散哈达玛变换

2.3.1 离散沃尔什变换

沃尔什函数系是函数值仅取+1和−1两值的非正弦型的标准正交完备函数系。由于二值正交函数与数字逻辑中的两个状态相对应,所以非常便于计算机和数字信号处理器运算。如图2-7所显示了沃尔什函数系的前10个函数。

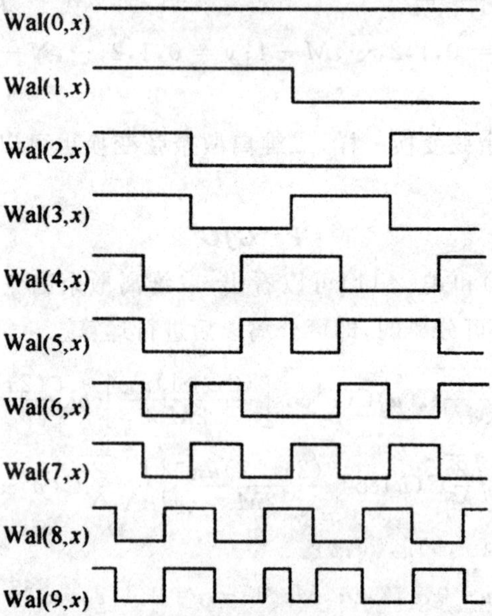

图2-7 沃尔什函数系的前10个函数

沃尔什函数有三种排列或编号方式,即列率排列、佩利(Paley)排列(自然排列)和哈达玛(Hadamard)排列。这三种排列各有特点。沃尔什变换的排列方式为列率排列。与正弦波频率相对应,非正弦波形可用列率描述。列率表示某种函数在单位区间上函数值为零的个数之半。

1. 一维离散沃尔什变换

(1)沃尔什正变换

设 $f(x)$ 表示 N 点的一维离散序列,则一维沃尔什变换定义如下:

$$F(u)=\frac{1}{\sqrt{N}}\sum_{x=0}^{N-1}f(x)\,(-1)^{\sum_{i=0}^{n-1}b_i(x)b_{n-1-i}(u)}$$

$$(u=0,1,2,3,\cdots,N-1)$$

其中，一维沃尔什的变换核为

$$g(x,u)=\frac{1}{\sqrt{N}}\,(-1)^{\sum_{i=0}^{n-1}b_i(x)b_{n-1-i}(u)}$$

$$(u=0,1,2,3,\cdots,N-1;x=0,1,2,3,\cdots,N-1)$$

式中，N 为沃尔什变换的阶数，$N=2^n$；$b_i(z)$为 z 的二进制数的第 i 位数值，取值为 0 或 1。如 $i=6$，而 6 的二进制表示为 110，因此 $b_0(z)=0,b_1(z)=1,b_2(z)=1$。

(2)沃尔什逆变换

一维离散沃尔什逆变换定义如下：

$$f(x)=\frac{1}{\sqrt{N}}\sum_{u=0}^{N-1}F(u)\,(-1)^{\sum_{i=0}^{n-1}b_i(x)b_{n-1-i}(u)}\quad(x=0,1,2,3,\cdots,N-1)$$

一维沃尔什逆变换的核为

$$h(x,u)=g(x,u)$$

一维沃尔什正、反变换的核相同，沃尔什变换核是一个对称阵列，其行和列是正交的。沃尔什正、反变换形式本质上相同，因此，计算沃尔什变换的算法可直接用来求其逆变换。一维沃尔什变换也具有快速算法，简称为 FWT。当 $N=8$ 时，其变换核用矩阵表示如下：

$$\boldsymbol{G}=\frac{1}{\sqrt{8}}\begin{bmatrix}1&1&1&1&1&1&1&1\\1&1&1&1&-1&-1&-1&-1\\1&1&-1&-1&1&1&-1&-1\\1&1&-1&-1&-1&-1&1&1\\1&-1&1&-1&1&-1&1&-1\\1&-1&1&-1&-1&1&-1&1\\1&-1&-1&1&1&-1&-1&1\\1&-1&-1&1&-1&1&1&-1\end{bmatrix}$$

沃尔什正变换与逆变换的核相同。将其用矩阵形式表示，有

$$\begin{bmatrix}F(0)\\F(1)\\\vdots\\F(N-1)\end{bmatrix}=\frac{1}{N}F(N,N)\begin{bmatrix}f(0)\\f(1)\\\vdots\\f(N-1)\end{bmatrix}$$

$$\begin{bmatrix} f(0) \\ f(1) \\ \vdots \\ f(N-1) \end{bmatrix} = F(N,N) \begin{bmatrix} F(0) \\ F(1) \\ \vdots \\ F(N-1) \end{bmatrix}$$

2. 二维离散沃尔什变换

(1)二维沃尔什正变换

设 $f(x,y)$ 表示 $M \times N$ 的二维离散序列，则二维沃尔什变换定义如下：

$$F(u,v) = \sum_{x=0}^{M-1} \sum_{y=0}^{N-1} f(x,y) g(x,u,y,v)$$

$$(u = 0,1,2,3,\cdots,M-1; v = 0,1,2,3,\cdots,N-1)$$

式中，二维离散沃尔什变换的核为

$$g(x,u,y,v) = \frac{1}{\sqrt{MN}} \sum_{u=0}^{N-1} (-1)^{\sum_{i=0}^{n-1}[b_i(x)b_{n-1-i}(u)] + \sum_{j=0}^{n-1}[b_j(x)b_{n-1-j}(u)]}$$

式中，$M=2^m$；$N=2^n$。

二维离散沃尔什变换的变换核是可分离的，即

$$\begin{aligned} g(x,u,y,v) &= \frac{1}{\sqrt{MN}} \sum_{u=0}^{N-1} (-1)^{\sum_{i=0}^{m-1}[b_i(x)b_{n-1-i}(u)] + \sum_{j=0}^{n-1}[b_j(x)b_{n-1-j}(u)]} \\ &= \frac{1}{\sqrt{M}} \sum_{u=0}^{N-1} (-1)^{\sum_{i=0}^{m-1}[b_i(x)b_{n-1-i}(u)]} \quad \frac{1}{\sqrt{N}} \sum_{u=0}^{N-1} (-1)^{\sum_{j=0}^{n-1}[b_j(x)b_{n-1-j}(u)]} \\ &= g_1(x,u) g_2(y,v) \end{aligned}$$

根据沃尔什变换的定义形式可以得出，二维沃尔什变换具有可分离特性，即一次二维沃尔什变换可以通过二次一维沃尔什变换来实现。

(2)二维沃尔什逆变换

二维沃尔什逆变换定义如下：

$$f(x,y) = \sum_{u=0}^{M-1} \sum_{v=0}^{N-1} F(u,v) g(x,u,y,v)$$

$$(x = 0,1,2,3,\cdots,M-1; y = 0,1,2,3,\cdots,N-1)$$

二维离散沃尔什逆变换的核为

$$g(x,u,y,v) = \frac{1}{\sqrt{MN}} \sum_{u=0}^{N-1} (-1)^{\sum_{i=0}^{m-1}[b_i(x)b_{n-1-i}(u)] + \sum_{j=0}^{n-1}[b_j(x)b_{n-1-j}(u)]}$$

式中，$M=2^m$；$N=2^n$。

二维沃尔什逆变换的核为

$$h(x,u,y,v)=g(x,u,y,v)$$

同样，二维逆变换具有可分离性。二维沃尔什变换也可以表示为矩阵形式：

$$\begin{cases} \boldsymbol{F}=\dfrac{1}{\sqrt{MN}}\boldsymbol{G}_1 \boldsymbol{f} \boldsymbol{G}_2 \\ \boldsymbol{f}=\dfrac{1}{\sqrt{MN}}\boldsymbol{G}_1 \boldsymbol{F} \boldsymbol{G}_2 \end{cases}$$

式中，$\boldsymbol{G}_1$ 为 $M\times M$ 变换核方阵；$\boldsymbol{G}_2$ 为 $N\times N$ 变换核方阵。

2.3.2　离散哈达玛变换

哈达玛排列定义简单，存在从低阶到高阶的递推关系，高阶矩阵可以由两个低阶矩阵之积求得，便于快速计算，实用性更好。采用哈达玛排列的沃尔什函数进行的变换称为沃尔什-哈达玛变换(WHT)或哈达玛变换。

哈达玛变换矩阵是仅由＋1 和－1 两个元素组成的正交方阵，它的任意两行或两列都彼此正交，即它们的对应元素之和为零。哈达玛变换核矩阵与沃尔什变换的差异仅仅是行的次序不同。

1. 一维离散哈达玛变换

(1)一维哈达玛正变换

设 $f(x)$表示 N 点的一维离散序列，则一维哈达玛变换定义如下：

$$F(u)=\sum_{x=0}^{N-1} f(x)g(x,u)=\frac{1}{\sqrt{N}}\sum_{x=0}^{N-1} f(x)\,(-1)^{\sum\limits_{i=0}^{n-1} b_i(x)b_i(u)}$$

$$(u=0,1,2,3,\cdots,N-1)$$

式中，$g(x,u)$为一维哈达玛变换的核，定义如下：

$$g(x,u)=\frac{1}{\sqrt{N}}\,(-1)^{\sum\limits_{i=0}^{n-1} b_i(x)b_i(u)}$$

$$(u=0,1,2,3,\cdots,N-1;x=0,1,2,3,\cdots,N-1)$$

式中，N 为哈达玛变换的阶数，$N=2^n$；$b_i(z)$为 z 的二进制数的第 i 位数值，取值为 0 或 1。

(2)一维哈达玛逆变换

如果已知 N 点的一维离散序列 $F(u)$，那么可以进行哈达玛逆变换，其定义如下：

$$f(x)=\sum_{u=0}^{N-1}F(u)h(x,u)=\frac{1}{\sqrt{N}}\sum_{u=0}^{N-1}F(u)\,(-1)^{\sum_{i=0}^{n-1}b_i(x)b_i(u)}$$

$$(x=0,1,2,3,\cdots,N-1)$$

与正变换相同，$h(x,u)$是一维哈达玛逆变换的核，逆变换核与正变换核相等，即

$$h(x,u)=g(x,u)=\frac{1}{\sqrt{N}}\,(-1)^{\sum_{i=0}^{n-1}b_i(x)b_i(u)}$$

哈达玛变换的阶数具有规律性，即按照 $N=2^n$ 规律递升，高阶哈达玛矩阵可以通过低阶哈达玛矩阵的克罗尼科积运算求得，也就是说，哈达玛矩阵具有如下关系：

$$\boldsymbol{H}_1=[1]$$

$$\boldsymbol{H}_2=\begin{bmatrix}1 & 1\\1 & -1\end{bmatrix}$$

$$\boldsymbol{H}_4=\begin{bmatrix}1 & 1 & 1 & 1\\1 & -1 & 1 & -1\\1 & 1 & -1 & -1\\1 & -1 & -1 & 1\end{bmatrix}$$

$$\boldsymbol{H}_N=\boldsymbol{H}_{2^n}=\boldsymbol{H}_2\otimes\boldsymbol{H}_{\frac{N}{2}}=\begin{bmatrix}\boldsymbol{H}_N & \boldsymbol{H}_{2^n}\\\boldsymbol{H}_{\frac{N}{2}} & -\boldsymbol{H}_{\frac{N}{2}}\end{bmatrix}$$

采用上述规律求哈达玛变换矩阵要比直接用哈达玛变换核求矩阵快得多，此结论提供了一种快速哈达玛变换，也可以称为 FHT。例如，根据哈达玛矩阵的运算规律，可以得出 8 阶哈达玛矩阵如下：

$$\boldsymbol{H}_8=\begin{bmatrix}\boldsymbol{H}_4 & \boldsymbol{H}_4\\\boldsymbol{H}_4 & -\boldsymbol{H}_4\end{bmatrix}=\frac{1}{\sqrt{8}}\begin{bmatrix}1 & 1 & 1 & 1 & 1 & 1 & 1 & 1\\1 & -1 & 1 & -1 & 1 & -1 & 1 & -1\\1 & 1 & -1 & -1 & 1 & 1 & -1 & -1\\1 & -1 & -1 & 1 & 1 & -1 & -1 & 1\\1 & -1 & 1 & -1 & 1 & -1 & 1 & -1\\1 & 1 & 1 & 1 & -1 & -1 & -1 & -1\\1 & -1 & 1 & -1 & -1 & -1 & 1 & 1\\1 & -1 & -1 & 1 & -1 & 1 & 1 & -1\end{bmatrix}$$

(3)一维定序哈达玛变换

在哈达玛变换矩阵中，通常将某一列元素符号改变的总次数称为这个列的列率。则前面给出的 $N=8$ 时的变换矩阵 $\boldsymbol{H}_8$ 的 8 个列的列率分别为 0,7,3,4,1,6,2,5。而下面要讨论的定序哈达玛变换的变换矩阵的列率是

随 u 的增加而递增的。例如，$N=8$ 时，定序哈达玛变换矩阵的列率从第 1 列到第 8 列分别为 0，1，2，3，4，5，6，7。

当 $N=2^n$ 时，定序哈达玛正变换核和逆变换核相同，其变换核为

$$g(x,u)=h(x,u)=\frac{1}{\sqrt{N}}(-1)^{\sum_{i=0}^{n-1}b_i(x)p_i(u)}$$

$p_i(u)$按以下递推关系求得

$$p_0(u)=b_{n-1}(u)$$
$$p_1(u)=b_{n-1}(u)+b_{n-2}(u)$$
$$p_2(u)=b_{n-21}(u)+b_{n-3}(u)$$
$$\vdots$$
$$p_{n-1}(u)=b_1(u)+b_0(u)$$

因此，定序的哈达玛正反变换对为

$$F(u)=\sum_{u=0}^{N-1}f(x)g(x,u)=\frac{1}{\sqrt{N}}\sum_{x=0}^{N-1}f(x)(-1)^{\sum_{i=0}^{n-1}b_i(x)p_i(u)}$$
$$(u=0,1,2,3,\cdots,N-1)$$

$$f(x)=\sum_{u=0}^{N-1}F(u)h(x,u)=\frac{1}{\sqrt{N}}\sum_{u=0}^{N-1}F(u)(-1)^{\sum_{i=0}^{n-1}b_i(x)p_i(u)}$$
$$(x=0,1,2,3,\cdots,N-1)$$

2. 二维离散哈达玛变换

一维哈达玛变换可以很方便地推广到二维，其正变换定义为

$$\begin{aligned}F(u,v)&=\sum_{x=0}^{M-1}\sum_{y=0}^{N-1}f(x,y)g(x,u,y,v)\\&=\frac{1}{\sqrt{MN}}\sum_{x=0}^{M-1}\sum_{y=0}^{N-1}f(x,y)(-1)^{\sum_{i=0}^{m-1}[b_i(x)b_i(u)]+\sum_{i=0}^{n-1}[b_j(y)b_i(v)]}\end{aligned}$$
$$(u=0,1,2,3,\cdots,M-1;v=0,1,2,3,\cdots,N-1)$$

逆变换为

$$\begin{aligned}f(x,y)&=\sum_{u=0}^{M-1}\sum_{v=0}^{N-1}F(u,v)h(x,u,y,v)\\&=\frac{1}{\sqrt{MN}}\sum_{u=0}^{M-1}\sum_{v=0}^{N-1}F(u,v)(-1)^{\sum_{i=0}^{m-1}[b_i(x)b_i(u)]+\sum_{i=0}^{n-1}[b_j(y)b_i(v)]}\end{aligned}$$
$$(x=0,1,2,3,\cdots,M-1;y=0,1,2,3,\cdots,N-1)$$

二维哈达玛正变换的核为

$$g(x,u,y,v)=\frac{1}{\sqrt{MN}}\sum_{u=0}^{M-1}\sum_{v=0}^{N-1}(-1)^{\sum_{i=0}^{m-1}[b_i(x)b_i(u)]+\sum_{i=0}^{n-1}[b_j(y)b_i(v)]}$$

$$(x,u=0,1,2,3,\cdots,M-1;y,v=0,1,2,3,\cdots,N-1)$$

二维哈达玛逆变换的核与正变换的核相等，即

$$h(x,u,y,v)=g(x,u,y,v)$$

二维哈达玛变换核是可分离和对称的，因此一次二维哈达玛变换也可分为两次一维哈达玛变换的计算来实现。二维哈达玛变换也有相应的定序哈达玛变换。

2.4 小波变换

小波变换在数学和工程学科的应用很广泛，它属于一种局部变换，能够有效地提取信息。

2.4.1 连续小波变换

1. 一维连续小波变换

设函数 $f(t)$具有有限能量，即 $f(t)\in L^2(R)$（平方可积函数空间），给定基本小波函数 ψ，信号 $f(t)$的连续小波变换定义为

$$W_f(a,b)=\frac{1}{\sqrt{a}}\int_{-\infty}^{\infty}f(t)\psi\left(\frac{t-b}{a}\right)\mathrm{d}t=\frac{1}{\sqrt{a}}\int_{-\infty}^{\infty}f(t)\psi_{a,b}(t)\mathrm{d}t(a>0)$$

式中，a 为尺度参数；b 为定位参数；函数 $\psi(t)$称为小波。如果 $a>1$，则函数 $\psi_{a,b}(t)$具有伸展作用；若 $a<1$，则函数 $\psi_{a,b}(t)$具有收缩作用。

小波 $\psi(t)$的选择具有一定的限制，应满足以下两个条件。

①定义域应是紧支撑的，即在一个很小的区间之外，函数值为零，该函数具有速降特性。

②平均值为零，即

$$\int_{-\infty}^{\infty}\psi(t)\mathrm{d}t=0$$

其高阶矩也为零，即

$$\int_{-\infty}^{\infty} t^k \psi(t) \mathrm{d}t = 0 (k = 0, 1, \cdots, N-1)$$

小波的容许性条件表示为

$$C_\psi = \int_{-\infty}^{\infty} \frac{|\psi(\omega)|}{\omega} \mathrm{d}\omega < \infty$$

式中，$\psi(\omega) = \int_{-\infty}^{\infty} \psi(t) \mathrm{e}^{-\mathrm{j}\omega t} \mathrm{d}t$ 为 $\psi(t)$ 的傅里叶变换；C_ψ 为有限值，它表示 $\psi(\omega)$ 连续可积，且 $\psi(0) = \int_{-\infty}^{\infty} \psi(t) \mathrm{d}t = 0$。

对于所有的 $f(t), \psi(t) \in L^2(R)$，连续小波逆变换为

$$f(t) = \frac{1}{C_\psi} \int_{-\infty}^{\infty} \int_{-\infty}^{\infty} a^{-2} W_f(a,b) \psi_{a,b}(t) \mathrm{d}a \mathrm{d}b$$

2. 二维连续小波变换

如果 $f(x,y)$ 是一个二维函数，则它的连续小波变换为

$$W_f(a, b_x, b_y) = \int_{-\infty}^{\infty} \int_{-\infty}^{\infty} f(x,y) \psi_{a,b_x,b_y}(x,y) \mathrm{d}x \mathrm{d}y$$

式中，b_x 和 b_y 分别表示在 x、y 轴的平移。

$$\psi_{a,b_x,b_y}(x,y) = \frac{1}{|a|} \psi\left(\frac{x-b_x}{a} - \frac{y-b_y}{a}\right)$$

二维连续小波逆变换表示为

$$f(x,y) = \frac{1}{C_\psi} \int_0^{\infty} \int_{-\infty}^{\infty} \int_{-\infty}^{\infty} W_f(a, b_x, b_y) \psi_{a,b_x,b_y}(x,y) \mathrm{d}b_x \mathrm{d}b_y \frac{\mathrm{d}a}{a^3}$$

2.4.2　离散小波变换

1. 一维离散小波变换

如果待展开的函数是一个数字序列，如连续函数 $f(x)$ 的抽样值，那么得到的系数就称为 $f(x)$ 的离散小波变换（DWT），表示为

$$W_\varphi(j_0, k) = \frac{1}{\sqrt{M}} \sum_x f(x) \varphi_{j_0,k}(x)$$

$$W_\psi(j, k) = \frac{1}{\sqrt{M}} \sum_x f(x) \psi_{j,k}(x)$$

对于 $j \geqslant j_0$，还有

$$f(x) = \frac{1}{\sqrt{M}} \sum_x f(x) \varphi_{j_0,k}(x) + \frac{1}{\sqrt{M}} \sum_x f(x) \psi_{j,k}(x)$$

式中，$f(x)$、$\varphi_{j_0,k}(x)$和$\psi_{j,k}(x)$是离散变量$x=0,1,\cdots,M-1$的函数；M为序列的长度。

2.二维离散小波变换

给定可分离的二维尺度和小波函数，一维离散小波变换到二维的扩展很简单。首先定义一个尺度和平移函数

$$\varphi_{j,m,n}(x,y)=2^{j/2}\varphi(2^j x-m,2^j y-n)$$
$$\psi^i_{j,m,n}(x,y)=2^{j/2}\psi^i(2^i x-m,2^j y-n),i=\{H,V,D\}$$

式中，$\varphi(x,y)$是一个二维尺度函数，$\psi^H(x,y)$、$\psi^V(x,y)$、$\psi^D(x,y)$是3个二维小波度量函数。其中，

$$\varphi(x,y)=\varphi(x)\varphi(y)$$
$$\psi^H(x,y)=\psi(x)\varphi(y)$$
$$\psi^V(x,y)=\varphi(x)\psi(y)$$
$$\psi^D(x,y)=\psi(x)\psi(y)$$

这些小波度量函数沿着不同方向的图像强度或灰度而变化：ψ^H、ψ^V、ψ^D分别表示度量沿着列、行、对角线方向的变化。

大小为$M\times N$的图像$f(x,y)$的离散小波变换为

$$W_\varphi(j_0,m,n)=\frac{1}{\sqrt{MN}}\sum_{x=0}^{M-1}\sum_{y=0}^{N-1}f(x,y)\phi_{j_0,m,n}(x,y) \tag{2-12}$$

$$W^i_\psi(j,m,n)=\frac{1}{\sqrt{MN}}\sum_{x=0}^{M-1}\sum_{y=0}^{N-1}f(x,y)\phi^i_{j,m,n}(x,y),i=\{H,V,D\} \tag{2-13}$$

与一维情况相同，j_0是任意的开始尺度，$W_\varphi(j_0,m,n)$系数定义了在尺度j_0的$f(x,y)$的近似。$W^i_\psi(j,m,n)$系数对于$j\geqslant j_0$附加了水平、垂直和对角方向的细节。通常，令$j_0=0$并且选择$M=N=2^j-1,j=0,1,\cdots,J-1$和$m,n=0,1,\cdots,2^j-1$。给出式(2-12)和式(2-13)的$W_\varphi$和$W^i_\psi$，$f(x,y)$可以通过离散小波逆变换得到，表示为

$$f(x,y)=\frac{1}{\sqrt{MN}}\sum_m\sum_n W_\varphi(j_0,m,n)\phi_{j_0,m,n}(x,y)$$
$$+\frac{1}{\sqrt{MN}}\sum_{i=H,V,D}\sum_{j=j_0}^{\infty}\sum_x\sum_x W^i_\psi(j,m,n)\phi^i_{j,m,n}(x,y)$$

用可分离的二维尺度和小波函数，对$f(x,y)$的行进行一维离散小波变换，再对列进行一维离散小波变换，即可得到二维离散小波变换，如图2-8

所示的框图显示了二维小波变换的过程。

如图 2-8(a)所示，输入 $W_\varphi(j+1,m,n)$，用 $h_\varphi(-n)$ 和 $h_\psi(-n)$ 卷积并对它进行列抽样，得到两个子图像，它们的水平分辨率以 2 为因子下降。高通部分或细节分量描述了图像垂直方向的高频信息，低通部分或近似分量包含图像的低频垂直信息。两个子图像以列的方式被滤波并抽样得到 4 个 1/4 大小的子图像 W_φ、W_ψ^H、W_ψ^V、W_ψ^D，如图 2-8(b)所示，这些子图像是二维尺度函数与小波函数的内积，接着对每维进行抽样。滤波处理的两次迭代在如图 2-8(b)所示的最右侧产生两尺度分解。

如图 2-8(c)所示描述了反向处理的综合滤波器簇，图像的重建算法如下：在每次迭代中，4 尺度 j 的近似值的细节子图像用两个一维滤波器的内插和卷积，一个对子图像进行列操作，另一个进行行操作，结果是尺度 $j+1$ 的近似值，迭代处理一直进行到原图像被重建。$h_\varphi(n)$，$h_\psi(n)$ 作为相应的尺度和小波向量表示为

$$h_\varphi(n)=\begin{cases}\dfrac{1}{\sqrt{2}},n=0,1\\0,\text{其他}\end{cases}$$

$$h_\psi(n)=\begin{cases}\dfrac{1}{\sqrt{2}},n=0\\-\dfrac{1}{\sqrt{2}},n=1\\0,\text{其他}\end{cases}$$

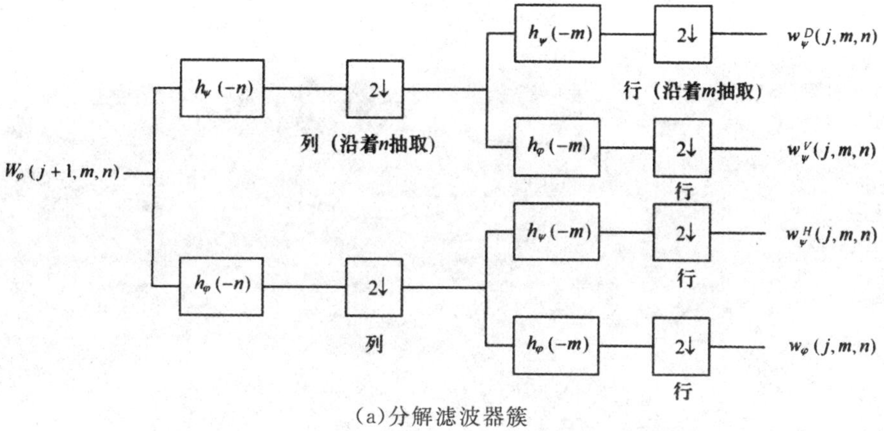

(a)分解滤波器簇

图 2-8　二维小波变换的过程

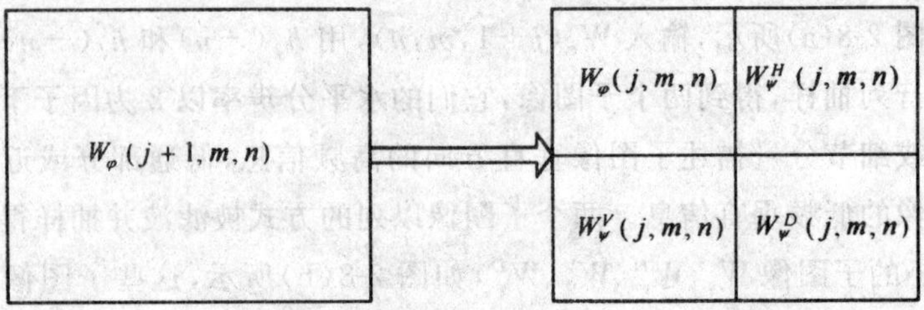

(b)分解结果

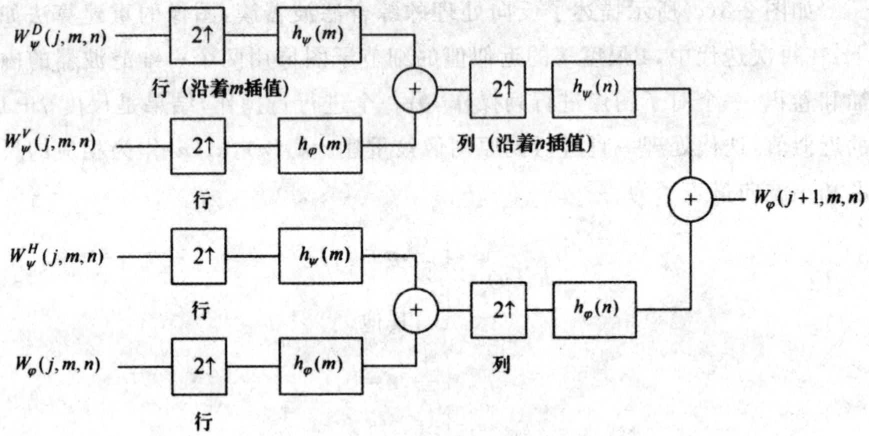

(c)综合滤波器簇

图 2-8　二维小波变换的过程(续)

第 3 章　图像增强技术

3.1　灰度变换

一般成像系统只具有一定的亮度范围，亮度的最大值与最小值的比值称为对比度。由于形成图像的系统亮度有限，所以经常会出现对比度不足的弊病，以致人眼观看图像时的视觉效果很差。而灰度变换可使图像动态范围加大、图像对比度扩展、图像清晰、特征明显，是图像增强的重要手段。灰度变换又可以分为三种：线性灰度变换、分段线性灰度变换和非线性灰度变换。

3.1.1　线性灰度变换

线性灰度变换是将输入图像的灰度值的动态范围按线性比例拉伸扩展至指定范围或整个动态范围。在曝光不足或曝光过度的情况下，图像灰度可能会局限在一个很小的范围内。这时在显示器上会看到一个模糊不清、似乎没有灰度层次的图像。采用线性变换对图像的每个像素灰度做线性拉伸，将有效地改善图像视觉效果。

假定输入图像 $f(x,y)$ 的灰度范围为 $[a,b]$，希望变换后图像 $g(x,y)$ 的灰度范围扩展至 $[c,d]$，则 $g(x,y)$ 与 $f(x,y)$ 之间的关系函数为

$$g(x,y)=\frac{d-c}{b-a}[f(x,y)-a]+c$$

此关系式可用图 3-1 表示，其中，a、b、c、d 这些分割点根据用户的不同需要来确定。

对于数字图像来说，尽管变换前后像素个数不变，但变换后不同像素之间的灰度差变大，对比度增加，图像的视觉效果必然优于变换前的图像。

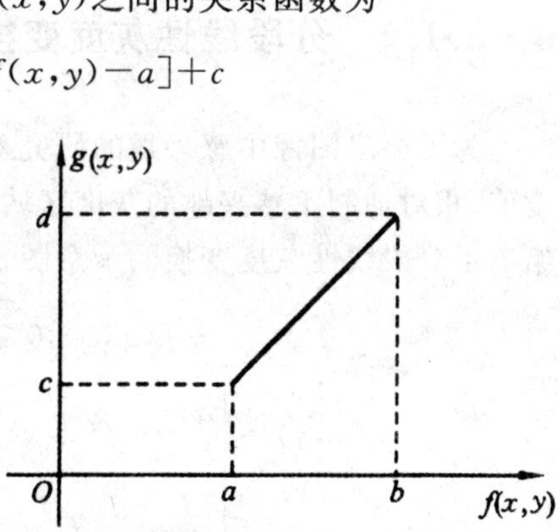

图 3-1　灰度范围的线性变换

如果图像中大部分像素的灰度级分布在区间[a,b]，很小部分的灰度级超出了此区间。为改善像素灰度级增强的效果，令

$$g(x,y)=\begin{cases} c, 0<f(x,y)\leqslant a \\ \dfrac{d-c}{b-a}[f(x,y)-a]+c, a<f(x,y)\leqslant b \\ d, b<f(x,y)\leqslant M_f \end{cases}$$

式中，M_f 为最大的灰度级。

这种变换扩展了区间[a,b]的灰度级，但将[0,a]和[b,M_f]范围内的灰度级分别压缩为 c 和 d，损失了部分信息。在某些实际应用场合中，只要合理选择区间[a,b]，可以允许这种失真的存在。

如果要保持 $f(x,y)$ 的低端值和高端值不变，则可采用数学表达式：

$$g(x,y)=\begin{cases} \dfrac{d-c}{b-a}[f(x,y)-a]+c, a\leqslant f(x,y)\leqslant b \\ f(x,y), 其他 \end{cases}$$

对图 3-2(a)所示的图像进行线性灰度变换后得到如图 3-2(b)所示的图像。

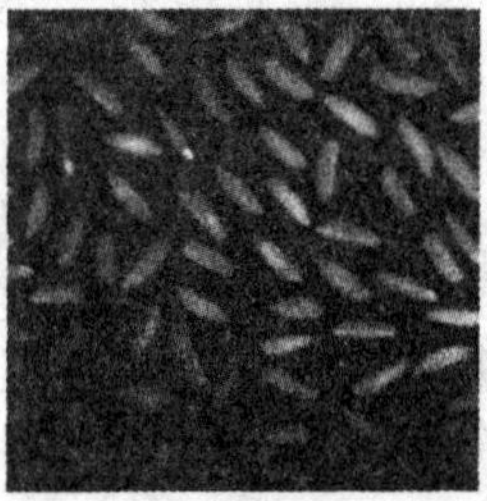
(a)原始图像

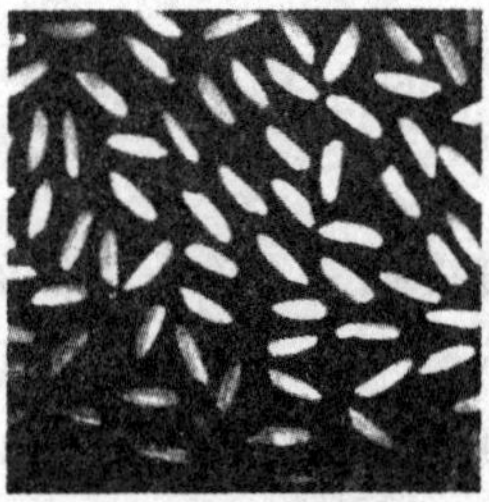
(b)灰度变换后图像

图 3-2　线性灰度变换

3.1.2　分段线性灰度变换

为了突出图像中感兴趣的研究对象，要求局部扩展拉伸某一范围的灰度值，相对抑制不感兴趣的灰度区域，即分段线性灰度变换。如图 3-3 所示给出了分段线性灰度变换的示意图，对应的数学表达式为

$$g(x,y)=\begin{cases} \dfrac{c}{a}f(x,y), 0\leqslant f(x,y)<a \\ \dfrac{d-c}{b-a}[f(x,y)-a]+c, a\leqslant f(x,y)<b \\ \dfrac{M_g-d}{M_f-b}[f(x,y)-b]+d, b\leqslant f(x,y)\leqslant M_f \end{cases}$$

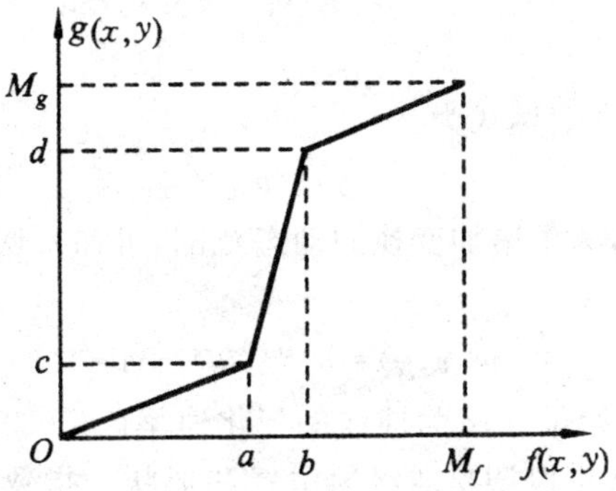

图 3-3 分段线性灰度变换

在图 3-3 中，对灰度区间$[a,b]$进行了线性扩展，而对灰度区间$[0,a]$和$[b,M_f]$加以压缩。通过细心调整折线拐点的位置及控制分段直线的斜率，可对任一灰度区间进行扩展或压缩。这种变换适用于在黑色或白色附近有噪声干扰的情况。

3.1.3 非线性灰度变换

非线性灰度变换是在整个灰度值范围内采用统一的变换函数，利用变换函数的数学性质实现对不同灰度值区间的扩展和压缩。下面讨论对数扩展、指数扩展和位图切割三种非线性扩展变换。

1. 对数扩展

对数扩展的数学表达式为

$$g(x,y)=\lg[f(x,y)]$$

对数的底一般根据需要进行灵活选择，在实际应用中，一般取自然对数变换，其数学表达式为

$$g(x,y)=C\lg[f(x,y)+1]$$

式中，C为尺度比例系数，用于调节动态范围；$f(x,y)+1$是为了避免对零求对数。

对数扩展的变换函数曲线如图 3-4(a)所示。

对数扩展可以大幅拉伸图像的低灰度区域，同时压缩图像的高灰度区域。当原图像的动态范围较大，且超出某些显示设备允许的显示范围时，需要对原图像进行对数扩展以达到压缩灰度的目的。

2.指数扩展

指数扩展的数学表达式为

$$g(x,y)=b^{f(x,y)}$$

在实际应用中,为了增加变换的动态范围,可加入调制参数。具体的数学表达式为

$$g(x,y)=b^{c[f(x,y)-a]}-1$$

式中,a 为曲线的起始位置;c 为曲线的变化速率。

a、b、c 三个参数可以调整曲线的位置和形状。指数扩展的变换函数曲线如图 3-4(b)所示。指数扩展可以大幅拉伸图像的高灰度区域,同时压缩图像的低灰度区域,它的效果与对数扩展相反。

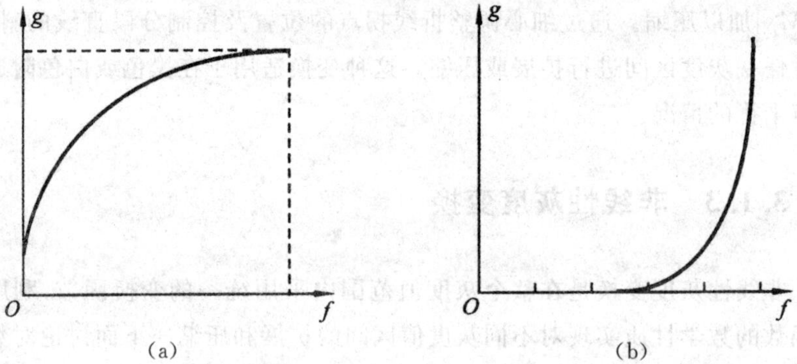

图 3-4 对数扩展和指数扩展的变换函数曲线

3.位图切割

对一幅用多个比特表示其灰度值的图像,其中每个比特可看作表示一个二值的平面,称为位面。假定每个图像像素被均匀量化为 B 位,现在希望提取第 n 位并对其进行显示,则图像中像素的灰度值 f 可以表示为

$$f=k_{B-1}2^{B-1}+k_{B-2}2^{B-2}+\cdots+k_{B-n}2^{B-n}+\cdots+k_1 2+k_0$$

期望输出的灰度值 g 为

$$g=\begin{cases}1, k_{B-n}=1\\0,\text{其他}\end{cases}$$

式中,$g=1$ 为白色;$g=0$ 为黑色。

一幅灰度级用 8bit 表示的图像有 8 个位面,如图 3-5 所示。

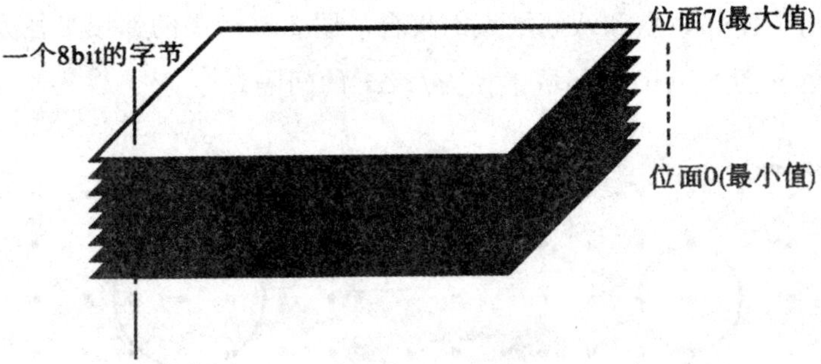

图 3-5　8bit 图像的位面图

通常用位面 0 表示最低位面，位面 7 表示最高位面。当表示一个像素灰度值的最高比特位 $k_7=1$ 时，该像素的灰度值大于或等于 128，即属于二进制区间[10 000 000，11 111 111]；当像素灰度值的最高比特位 $k_7=0$ 时，灰度值小于或等于 127，即属于二进制的区间[00 000 000，01 111 111]。这相当于把原图像的灰度值分成[0，127]和[128，255]两个灰度范围，并将前者标为黑色，后者标为白色，便得到位图 1。

同理，当比特位 $k_6=1$ 时，相当于把原图像的灰度值分成[0，63]、[128，191]、[64，127]和[192，255]这四个灰度范围，并将前两个范围标为黑色，将后两个范围标为白色，便得到位图 2。以此类推，可得到其他比特位的位图。

3.2　图像平滑

通过图像平滑处理可以减少甚至消除图像中的噪声，从而优化图像质量，便于图像特征的提取。

3.2.1　空间域平滑滤波

1. 邻域平均法

邻域平均法是一种局部空间域处理的算法。设一幅图像 $f(x,y)$ 为 $N\times N$ 的阵列，组成该图像的各个部分灰度恒定，(x,y) 与其相邻的像素间的空间相对性很高，经过平滑处理后的图像为 $g(x,y)$，$g(x,y)$ 为 (x,y) 与其相邻的像素的灰度平均值，则

$$g(x,y)=\frac{1}{M}\sum_{(m,n)\in S}f(m,n)\quad(x,y=0,1,2,\cdots,N-1)$$

式中，S 为不包括点 (x,y) 的去心邻域；M 为 S 内坐标点的总数。如图 3-6

所示给出了四邻域点和八邻域点的集合。图 3-6(a)中的邻域半径为一个像素间隔 Δx,图 3-6(b)的邻域半径为$\sqrt{2}\Delta x$ 的间隔。

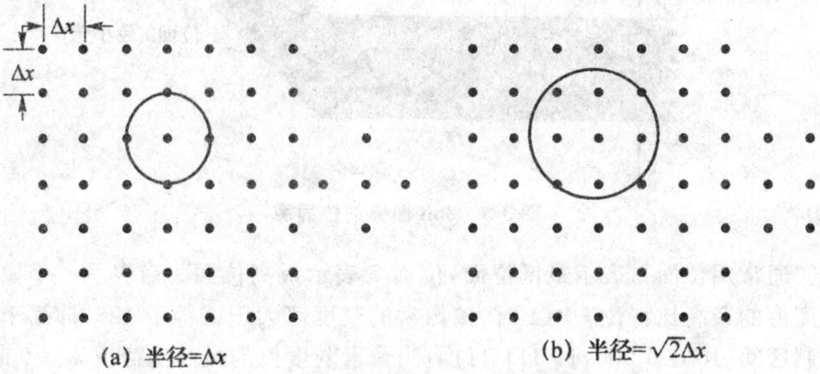

图 3-6 在数字图像中选取邻域的方法

邻域平均法是可以有效地抑制噪声的,但是噪声的抑制是以图像的模糊程度的增加为代价而实现的。图 3-6(a)的四邻域与图 3-6(b)的八邻域相比,图 3-6(b)比图 3-6(a)的邻域大,因此图 3-6(b)的方法对噪声的抑制能力强,但图像的模糊程度也更为严重。

2. 阈值法

为了弥补邻域平均法这方面的不足,可以采用阈值法替代邻域平均法。阈值法的表达式为

$$g(x,y)=\begin{cases}\dfrac{1}{M}\sum\limits_{(m,n)\in S}f(m,n), & \left|f(x,y)-\dfrac{1}{M}\sum\limits_{(m,n)\in S}f(m,n)\right|>T\\ f(x,y), & \text{其他}\end{cases}$$

式中,T 为一个规定的非负阈值,当一些点和它们邻值的差值不超过规定的 T 阈值时,这些点的像素灰度值保持不变。这样经过阈值法平滑后的图像与邻域平均法相比,图像的边缘与细节模糊程度低,清晰度更好。

当某些点的灰度值与各邻点灰度的均值差别较大时,那么它一定是噪声,则取其邻域平均值作为该点的灰度值,它的平滑效果仍然是很好的。

3. 加权平均法

利用邻域平均的思想,同时也突出(x,y)点本身的重要性,可将(x,y)点加权后也计入平均中,这样就能在一定程度上减少图像模糊,这种利用邻域内像素的灰度值和本点灰度加权值的平均值来代替该点灰度值的方法就称为加权平均法。其计算公式为

$$g(x,y)=f_{avgw}=\frac{1}{M+N}\Big[\sum_{(i,j)\in S}f(i,j)+Mf(x,y)\Big]$$

同理,也可以对加权平均法施加门限,形成阈值加权平均法。其计算公式为

$$g(x,y)=\begin{cases}f_{avgw},|f(x,y)-f_{avgw}|>T\\ f(x,y),其他\end{cases}$$

这样既能平滑噪声,又保证图像中的目标物边缘不至于模糊。

常用的加权平均法有 k 近邻均值法、梯度倒数加权平均、最大均匀性平均、小斜面模型平均等。

下面以 k 近邻均值法为例进行介绍:k 近邻均值法的依据是在 $m\times m$ 的窗口中,属于同一集合内的像素的灰度值相关度高。那么,窗口中心的像素能够由窗口中与中心像素的灰度差最小的 k 个邻近像素的平均值来替换。

具体步骤如下:

①选取一个 $m\times m$ 的窗口;

②在其中选择 k 个与待处理像素的灰度差最小的像素;

③用这 k 个像素的灰度均值替换掉原来的值。

如图 3-7 所示是窗口为 3×3,$k=3$ 的 k 近邻均值滤波器。

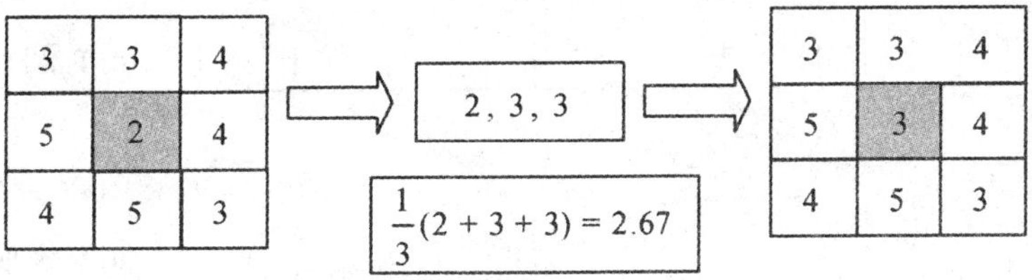

图 3-7　k 近邻均值滤波器

4. 中值滤波法

中值滤波就是对一个含有奇数点的滑动窗口内的灰度值按从小到大的顺序排列,用排列后的中间值代替排列前窗口中像素的中值。假设一个滑动窗口有 7 个点,它们的值分别为 10、20、80、110、30、50 和 60,那么滤波前该窗口的中值为 110。若要对该窗口进行中值滤波,则需要对该窗口中的 7 个像素灰度值按从小到大的顺序重新排列,排列的结果为 10、20、30、50、60、80、110,中值滤波后该窗口的中值为 50。经过中值滤波后,滑动窗口正中的灰度值就由 110 变成了 50。

设有一个一维序列 $f_1,f_2,\cdots,f_n$。取窗口长度为 m(m 为奇数),对该一维序列进行中值滤波,就是从输入序列 $f_1,f_2,\cdots,f_n$ 中相继抽出 m 个数 $f_{i-v},\cdots,f_{i-1},f_i,f_{i+1},\cdots,f_{i+v}$,其中,$f_i$ 为窗口的中心值,$v=\frac{m-1}{2}$,再将这

m 个点的值按其数值大小排列，取其序号为正中间的那个值作为滤波器的输出①。用数学公式可表示为

$$Y_i = M\{f_{i-v}, \cdots, f_i, \cdots, f_{i+v}\}, i \in Z, v = \frac{m-1}{2}$$

如图 3-8 所示是阶跃信号、斜坡信号、脉冲信号、三角形信号通过一个滑动窗口长为 5 点的中值滤波器的结果。从整体上来看，对于阶跃信号和斜坡信号，中值滤波保持不变。但是，对于单脉冲信号与双脉冲信号，中值滤波后可能会破坏图像中的一些细节。

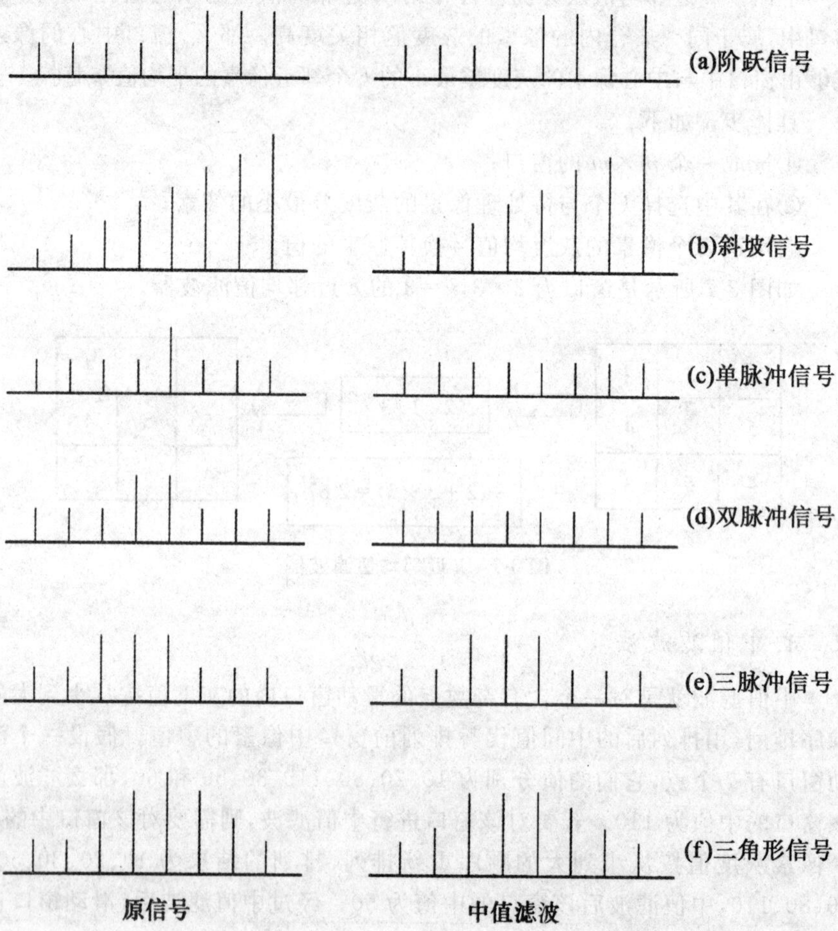

图 3-8　对几种信号进行中值滤波示例（窗口 $m=5$）

① 李莹先. 红外图像实时处理算法及软件设计[D]. 南京：南京理工大学，2004.

对二维序列$\{X_{ij}\}$进行中值滤波时，滤波窗口也是二维的，只不过这种二维窗口可以有各种不同的形状，如方形、圆形和十字形等，如图 3-9 所示。二维数据的中值滤波可表示为

$$Y_{ih}=M\{X_{ij}\}, M \text{ 为窗口}$$

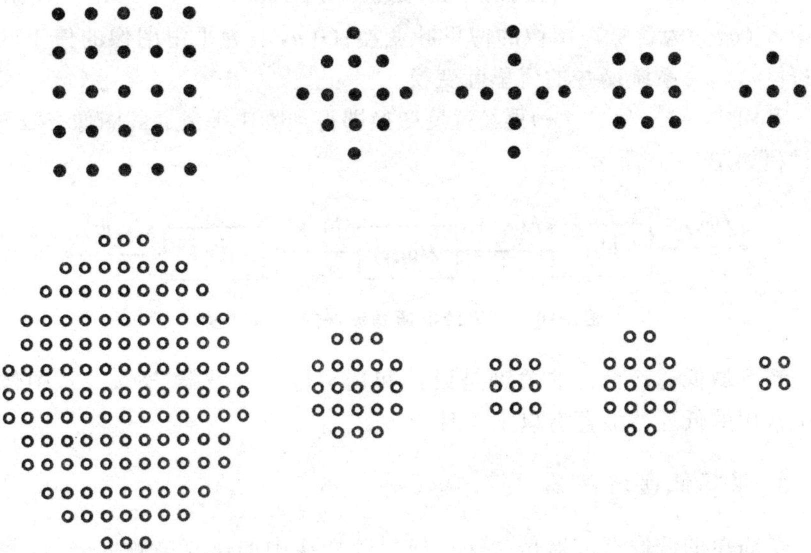

图 3-9　几种二维中值滤波的常用窗口及其对应不变图形

在对图像进行中值滤波时，若窗口是关于中心点对称的，并且包含中心点在内，则中值滤波能保持任意方向的跳变边缘。图像中的跳变边缘是指图像中不同灰度区域之间的灰度突变边缘。

中值滤波的主要特性如下：

①对阶跃信号、斜坡信号具有不变性；

②中值滤波后，信号频谱基本不变；

③窗口尺寸不同，滤波效果不同。

3.2.2　频率域低通滤波

在图像的频率域中，其边缘及噪声干扰对应的频率域属于傅里叶变换的高频区域，图像的背景区对应的频率域属于傅里叶变换的高频部分，采用频率域低通滤波法来减弱甚至是去除图像的高频区域，则可以达到使图像平滑的目的。

假定原图像为 $f(x,y)$，经过傅里叶变换为 $F(u,v)$，频率域增强的方法

是选择合适的滤波器 $H(u,v)$ 对图像的频谱进行滤波，消除噪声，然后经过傅里叶逆变换得到增强的图像 $g(x,y)$。频率域滤波的理论基础是傅里叶变换和卷积定理，设 $g(x,y)\leftrightarrow G(u,v)$，$f(x,y)\leftrightarrow F(u,v)$，$H(u,v)$ 为滤波器，$f(x,y)*h(x,y)\Leftrightarrow H(u,v)F(u,v)$，则频率域滤波可表示为

$$G(u,v)=H(u,v)\cdot F(u,v) \tag{3-1}$$

式中，$F(u,v)$ 为含噪声图像的傅里叶变换；$G(u,v)$ 为平滑图像的傅里叶变换；$H(u,v)$ 为系统函数的傅里叶变换。

利用式(3-1)，对 $G(u,v)$ 再经过反变换即得到噪声平滑后的图像 $g(x,y)$。其过程如图 3-10 所示。

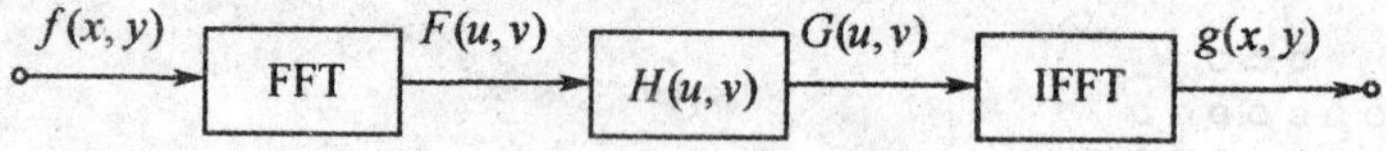

图 3-10　频率域低通滤波法的处理过程

频率域低通滤波法的关键是设计和选定低通滤波器 $H(u,v)$，图像滤波中常用的低通滤波器有以下 4 种。

1. 理想低通滤波器

最简单的低通滤波器是“截断”傅里叶变换中的所有高频成分，这些成分处在距变换原点的距离比指定距离 D_0 远得多的位置。这种滤波器称为二维理想低通滤波器(ILPF)，其转移函数定义为

$$H(u,v)=\begin{cases}1, D(u,v)\leqslant D_0\\0, D(u,v)>D_0\end{cases}$$

式中，D_0 为指定的一个非负整数；$D(u,v)$ 为 (u,v) 点距频率矩形中心的距离。并且

①如果图像为 $f(x,y)$，则对 $f(x,y)$ 进行傅里叶变换后的频率平面的原点在(0,0)，这时从点 (u,v) 到频率平面原点(0,0)的距离为

$$D(u,v)=(u^2+v^2)^{1/2}$$

②如果图像 $f(x,y)$ 的尺寸为 $M\times N$，则对 $(-1)^{(x+y)}f(x,y)$ 进行傅里叶变换后的频率平面的原点为 $(M/2,N/2)$，这时从点 (u,v) 到频率平面原点 $(M/2,N/2)$ 的距离为

$$D(u,v)=[(u-M/2)^2+(v-N/2)^2]^{1/2}$$

理想低通滤波器的含义如下：在半径为 D_0 的圆内，所有的频率没有衰减地通过该滤波器；而在此半径的圆之外的所有频率完全被衰减掉。所以 D_0 称为截止频率。

如图 3-11(a)所示显示了 $H(u,v)$ 作为 u 和 v 函数的三维透视图，该透

视图的含义是:只有那些位于该圆柱体内的频率范围的信号才能通过,而位于此半径的圆之外的所有频率完全被衰减掉,图 3-11(b)将 $H(u,v)$作为图像显示。本章所考虑的滤波器是关于原点辐射状对称的。这意味着从原点沿着半径线延伸的距离函数的横截面足以满足一个指定的滤波器,如图 3-11(c)所示。图 3-11(c)给出了理想低通滤波器的转移函数 H 的横截面图,其中横轴用于表示离原点的径向距离。通过将横截面绕原点旋转 360°即可得到完整的理想低通滤波器转移函数,也即图 3-11(a)所示的转移函数 H 的透视图。

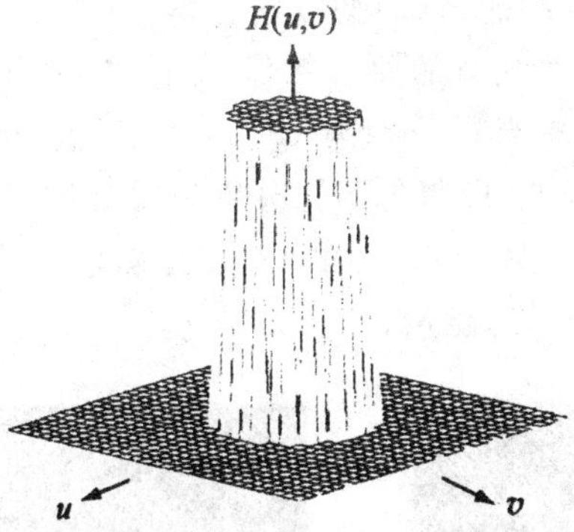

(a)理想低通滤波器转移函数的透视图

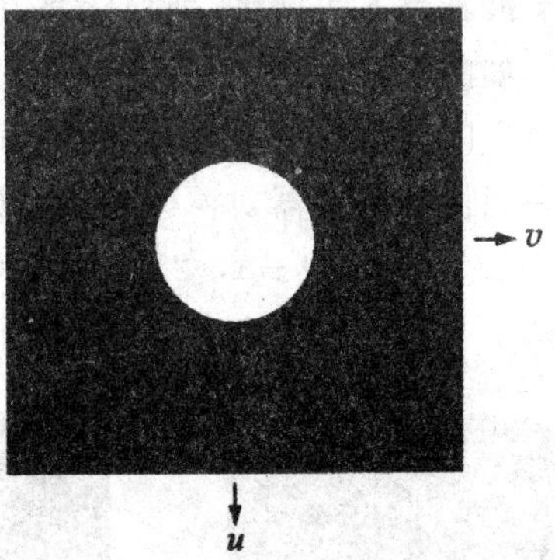

(b)以图像显示的滤波器

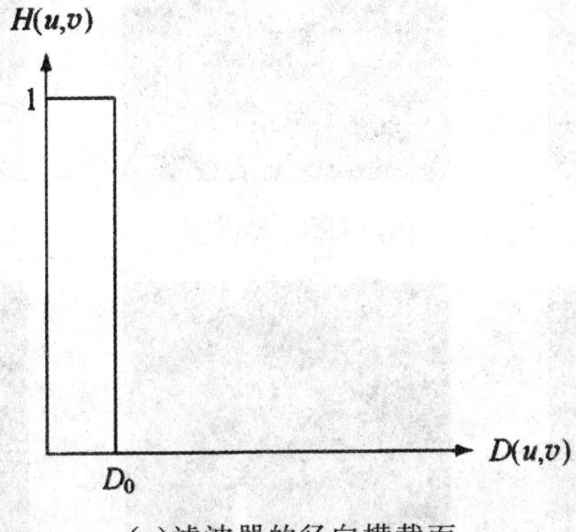

(c)滤波器的径向横截面

图 3-11　理想低通滤波器的转移函数透视图、滤波器和横截面图

在本节中讨论的低通滤波器,可用具有相同截止频率的函数研究其特性而加以比较。建立一组标准截止频率位置的方法是计算包含指定总图像功率值 P_T 的范围。这个值是将每个点(u,v)的功率谱成分相加得到的,其中,$u=0,1,2,\cdots,M-1,v=0,1,2,\cdots,N-1$,即

$$P_T = \sum_{u=0}^{M-1} \sum_{v=0}^{N-1} P(u,v)$$

如果要变换被中心化、原点在频率矩形中心的半径为 r 的圆包含 $a\%$ 的功率，其中，

$$a = 100\left[\sum_{u}\sum_{v} P(u,v)/P_T\right] \tag{3-2}$$

那么总和取处于圆之内或边界线上的 (u,v) 值。

需要说明的是，理想低通滤波器的数学意义是十分清楚的，利用计算机对其进行模拟也是可行的，但在实际中用电子元件实现直上直下的理想低通滤波器是不可能的，所以才将其称为“理想”低通滤波器。

如图 3-12(a)所示是一幅包含了全部细节的原始图像；如图 3-12(b)所示是它的傅里叶频谱图，利用其截止频率半径分别为 10、20、40 和 80 确定的理想低通滤波器对原图像进行低通滤波，所得的图像分别为图 3-12(c)～图 3-12(f)。根据式(3-2)计算可知，图 3-12(c)～图 3-12(f)分别包含了原图像中 95.5%、97.9 %、99.0%和 99.6%的能量。

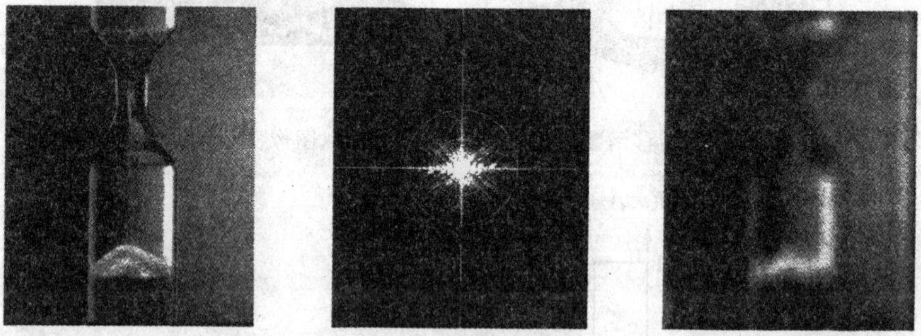

(a) 原始图像　　(b) 傅里叶频谱图　　(c) 截止频率半径为10

(d) 截止频率半径为20　　(e) 截止频率半径为40　　(f) 截止频率半径为80

图 3-12　频率域理想低通滤波器的滤波效果及低频特性分析

图 3-12(c)～图 3-12(f)的结果说明：

①傅里叶频谱图的低频分量主要集中在中心；

②指明了以截止频率为半径的圆内的图像功率与图像总功率的量级关系；

③说明了高频成分对于表现图像的轮廓和细节是十分重要的。

图 3-12(c)仅滤除掉占总能量的 4.5％的高频分量，图像就变得十分模糊，并有明显的振铃效应；图 3-12(d)滤除掉占总能量的 2.1％的高频分量，图像仍存在着一定程度的模糊和振铃效应；当图 3-12(e)仅滤除掉占总能量的 1.0％的高频分量时，图像视觉效果才变得尚可接受；而当图 3-12(f)滤除掉占总能量的 0.4％的高频分量时，图像才变得与原图像几乎一样。

2. 巴特沃斯低通滤波器

巴特沃斯低通滤波器(BLPF)又称为最大平坦滤波器。一个 n 阶巴特沃斯滤波器的转移函数为

$$H(u,v)=\frac{1}{1+\left[\frac{D(u,v)}{D_0}\right]^{2n}}$$

或者表示为

$$H(u,v)=\frac{1}{1+\left[\sqrt{2}-1\right]\left[D(u,v)/D_0\right]^{2n}}$$

与理想低通滤波器所不同的是，巴特沃斯低通滤波器在通带和阻带之间没有明显的不连续性，过渡比较光滑，当 $D(u,v)=D_0$ 时，$H(u,v)$下降到最大值的 $1/\sqrt{2}$。阶数上升，平滑处理过程中的振铃现象会更加显著，再加上其尾部有较多的高频分量，因此其平滑效果不如理想低通滤波器明显。

如图 3-13 所示是一阶和三阶巴特沃斯低通滤波器的特性曲线。

3. 指数型低通滤波器

指数型低通滤波器(ELPF)的转移函数 $H(u,v)$表示为

$$H(u,v)=\mathrm{e}^{-\left[\frac{D(u,v)}{D_0}\right]^n} \tag{3-3}$$

或者表示为

$$H(u,v)=\exp\left\{\left[\ln\frac{1}{\sqrt{2}}\right]\left[\frac{D(u,v)}{D_0}\right]^n\right\} \tag{3-4}$$

当 $D(u,v)=D_0$，$n=1$ 时，式(3-3)的 $H(u,v)=1/\mathrm{e}$，式(3-4)的 $H(u,v)=1/\sqrt{2}$，所以两者的衰减特性仍有不同。这说明二者表现为不同的衰减特性。指数型低通滤波器的过渡带较为平滑，经过平滑处理的图像不会产生振铃现象，但指数型低通滤波器与巴特沃斯低通滤波器相比具有更快的衰减特性。

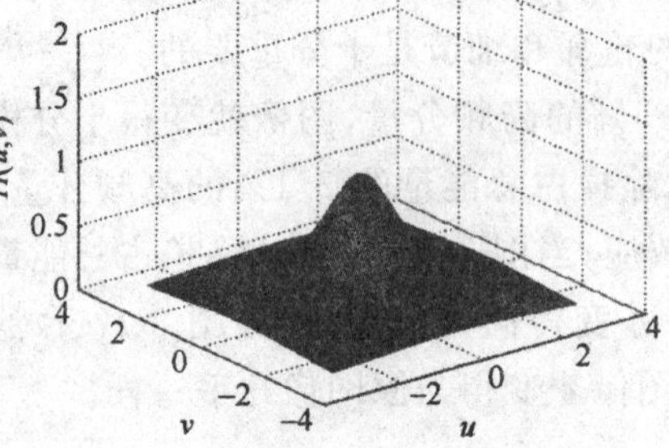

(a)一阶巴特沃斯低通滤波器
转移函数的三维图

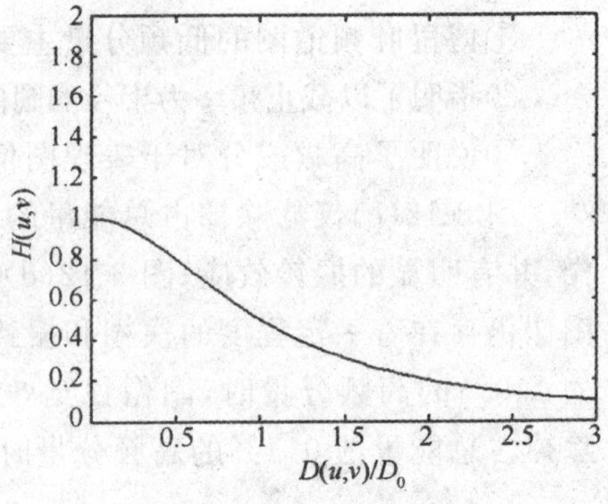

(b)一阶巴特沃斯低通滤波器
转移函数的剖面图

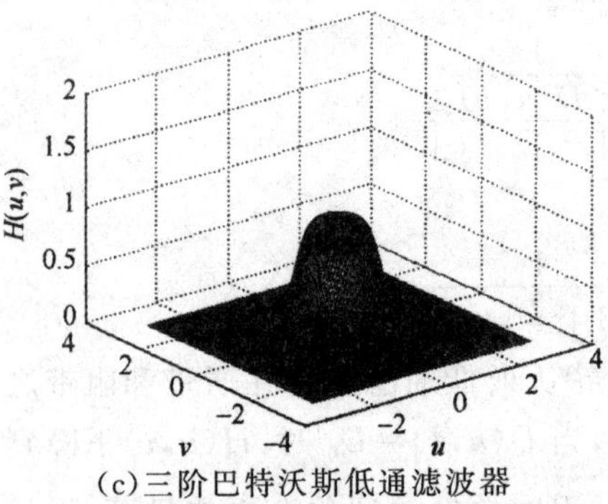

(c)三阶巴特沃斯低通滤波器
转移函数的三维图

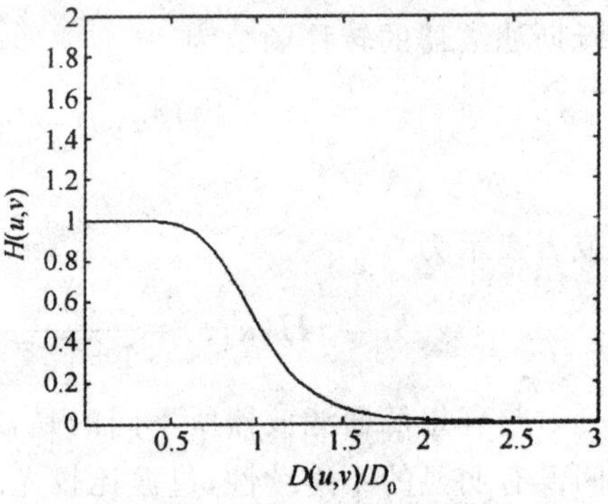

(d)三阶巴特沃斯低通滤波器
转移函数的剖面图

图 3-13　一阶和三阶巴特沃斯低通滤波器的特性曲线

如图 3-14 所示给出了一阶和三阶指数低通滤波器的特性曲线。

4. 梯形低通滤波器

梯形低通滤波器(TLPF)是理想低通滤波器和完全平滑滤波器的折中,它的转移函数为

$$H(u,v)=\begin{cases}1, D(u,v)<D_0\\ \dfrac{1}{[D_0-D_1]}[D(u,v)-D_1], D_0\leqslant D(u,v)\leqslant D_1\\ 0, D(u,v)>D_1\end{cases}$$

在规定 D_0 和 D_1 时,要满足 $D_0<D_1$ 的条件。一般为了方便,把 $H(u,v)$ 的第一个转折点 D_0 定义为截止频率,第二个变量 D_1 可以任意选取,只要 D_1 大于 D_0 就可以了。

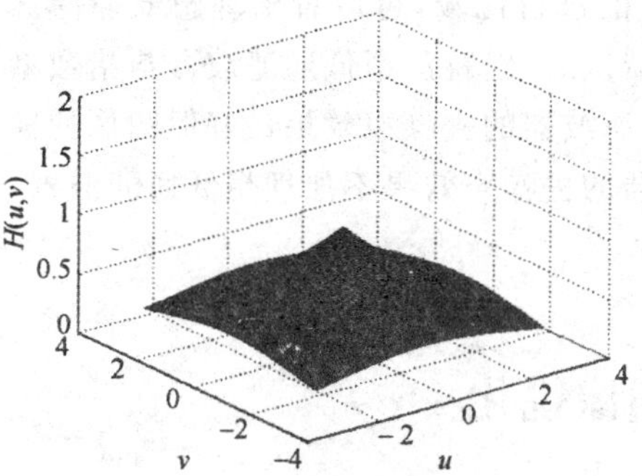

(a)一阶指数低通滤波器
转移函数的三维图

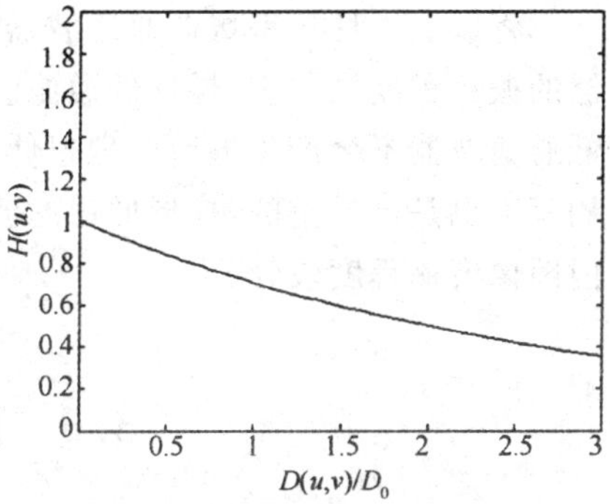

(b)一阶指数低通滤波器
转移函数的剖面图

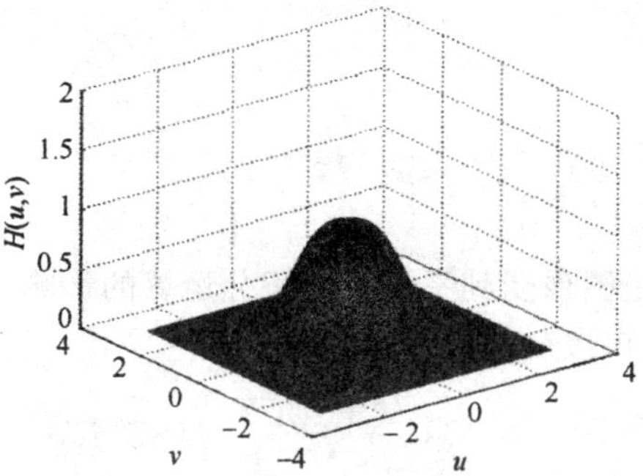

(c)三阶指数低通滤波器
转移函数的三维图

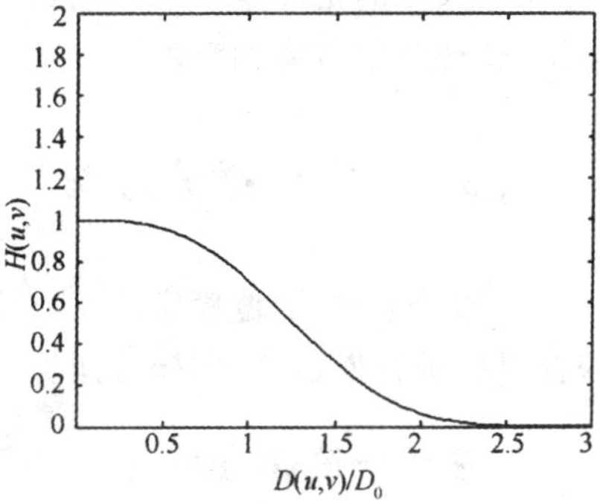

(d)三阶指数低通滤波器
转移函数的剖面图

图 3-14　一阶和三阶指数低通滤波器的特性曲线

如图 3-15 所示给出了梯形低通滤波器的特性曲线。其滤波性能也介于理想滤波器和具有平滑过渡的滤波器之间,滤波后的图像既有一定的模糊,也有一定振铃现象存在。

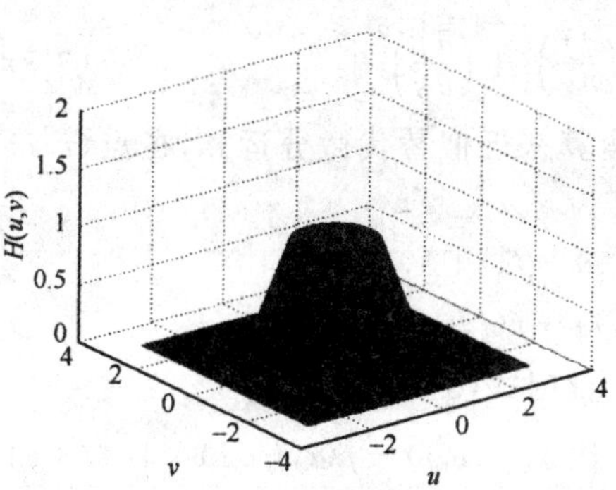

(a)梯形低通滤波器转移函数的三维图

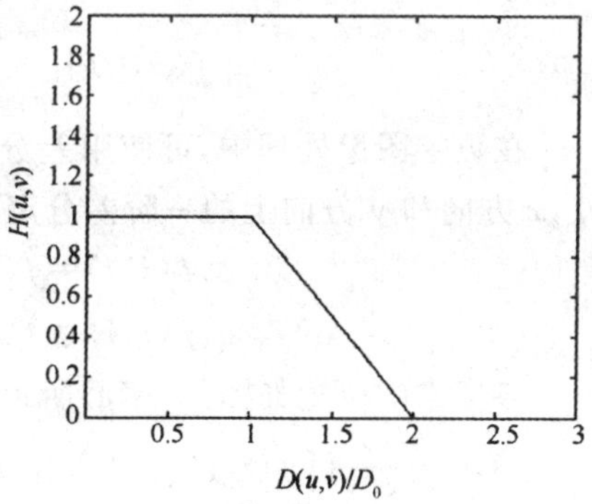

(b)梯形低通滤波器转移函数的剖面图

图 3-15　梯形低通滤波器的特性曲线

将以上 4 种频率域低通滤波器性能进行比较，可以看出理想低通滤波器的振铃程度最严重，梯形低通滤波器次之，巴特沃斯低通滤波器与指数型低通滤波器不会产生振铃。理想低通滤波器的去噪声效果最好但图像的模糊程度也是最严重的，梯形低通滤波器的去噪声效果不如理想低通滤波器，但图像模糊程度较轻。

3.3 图像锐化

图像的锐化与平滑相反，在图像传输和变换过程中，因受到干扰会退化，比较典型的是图像模糊。图像锐化就是使边缘和轮廓线模糊的图像变得清晰，使其细节更加清晰。

3.3.1 锐化微分方法

从数学上看，图像模糊的实质就是图像受到平均或者积分运算的影响，因此对其进行逆运算（如微分运算）就可以使图像清晰。

1. 基于一阶微分的梯度算子

对于图像函数 $f(x,y)$，它在点 (x,y) 处的梯度可定义为一个矢量 $G[f(x,y)]$，其数学表达式为

$$G[f(x,y)]=\left[\frac{\partial f}{\partial x},\frac{\partial f}{\partial y}\right]^T$$

在点 (x,y) 处梯度矢量的方向是函数 $f(x,y)$ 在这点变化率最大的方向，梯度矢量的幅度（梯度的模）为

$$|G[f(x,y)]|=\left[\left(\frac{\partial f}{\partial x}\right)^2+\left(\frac{\partial f}{\partial y}\right)^2\right]^{\frac{1}{2}} \tag{3-5}$$

在数字图像处理中，可使用差分运算来近似替代微分运算，在点 (i,j) 处，x 方向和 y 方向上的一阶差分定义为

$$\Delta_x f(i,j)=f(i,j)-f(i+1,j)$$
$$\Delta_y f(i,j)=f(i,j)-f(i,j+1)$$

各像素的位置如图 3-16(a)所示。此时式(3-5)可近似为

$$G(i,j)=\{[f(i,j)-f(i+1,j)]^2+[f(i,j)-f(i,j+1)]^2\}^{\frac{1}{2}} \tag{3-6}$$

为了便于运算，对式(3-6)进一步化简为

$$G(i,j)=|f(i,j)-f(i+1,j)|+|f(i,j)-f(i,j+1)|$$

以上这种求梯度的方法称为典型梯度法。另一种梯度方法称罗伯特(Roberts)交叉差分算法，如图 3-16(b)所示。其数学表达式为

$$G(i,j)=\{[f(i,j)-f(i+1,j+1)]^2+[f(i+1,j)-f(i,j+1)]^2\}^{\frac{1}{2}}$$

同样可以简化为

$$G(i,j)=|f(i,j)-f(i+1,j+1)|+|f(i+1,j)-f(i,j+1)|$$

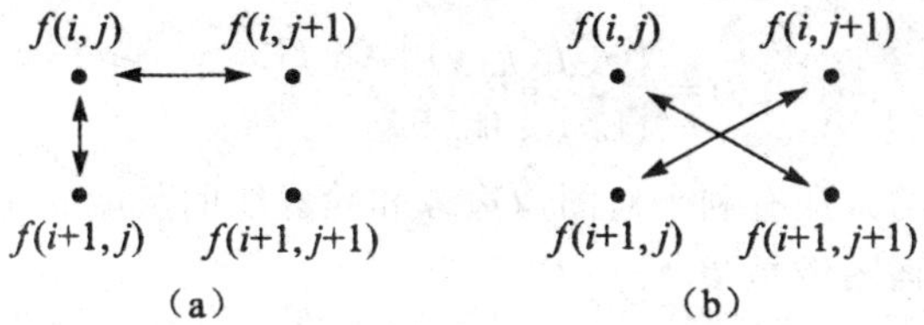

图 3-16　梯度的两种差分算法

如图 3-17 所示是用 Roberts 交叉差分算法处理图像的实例。

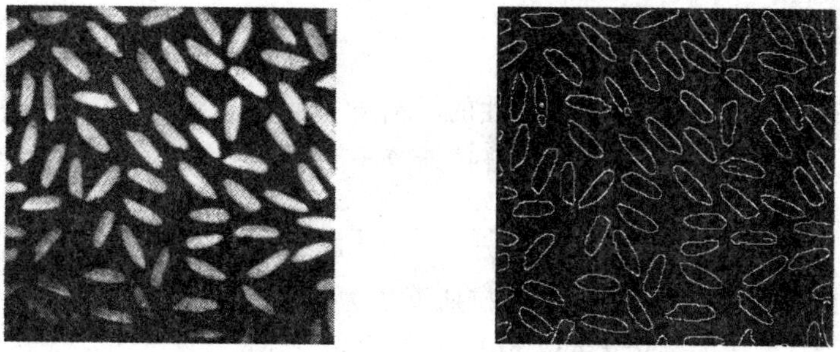

(a)未处理的图像　　(b)使用 Roberts 交叉差分算法处理后的图像

图 3-17　用 Roberts 梯度算子锐化处理的效果

当用典型梯度法或 Roberts 交叉差分算法计算完算子之后，要根据所处理图像的具体需求与实际应用生成相匹配的梯度增强图像。第一种是使点(x,y)处的灰度 $g(x,y)$与梯度幅度相等，即

$$g(x,y)=G[f(x,y)]$$

使用该方法增强后的图像灰度变化比较平缓，部分图像的轮廓将会被黑色覆盖，显示不出来。

第二种增强图像是使

$$g(x,y)=\begin{cases}G[f(x,y)], & G[f(x,y)]\geqslant T\\ f(x,y), & \text{其他}\end{cases}$$

式中，T 为一个阈值，必须保证 $T\geqslant 0$，T 的选取直接关系到增强后图像的效果，要保证模糊的图像边缘和轮廓线在经过图像增强后变得清晰，又要保证不会破坏原来灰度变化比较平缓的背景。

第三种增强图像是使

$$g(x,y)=\begin{cases}L_G, G[f(x,y)]\geqslant T\\ f(x,y), \text{其他}\end{cases}$$

式中，L_G 为根据需要处理的图像的具体需求而定的，图像边缘和轮廓线的清晰化需要一个固定的灰度级 L_G 来实现。

第四种增强图像是使

$$g(x,y)=\begin{cases}G[f(x,y)], G[f(x,y)]\geqslant T\\ L_G, \text{其他}\end{cases}$$

这种增强图像的方法有利于对图像边缘和轮廓线的灰度变化进行研究。

第五种增强图像是使

$$g(x,y)=\begin{cases}L_G, G[f(x,y)]\geqslant T\\ L_B, \text{其他}\end{cases}$$

这种增强图像的方法有利于对图像边缘和轮廓线的位置进行研究。

2.拉普拉斯算子

拉普拉斯算子是一种各向同性的二阶导数算子。假设$f(x,y)$是一个连续函数，则它在点(x,y)处的拉普拉斯算子为

$$\nabla^2 f=\frac{\partial^2 f(x,y)}{\partial x^2}+\frac{\partial^2 f(x,y)}{\partial y^2}$$

对于数字图像 $f(x,y)$其拉普拉斯算子为

$$\nabla^2 f=\nabla_x^2 f(x,y)+\nabla_y^2 f(x,y)$$

式中，

$$\nabla_x^2 f(x,y)=f(x+1,y)+f(x-1,y)-2f(x,y)$$

$$\nabla_y^2 f(x,y)=f(x,y+1)+f(x,y-1)-2f(x,y)$$

拉普拉斯增强算子为

$$\begin{aligned}g(x,y)&=f(x,y)-\nabla^2 f(x,y)\\&=5f(x,y)-[f(x+1,y)+f(x-1,y)+f(x,y+1)+f(x,y-1)]\end{aligned}$$

拉普拉斯算子的模板如图 3-18 所示。

0	−1	0
−1	5	−1
0	−1	0

图 3-18　拉普拉斯算子的模板

采用拉普拉斯增强算子对图 3-17(a)增强的结果如图 3-19 所示。

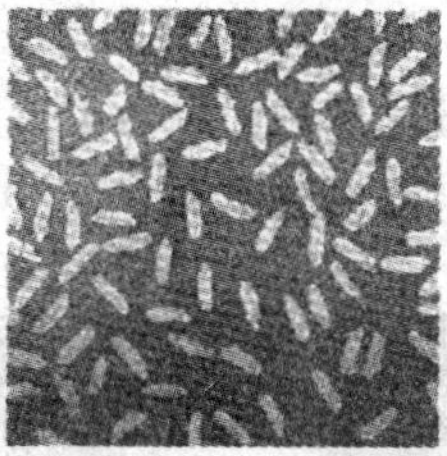

图 3-19　采用拉普拉斯进行图像增强

与一阶微分相比,拉普拉斯算子也增强了图像的噪声,但对噪声的增强作用较弱。在应用拉普拉斯算子进行图像锐化使图像轮廓线与边缘增强时,必要时需先将图像进行平滑处理。

3. Sobel 算子

Sobel 算子的基本思想是:以待增强图像的任意像素(i,j)为中心,针对一个 3×3 的最小滤波器模板,如图 3-20 所示,分别计算模板(i,j)在 x、y 方向上的梯度。

$f(i-1,j-1)$ ○	$f(i-1,j)$ ○	$f(i-1,j+1)$ ○
$f(i,j-1)$ ○	$f(i,j)$ ○	$f(i,j+1)$ ○
$f(i+1,j-1)$ ○	$f(i+1,j)$ ○	$f(i+1,j+1)$ ○

图 3-20　Sobel 算子图像窗口

$$S_x=[f(i-1,j+1)+2f(i,j+1)+f(i+1,j+1)]$$
$$-[f(i-1,j-1)+2f(i,j-1)+f(i+1,j-1)]$$
$$S_y=[f(i+1,j-1)+2f(i+1,j)+f(i+1,j+1)]$$
$$-[f(i-1,j-1)+2f(i-1,j)+f(i-1,j+1)]$$

增强后的图像在(i,j)处的灰度值为

$$g(x,y)=|S_x|+|S_y|$$

将图 3-20 所示滤波器模板中的像素表示成一个 3×3 的二维矢量 $\dot{F}$。Sobel 算子可以分解成下列两个模板。

$$\dot{M}_1=\begin{bmatrix}-1 & 0 & 1\\ -2 & 0 & 2\\ -1 & 0 & 1\end{bmatrix},\dot{M}_2=\begin{bmatrix}-1 & -2 & -1\\ 0 & 0 & 0\\ 1 & 2 & 1\end{bmatrix}$$

在 x 方向和 y 方向上的梯度可以表示为

$$G_x = M_1^{T} F, G_y = M_2^{T} F$$

锐化输出并化简可得

$$G = |M_1^{T} F| + |M_2^{T} F|$$

如图 3-21 所示是利用 Sobel 算子锐化图像的示例。

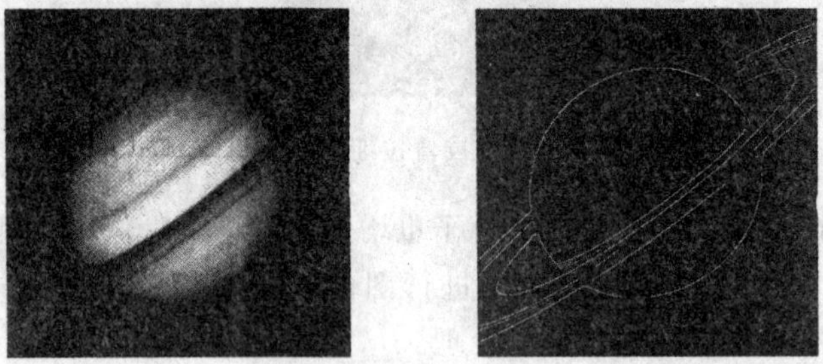

(a) (b)

图 3-21 利用 Sobel 算子锐化图像的示例

3.3.2 频率域高通滤波

1. 理想高通滤波器

一个二维理想高通滤波器(IHPF)的转移函数满足下式

$$H_h(u,v) = \begin{cases} 0, D(u,v) \leqslant D_0 \\ 1, D(u,v) > D_0 \end{cases}$$

式中,$D(u,v) = \sqrt{u^2 + v^2}$,$D_0$ 为截止频率,可根据图像的特点来选定。

理想高通滤波器的特性曲线如图 3-22 所示。

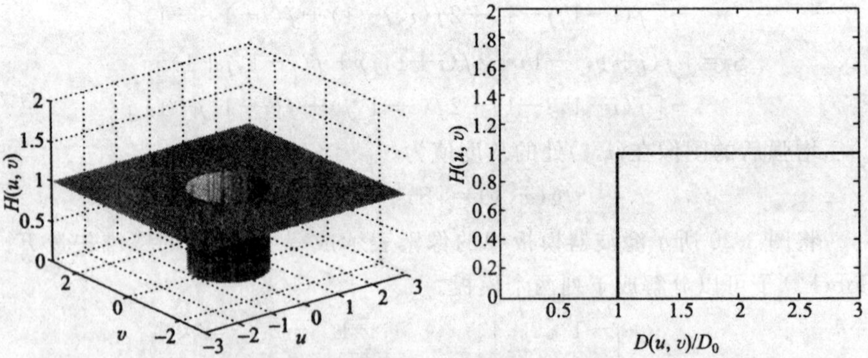

(a)理想高通滤波器转移函数的三维图 (b)理想高通滤波器转移函数的剖面图

图 3-22 理想高通滤波器的特性曲线

2. 巴特沃斯高通滤波器

巴特沃斯高通滤波器(BHPF)的转移函数为

$$H(u,v)=\frac{1}{1+[D_0/D(u,v)]^{2n}}$$

式中,D_0 为截止频率,$D(u,v)=\sqrt{u^2+v^2}$,n 为阶数。巴特沃斯高通滤波器是二维空间上的连续平滑高通滤波器,其特性曲线如图 3-23 所示。

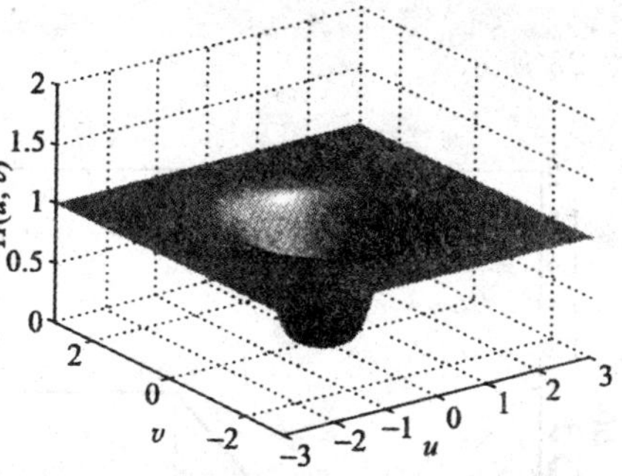

(a)三阶巴特沃斯高通滤波器转移函数的三维图

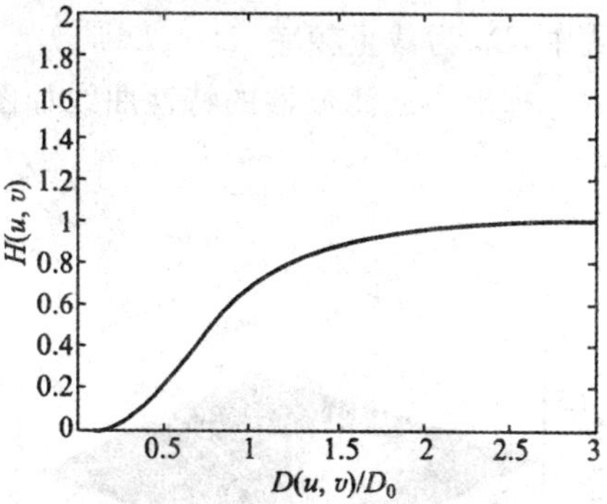

(b)三阶巴特沃斯高通滤波器转移函数的剖面图

图 3-23　三阶巴特沃斯高通滤波器的特性曲线

3. 指数高通滤波器

指数高通滤波器(EHPF)的转移函数为

$$H(u,v)=\exp\left\{\left[\ln(1/\sqrt{2})\right][D_0/D(u,v)]^n\right\}$$

式中,n 决定指数函数的衰减率。

三阶指数高通滤波器的特性曲线如图 3-24 所示。

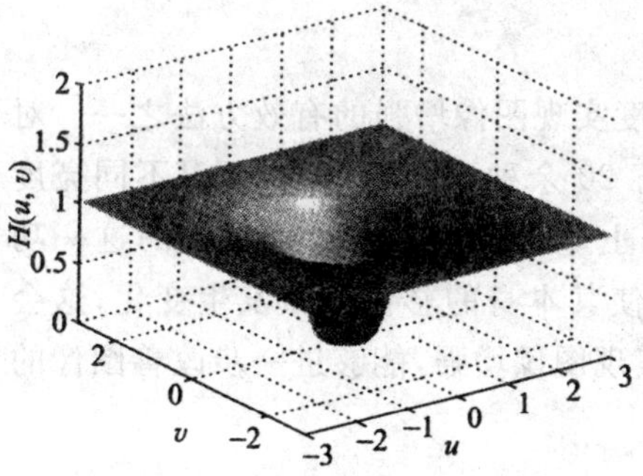

(a)三阶指数高通滤波器转移函数的三维图

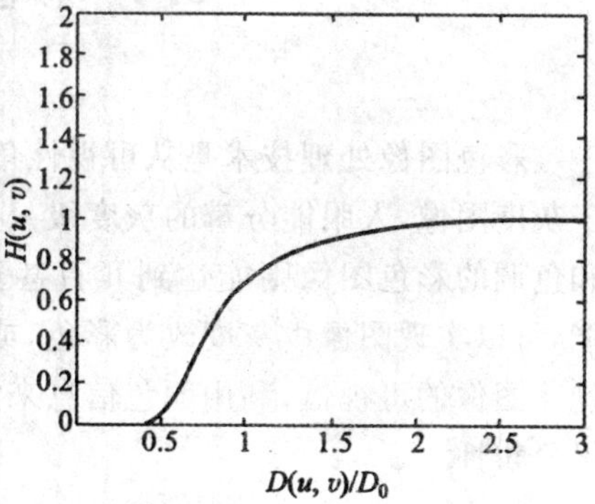

(b)三阶指数高通滤波器转移函数的剖面图

图 3-24　三阶指数高通滤波器的特性曲线

4. 梯形高通滤波器

梯形高通滤波器(THPF)的转移函数为

$$H(u,v)=\begin{cases}0, D(u,v)<D_1\\ \dfrac{D(u,v)-D_1}{D_0-D_1}, D_1\leqslant D(u,v)\leqslant D_0\\ 1, D(u,v)>D_0\end{cases}$$

式中,D_0 为截止频率,$D_1<D_0$。

梯形高通滤波器的特性曲线如图 3-25 所示。

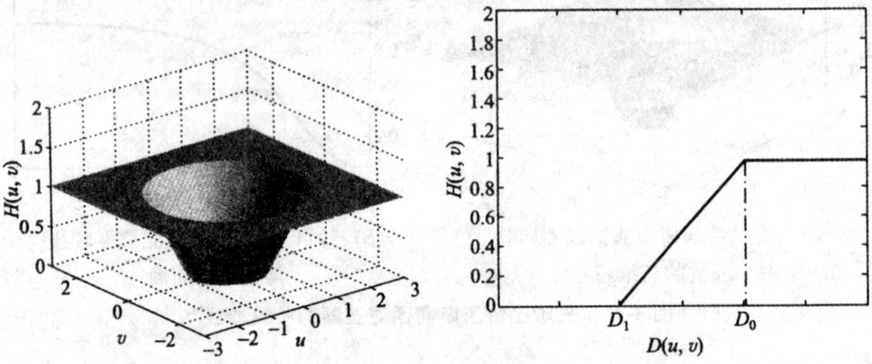

(a)梯形高通滤波器转移函数的三维图　　(b)梯形高通滤波器转移函数的剖面图

图 3-25　梯形高通滤波器的特性曲线

3.4　彩色图像增强

彩色图像处理技术是从可视性角度实现图像增强的有效方法之一。对于灰度图像,人眼能分辨的灰度级只有 20 余种不同的等级,而对不同亮度和色调的彩色图像则能达到几百甚至上千。根据人类视觉系统的这一功能,可以实现图像由灰度改为彩色,或使其本身的彩色分布发生变化,这会优化图像的可视性,利用颜色信息来实现图像增强,能够进一步改善图像的可分辨性。

3.4.1 假彩色增强

假彩色增强是将真实的自然彩色图像或遥感多光谱图像处理成便于人们识别的彩色图像的方法。另外，可根据人眼的色觉灵敏度，重新分配图像成分的颜色。例如，根据人眼视网膜中视锥体和视杆体对可见光区的绿色波长较敏感的特性，可将原来非绿色描述的图像细节或目标物经过假彩色处理变成绿色，从而达到提高目标分辨率的目的。

多光谱图像的假彩色增强可表示为

$$R_F=f_R\{g_1,g_2,\cdots,g_i,\cdots\}$$
$$G_F=f_G\{g_1,g_2,\cdots,g_i,\cdots\}$$
$$B_F=f_B\{g_1,g_2,\cdots,g_i,\cdots\}$$

式中，g_i 表示第 i 波段图像；f_R、f_G、f_B 表示通用的函数运算；R_F、G_F 和 B_F 为经增强处理后送往彩色显示器的三基色分量。

对于自然景色图像，通用的线性假彩色映射可表示为

$$\begin{bmatrix}R_f\\G_f\\B_f\end{bmatrix}=\begin{bmatrix}a_1 & b_1 & c_1\\a_2 & b_2 & c_2\\a_3 & b_3 & c_3\end{bmatrix}\cdot\begin{bmatrix}R_f\\G_f\\B_f\end{bmatrix}$$

它是将原图像的三基色 R_f、G_f、B_f 换成另一组新的三基色分量 R_F、G_F 和 B_F。例如，如果采用以下的映射关系：

$$\begin{bmatrix}R_F\\G_F\\B_F\end{bmatrix}=\begin{bmatrix}0 & 1 & 0\\0 & 0 & 1\\1 & 0 & 0\end{bmatrix}\cdot\begin{bmatrix}R_f\\G_f\\B_f\end{bmatrix}$$

那么原图中绿色物体呈红色，蓝色物体呈绿色，红色物体呈蓝色。

光的三原色是红(R)、绿(G)、蓝(B)。R、G、B 的组合比例不同，合成的颜色就不同。在自然界中万物的所有色彩都是由 R、G、B 按不同的比例组合变换而来的。颜色的三要素为亮度(Intensity)、色别(Hue)和饱和度(Saturation)。颜色的三原色 R、G、B 与颜色的三要素 I、H、S 可以相互转换。把彩色的 R、G、B 变换成明度(I)、色别(H)、饱和度(S)称为 HSI 正变换，而由 I、H、S 变换成 R、G、B 称为 HSI 反变换。HSI 的各种变换式如表 3-1 所示。

表 3-1　HSI 的各种变换式

彩色变换	正变换	备注
球体变换	$I=\frac{1}{2}(M+m)$ $S=\frac{M-m}{2-M-m}$ $H=60(2+b-g)$，当 $r=M$ $H=60(4+r-b)$，当 $g=M$ $H=60(6+g-r)$，当 $b=M$	$r=\frac{\max-R}{\max-\min}$ $g=\frac{\max-G}{\max-\min}$ $b=\frac{\max-B}{\max-\min}$ $\max=\max[R,G,B]$ $\min=\min[R,G,B]$ $M=\max[r,g,b]$ $m=\min[r,g,b]$
圆柱体变换	$I=\frac{1}{\sqrt{3}}(R+G+B)$ $H=\arctan\left(\frac{2R-G-B}{\sqrt{3}(G-B)}\right)$ $S=\frac{\sqrt{6}}{3}\sqrt{R^2+G^2+B^2-RG-RB-GB}$	$C=0$，当 $G\geqslant B$ $C=\pi$，当 $G<B$
三角形变换	$I=\frac{1}{3}(R+G+B)$ $H=\frac{G-B}{3(I-B)}$，$S=1-\frac{B}{I}$，当 $B=\min$ $H=\frac{B-R}{3(I-R)}$，$S=1-\frac{R}{I}$，当 $R=\min$ $H=\frac{R-G}{3(I-G)}$，$S=1-\frac{G}{I}$，当 $G=\min$	$\min=\min[R,G,B]$
单六角锥变换	$I=\max$ $S=\frac{\max-\min}{\max}$ $H=\left(5+\frac{R-B}{R-G}\right)\Big/6$，当 $R=\max,G=\min$ $H=\left(1-\frac{R-G}{R-B}\right)\Big/6$，当 $R=\max,B=\min$ $H=\left(1+\frac{G-R}{G-B}\right)\Big/6$，当 $G=\max,B=\min$ $H=\left(3-\frac{G-B}{G-R}\right)\Big/6$，当 $G=\max,R=\min$ $H=\left(3+\frac{B-G}{B-R}\right)\Big/6$，当 $B=\max,R=\min$ $H=\left(5-\frac{B-R}{B-G}\right)\Big/6$，当 $B=\max,G=\min$	$\max=\max[R,G,B]$ $\min=\min[R,G,B]$

采用 HSI 变换融合的一般流程如图 3-26 所示。

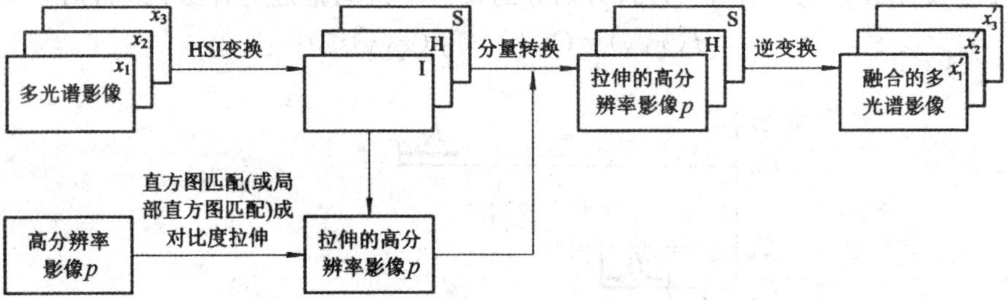

图 3-26 采用 HSI 变换融合的一般流程

HSI 变换融合的具体步骤如下①：

①将空间分辨率低得多的光谱影像 x_1、x_2、x_3 经过 HSI 变换，得到 I、H、S 三分量；

②将高空间分辨率影像 p 进行直方图匹配（直方图规定化）或对比度拉伸，使之与 I 分量有相同的均值和方差；

③将 I 分量用经过拉伸后的 p 代替，p、H、I 经过 HSI 逆变换得到融合的多光谱影像 x'_1、x'_2、x'_3。

3.4.2 伪彩色增强

伪彩色增强的处理对象是灰度图像，是将一幅灰度图像变换为彩色图像。由人眼的生理特性可以知道，人眼识别和区分灰度差异的能力是很有限的，一般只有三四十级，但识别和区分色彩的能力却很大，可达数百种甚至上千种，伪彩色增强就是利用人眼的这一生理特性，将一幅具有不同灰度级的图像通过一定的映射转变为彩色图像，从而将人眼难以区分的灰度差异变换为极易区分的色彩差异。因为原始图像并没有颜色，将其变为彩色的过程实际上是一种人为控制的着色过程，所以称为伪彩色增强。伪彩色增强可以分为空间域增强和频率域增强两种，在这两种算法中，密度分割法、灰度变换法和频率域滤波法是三种较为常用的算法。

1. 密度分割法

密度分割法的原理如图 3-27 所示。它是把黑白图像的灰度级 0≤

① 张婷. 基于辐射图像颜色和神经网络的测温技术研究[D]. 武汉：武汉理工大学，2010.

$f(x,y) \leqslant L$，用 $M+1$ 个灰度等级把该灰度范围划分成 M 个区间，并将 $M+1$ 个灰度级记为 $l_0, l_1, \cdots, l_M$，对划分的每一个区间指定一种颜色 C_i，则

$$f(x,y)=C_i, l_{i-1} \leqslant f(x,y) \leqslant l_i$$

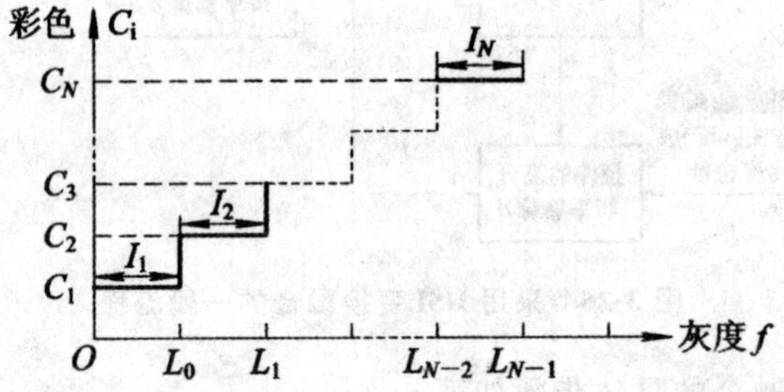

(a)密度分割平面示意图

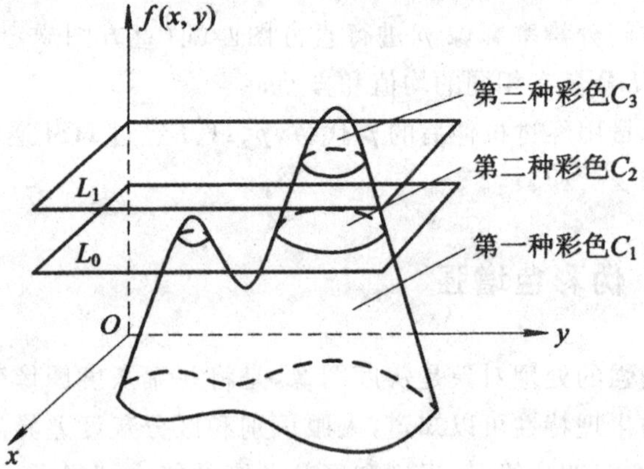

(b)密度分割空间示意图

图 3-27　密度分割法的原理

2. 灰度变换法

根据彩色的三基色原理，可将灰度映射成红(R)、绿(G)、蓝(B)三个基色，再合成彩色。其原理如图 3-28 所示。在该方法中，对每个原始图像的灰度值可用三个独立的变换来处理，利用这三种变换函数来控制三种颜色分量，从而控制合成后的输出颜色。

把黑白图像的灰度 $f(x,y)$ 映射成三基色的对应关系表示为

$$\begin{cases} R(x,y)=T_R\{f(x,y)\} \\ G(x,y)=T_G\{f(x,y)\} \\ B(x,y)=T_B\{f(x,y)\} \end{cases}$$

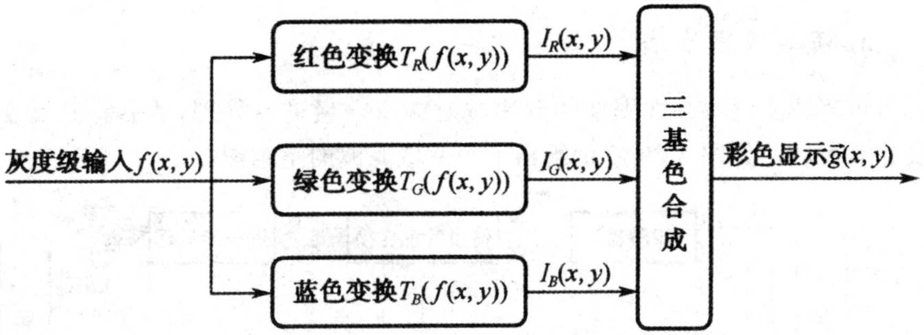

图 3-28　灰度变换彩色法的原理

如图 3-29 所示给出了灰度到彩色的一种变换方法。在 $f(m,n)\in[0,L/4]$时，红色的变换为零，绿色随灰度级从暗到亮呈线性变换关系，而蓝色为常数 L，红、绿、蓝合成后形成不同的彩色。$f(m,n)$在其他灰度级区间也因三种基色的不同而合成出不同的彩色。

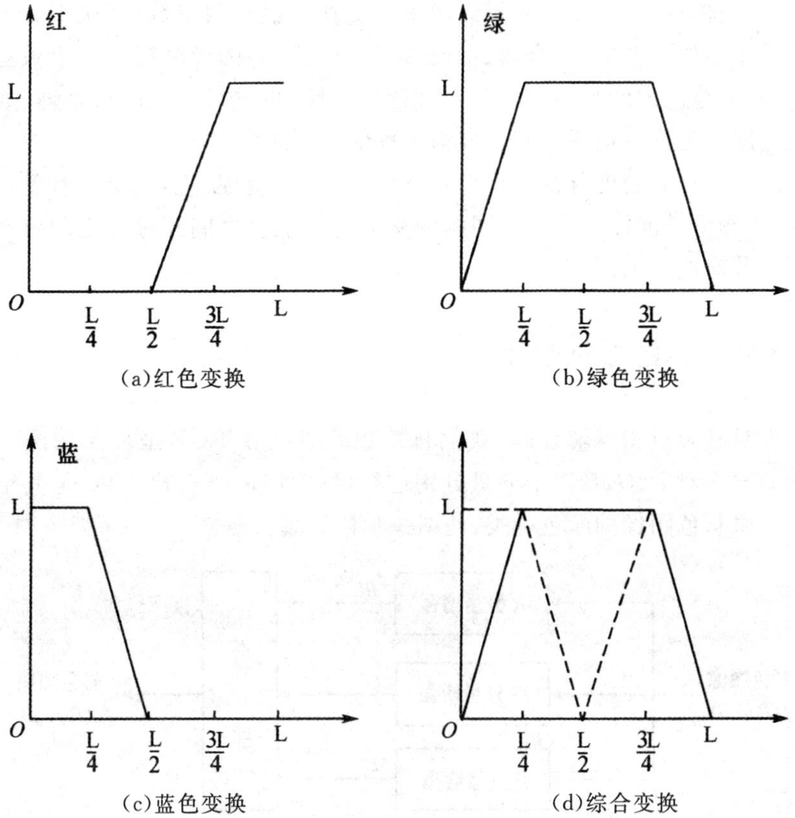

图 3-29　一种典型的灰度到彩色变换函数

3. 频率域滤波法

频率域滤波法是在图像的频率域对频率分量进行处理，然后将其反变换到空间域。如图 3-30 所示给出了频率域滤波的示意图。

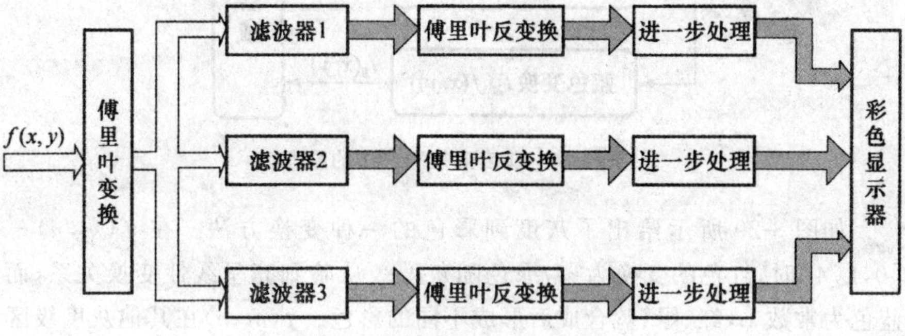

图 3-30 频率域滤波的示意图

首先将灰度图像从空间域经傅里叶变换变换到频率域；其次用 3 个不同传递特性的滤波器（如高通、带通、带阻、低通）将图像分离成 3 个独立分量，对每个范围内的频率分量分别进行反变换，再进行一定的后处理（如调节对比度或亮度）；最后将其合成为一幅伪彩色图像。

灰度变换和密度分割是将每一灰度值经过一定的变换与某一种颜色相对应；而频率域滤波则是在不同的频率分量与颜色之间经过一定的变换建立了一种对应关系。

3.4.3 真彩色增强

在对真彩色图像增强时，我们自然想到直接在 RGB 坐标系用图 3-31 所示的方法对 R、G、B 三个分量分别进行增强处理，再合成彩色，但其结果会改变原彩色图像的颜色种类，使图像彩色失真。

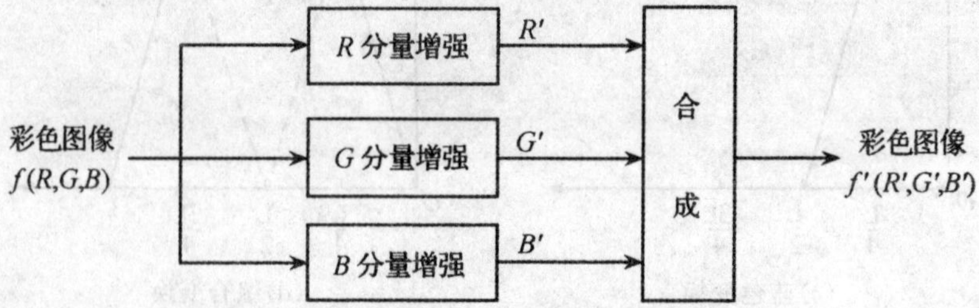

图 3-31 真彩色图像的 RGB 直接增强法原理框图

在 HSI 空间进行真彩色增强的基本步骤如下：

①将 R、G、B 分量图转化为 H、S、I 分量图；

②利用对灰度增强的方法增强其中需要增强的分量；

③再将结果转换为 R、G、B 分量图来显示。其原理框图如图 3-32 所示。

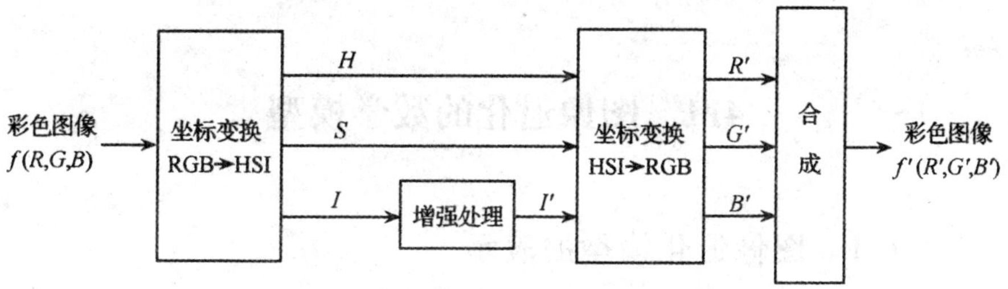

图 3-32　真彩色图像的 HSI 增强法原理框图

在 HSI 空间中，色度和亮度无关，单独对亮度的处理不会改变原图的彩色内容，但增强后的图从视觉上看起来会有些不一样。如果增强了其中的 I 亮度分量，则整个图像会比原来更亮一些。

这里关键是利用了 HSI 颜色坐标系中亮度和彩色种类分开的特点，结果既增强了彩色图像，又不会改变彩色种类。

第 4 章　图像复原与重建技术

4.1　图像退化的数学模型

4.1.1　图像退化模型的表示

设 $f(x,y)$ 是一幅原图像，图像的退化过程可以理解为一个作用于原图像 $f(x,y)$ 的系统 H，或理解为施加于原图像 $f(x,y)$ 上的一个运算 H；同时数字图像也常会因受一些随机误差，也即噪声而退化，它与一个加性噪声 $n(x,y)$ 联合作用导致产生退化图像 $g(x,y)$。这个模型复原图像就是一个在给定 $g(x,y)$ 和代表退化的 H 的基础上得到对 $f(x,y)$ 的某个近似的过程(假设已知 $n(x,y)$ 的统计特性)。也就是说，图像的退化常常是运算 H 和噪声的联合作用，由此可得到图像的退化模型，如图 4-1 所示。

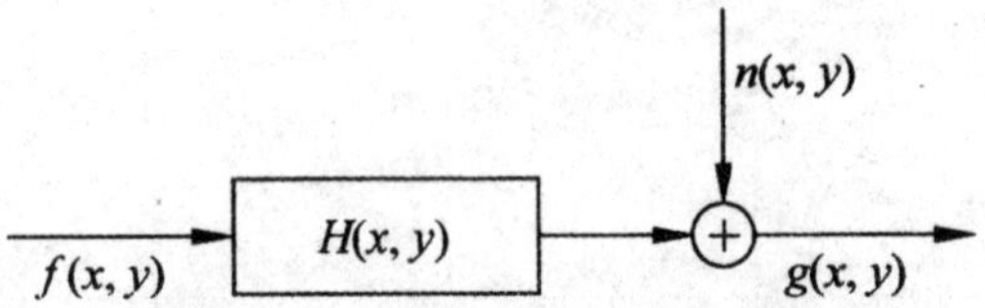

图 4-1　图像退化系统的数学模型

并可以表示为如下的关系：

$$g(x,y)=H[f(x,y)]+n(x,y)$$

首先假设 $n(x,y)=0$，考虑 H 可有以下几个性质。

①线性。若令 k_1 和 k_2 为常数，$f_1(x,y)$ 和 $f_2(x,y)$ 为两幅输入图像，则

$$H[k_1 f_1(x,y)+k_2 f_2(x,y)]=k_1 H[f_1(x,y)]+k_2 H[f_2(x,y)] \tag{4-1}$$

②相加性。式(4-1)中，若 $k_1=k_2=1$，则变成

$$H[f_1(x,y)+f_2(x,y)]=H[f_1(x,y)]+H[f_2(x,y)] \tag{4-2}$$

通过式(4-2)可以得出,线性系统对两个输入图像之和的响应等于它对两个输入图像响应的和。

③一致性。式(4-1)中,若 $f_2(x,y)=0$,则变成

$$H[f_1(x,y)]=k_1H[f_1(x,y)] \tag{4-3}$$

通过式(4-3)可以得出,线性系统对常数与任意输入乘积的响应等于常数与该输入的响应的乘积。

④位置(空间)不变性。若对任意 $f(x,y)$ 及 a 和 b,有

$$H[f(x-a,y-b)]=g(x-a,y-b) \tag{4-4}$$

通过式(4-4)可以得出,线性系统在图像任意位置的响应只与在该位置的输入值有关,与位置本身无关。

4.1.2 连续图像退化模型

根据冲激函数 δ 的筛选性质,可将 $f(x,y)$ 表示为

$$f(x,y)=\int_{-\infty}^{+\infty}\int_{-\infty}^{+\infty}f(\alpha,\beta)\delta(x-\alpha,y-\beta)\mathrm{d}\alpha\mathrm{d}\beta$$

式中,$\delta(x-\alpha,y-\beta)$定义为不在原点的二维 δ 函数,当 $x=\alpha,y=\beta$ 时,则

$$\delta(x-\alpha,y-\beta)=\infty$$

当 $x\neq\alpha$、$y\neq\alpha$ 时,则

$$\delta(x-\alpha,y-\beta)=0$$

设退化模型中的 $n(x,y)=0$,则有

$$g(x,y)=H\cdot f(x,y)=\int_{-\infty}^{+\infty}\int_{-\infty}^{+\infty}H[f(\alpha,\beta)\delta(x-\alpha,y-\beta)]\mathrm{d}\alpha\mathrm{d}\beta$$

由于 $f(\alpha,\beta)$与 x、y 无关,由线性齐次性可得

$$g(x,y)=\int_{-\infty}^{+\infty}\int_{-\infty}^{+\infty}f(\alpha,\beta)H\delta(x-\alpha,y-\beta)\mathrm{d}\alpha\mathrm{d}\beta$$

令 $h(x,\alpha,y,\beta)=H\delta(x-\alpha,y-\beta)$,$h(x,\alpha,y,\beta)$称为 H 的冲激响应,它表示系统 H 对坐标(α,β)处的冲激函数 $\delta(x-\alpha,y-\beta)$的响应。在光学中,冲激为一个光点,一般也称 $h(x,\alpha,y,\beta)$为点扩散函数。由此可得

$$g(x,y)=\int_{-\infty}^{+\infty}\int_{-\infty}^{+\infty}f(\alpha,\beta)h(x-\alpha,y-\beta)\mathrm{d}\alpha\mathrm{d}\beta \tag{4-5}$$

由式(4-5)可知,由于把退化过程看作一个线性空间不变系统,因此系统输出的降质图像 $g(\alpha,\beta)$应为输入图像和系统冲激响应的卷积积分。

对式(4-5)两边进行傅里叶变换,并由卷积定理可得

$$G(u,v)=H(u,v)F(u,v)$$

式中,$G(u,v)$、$F(u,v)$分别是 $g(x,y)$、$f(x,y)$的二维傅里叶变换,函数

$H(u,v)$称为退化系统的传递函数，它是退化系统冲激响应$h(x,y)$的傅里叶变换。

在考虑加性噪声的情况下，连续函数的退化模型可表示为

$$g(x,y)=\int_{-\infty}^{+\infty}\int_{-\infty}^{+\infty}f(\alpha,\beta)\delta(x-\alpha,y-\beta)\mathrm{d}\alpha\mathrm{d}\beta+n(x,y)$$

或

$$G(u,v)=H(u,v)F(u,v)+N(u,v)$$

式中，$N(u,v)$为噪声函数$n(u,v)$的傅里叶变换。

4.1.3 离散图像退化模型

1. 一维离散图像退化模型

对于一维来说，假设对两个函数$f(x)(x=0,1,\cdots,A-1)$和$h(x)(x=0,1,\cdots,B-1)$进行均匀采样，其结果放到尺寸为A和B的两个数组中。

为了避免卷积的各周期重叠，设采样函数的周期为$M\geqslant A+B-1$，并将函数用零扩展补齐。用$f_e(x,y)$和$h_e(x)$来表示扩展后的函数，有

$$f_e(x,y)=\begin{cases}f(x,y),0\leqslant x\leqslant A-1\\0,A\leqslant x\leqslant M-1\end{cases}$$

$$h_e(x)=\begin{cases}h(x),0\leqslant x\leqslant B-1\\0,B\leqslant x\leqslant M-1\end{cases}$$

则它们的卷积为

$$g_e(x,y)=\sum_{m=0}^{M-1}f_e(m)h_e(x-m) \tag{4-6}$$

式中，$x=0,1,\cdots,M-1$。引入矩阵表示法，则式(4-6)可改为

$$\boldsymbol{g}=\boldsymbol{Hf}$$

式中，

$$\boldsymbol{g}=\begin{bmatrix}g_e(0)\\g_e(1)\\\vdots\\g_e(M-1)\end{bmatrix},\boldsymbol{f}=\begin{bmatrix}f_e(0)\\f_e(1)\\\vdots\\f_e(M-1)\end{bmatrix}$$

$$\boldsymbol{H}=\begin{bmatrix}h_e(0)&h_e(-1)&\cdots&h_e(-M+1)\\h_e(1)&h_e(0)&\cdots&h_e(-M+2)\\\vdots&\vdots&&\vdots\\h_e(M-1)&h_e(M-2)&\cdots&h_e(0)\end{bmatrix}$$

根据 $h_e(x)$ 的周期性可知①，$h_e(x)=h_e(x+M)$，所以 $\boldsymbol{H}$ 又可以写为

$$\boldsymbol{H}=\begin{bmatrix} h_e(0) & h_e(M-1) & \cdots & h_e(1) \\ h_e(1) & h_e(0) & \cdots & h_e(2) \\ \vdots & \vdots & & \vdots \\ h_e(M-1) & h_e(M-2) & \cdots & h_e(0) \end{bmatrix} \tag{4-7}$$

通过式(4-7)，我们发现 $\boldsymbol{H}$ 是个循环矩阵，即每行最后一项等于下一行的最前一项，最后一行的最后一项等于第一行最前一项。

2. 二维离散图像退化模型

将一维结果推广到二维，有

$$f_e(x,y)=\begin{cases} f(x,y), 0\leqslant x\leqslant A-1, 0\leqslant y\leqslant B-1 \\ 0, A\leqslant x\leqslant M-1, B\leqslant y\leqslant M-1 \end{cases}$$

$$h_e(x)=\begin{cases} h(x), 0\leqslant x\leqslant B-1, 0\leqslant y\leqslant D-1 \\ 0, C\leqslant x\leqslant M-1, D\leqslant y\leqslant N-1 \end{cases}$$

与一维情况类似，两函数二维情况下的卷积为

$$g_e(x,y)=\sum_{m=0}^{M-1}\sum_{n=0}^{N-1} f_e(m,n)h_e(x-m,y-n) \tag{4-8}$$

式中，$x=0,1,\cdots,M-1$；$y=0,1,\cdots,N-1$。若考虑噪声，将 $M\times N$ 的噪声项加上，式(4-8)可改为

$$g_e(x,y)=\sum_{m=0}^{M-1}\sum_{n=0}^{M-1} f_e(m,n)h_e(x-m,y-n)+\eta_e(x,y)$$

引入矩阵的表示法，其可表示为

$$\boldsymbol{g}=\boldsymbol{H}\boldsymbol{f}+\boldsymbol{\eta}=\begin{bmatrix} \boldsymbol{H}_0 & \boldsymbol{H}_{M-1} & \cdots & \boldsymbol{H}_1 \\ \boldsymbol{H}_1 & \boldsymbol{H}_0 & \cdots & \boldsymbol{H}_2 \\ \vdots & \vdots & & \vdots \\ \boldsymbol{H}_{M-1} & \boldsymbol{H}_{M-2} & \cdots & \boldsymbol{H}_0 \end{bmatrix}\begin{bmatrix} f_e(0) \\ f_e(1) \\ \vdots \\ f_e(MN-1) \end{bmatrix}+\begin{bmatrix} \eta_e(0) \\ \eta_e(1) \\ \vdots \\ \eta_e(MN-1) \end{bmatrix} \tag{4-9}$$

$\boldsymbol{H}$ 为 $MN\times MN$ 维矩阵，对于线性移不变系统具有如下结构：

$$\boldsymbol{H}=\begin{bmatrix} \boldsymbol{H}_0 & \boldsymbol{H}_{M-1} & \cdots & \boldsymbol{H}_1 \\ \boldsymbol{H}_1 & \boldsymbol{H}_0 & \cdots & \boldsymbol{H}_2 \\ \vdots & \vdots & & \vdots \\ \boldsymbol{H}_{M-1} & \boldsymbol{H}_{M-2} & \cdots & \boldsymbol{H}_0 \end{bmatrix}_{M\times M}$$

式中，每个 $\boldsymbol{H}_i$ 是由扩展函数 $h_e(x,y)$ 的第 i 行而来的，即

---

① 因为 $f_e(x)$ 和 $h_e(x)$ 的周期为 M，则 $g_e(x)$ 的周期也为 M。

$$H_i=\begin{bmatrix} h_e(i,0) & h_e(i,N-1) & \cdots & h_e(i,1) \\ h_e(i,1) & h_e(i,0) & \cdots & h_e(i,2) \\ \vdots & \vdots & & \vdots \\ h_e(i,N-1) & h_e(i,N-2) & \cdots & h_e(i,0) \end{bmatrix}_{N\times N}$$

同上,这里的 $\boldsymbol{H}_i$ 也是一个循环矩阵。因为 $\boldsymbol{H}$ 中的每块是循环标注的,所以这里 $\boldsymbol{H}$ 是分块循环矩阵。直接用 $\boldsymbol{H}$ 来进行求解将是一个运算量非常庞大的工作。若 $M=N=512$,则 $\boldsymbol{H}$ 的大小为 262 144×262 144,求解,则需要求解 262 144 个联立方程。因此我们需要利用 $\boldsymbol{H}$ 的特殊性来简化运算,或在频率域利用快速算法进行求解。

4.2 图像的代数复原法

图像复原的目的是在假设具备有关 g、H 和 n 的某些知识的情况下,寻求估计原图像 f 的方法。这种估计应在某种预先选定的最佳准则下,具有最优的性质。

本节主要讨论在均方误差最小意义下,原图像 f 的最佳估计,因为它是各种可能准则中最简单易行的。事实上,由它可以导出许多实用的复原方法。

4.2.1 无约束复原

通过式(4-9)可知,噪声 $\boldsymbol{\eta}=\boldsymbol{g}-\boldsymbol{H}\boldsymbol{f}$。在并不了解 $\boldsymbol{\eta}$ 的情况下,希望找到一个 $\boldsymbol{f}$ 使得 $\boldsymbol{H}\boldsymbol{f}$ 在最小二乘方意义上来说近似于 $\boldsymbol{g}$。也就是说,希望找到一个 $\boldsymbol{f}$ 的估计 $\hat{\boldsymbol{f}}$。使得

$$\|\boldsymbol{\eta}\|^2=\|\boldsymbol{g}-\boldsymbol{H}\hat{\boldsymbol{f}}\|^2 \tag{4-10}$$

为最小。由范数定义有

$$\|\boldsymbol{\eta}\|^2=\boldsymbol{\eta}^{\mathrm{T}}\boldsymbol{\eta},\ \|\boldsymbol{g}-\boldsymbol{H}\hat{\boldsymbol{f}}\|^2=(\boldsymbol{g}-\boldsymbol{H}\hat{\boldsymbol{f}})^{\mathrm{T}}(\boldsymbol{g}-\boldsymbol{H}\hat{\boldsymbol{f}})$$

求 $\|\boldsymbol{\eta}\|^2$ 最小等效于求 $\|\boldsymbol{g}-\boldsymbol{H}\hat{\boldsymbol{f}}\|^2$ 最小,为此令

$$J(\hat{\boldsymbol{f}})=\|\boldsymbol{g}-\boldsymbol{H}\hat{\boldsymbol{f}}\|^2$$

这样复原问题变成求 $J(\hat{\boldsymbol{f}})$的极小值问题。这里选择 $\hat{\boldsymbol{f}}$ 除了要求 $J(\hat{\boldsymbol{f}})$ 为最小外,不受任何其他条件约束,因此成为无约束复原。

将 $J(\hat{\boldsymbol{f}})$对 $\hat{\boldsymbol{f}}$ 微分,并使结果为零,即

$$\frac{\partial J(\hat{\boldsymbol{f}})}{\partial \hat{\boldsymbol{f}}}=-2\boldsymbol{H}^{\mathrm{T}}(\boldsymbol{g}-\boldsymbol{H}\hat{\boldsymbol{f}})=0$$

有 $\hat{\boldsymbol{f}}=(\boldsymbol{H}^{\mathrm{T}}\boldsymbol{H})^{-1}\boldsymbol{H}^{\mathrm{T}}\boldsymbol{g}$ 成立。当 $M=N$ 时,$\boldsymbol{H}$ 为一方阵,并且假设 $\boldsymbol{H}^{-1}$ 存在,

则可得

$$\hat{\boldsymbol{f}}=\boldsymbol{H}^{-1}(\boldsymbol{H}^{\mathrm{T}})^{-1}\boldsymbol{H}^{\mathrm{T}}\boldsymbol{g}=\boldsymbol{H}^{-1}\boldsymbol{g}$$

4.2.2 约束最小二乘复原

为了克服复原问题的病态性质，常需要在复原过程中施加某种约束，即约束复原。令 $\boldsymbol{Q}$ 为 $\boldsymbol{f}$ 的线性算子，约束最小二乘法复原问题是使形式为 $\|\boldsymbol{Q}\hat{\boldsymbol{f}}\|^2$ 的函数，在约束条件 $\|\boldsymbol{g}-\boldsymbol{H}\hat{\boldsymbol{f}}\|^2-\|\boldsymbol{\eta}\|^2$ 时为最小。这可以归结为寻找一个 $\hat{\boldsymbol{f}}$，使下面准则函数最小，即

$$J(\hat{\boldsymbol{f}})=\|\boldsymbol{Q}\hat{\boldsymbol{f}}\|^2+\lambda(\|\boldsymbol{g}-\boldsymbol{H}\hat{\boldsymbol{f}}\|^2-\|\boldsymbol{\eta}\|^2)$$

式中，λ 为一个常数，称为拉格朗日系数。

按一般求极小值的解法，令 $J(\hat{\boldsymbol{f}})$ 对 $\hat{\boldsymbol{f}}$ 的导数为 0，则有

$$\frac{\partial J(\hat{\boldsymbol{f}})}{\partial\hat{\boldsymbol{f}}}=2\boldsymbol{Q}'\boldsymbol{Q}\hat{\boldsymbol{f}}-2\lambda\boldsymbol{H}'(\boldsymbol{g}-\boldsymbol{H}\hat{\boldsymbol{f}})=0$$

解得

$$\hat{\boldsymbol{f}}=(\boldsymbol{H}'\boldsymbol{H}+\gamma\boldsymbol{Q}'\boldsymbol{Q})^{-1}\boldsymbol{H}'\boldsymbol{g}$$

式中，$\gamma=1/\lambda$。这是求约束最小二乘复原图像的通用方程式。

通过指定不同的 $\boldsymbol{Q}$，可以得到不同的复原图像。下面根据通用方程式给出几种具体复原方法。

1. 能量约束复原

如果取线性运算

$$\boldsymbol{Q}=\boldsymbol{I} \tag{4-11}$$

那么得

$$\hat{\boldsymbol{f}}=(\boldsymbol{H}'\boldsymbol{H}+\gamma\boldsymbol{I})^{-1}\boldsymbol{H}'\boldsymbol{g}$$

此解的物理意义是在约束条件为式(4-10)时，复原图像能量 $\|\hat{\boldsymbol{f}}\|$ 为最小。也可以说，当用 $\boldsymbol{g}$ 复原 $\boldsymbol{f}$ 时，能量应保持不变。事实上，上式完全可以在 $\hat{\boldsymbol{f}}'\hat{\boldsymbol{f}}=\boldsymbol{g}'\boldsymbol{g}=\boldsymbol{c}$ 的条件下使 $\|\boldsymbol{g}-\boldsymbol{H}\hat{\boldsymbol{f}}\|$ 为最小推导出来。

2. 平滑约束复原

把 $\hat{\boldsymbol{f}}$ 看成 x、y 的二维函数，平滑约束是指原图像 $\hat{\boldsymbol{f}}(x,y)$ 为最光滑的，那么它在各点的二阶导数都应最小。顾及二阶导数有正负，约束条件是应用各点二阶导数的平方和最小。拉普拉斯算子为

$$\begin{aligned}\frac{\partial^2 f(x,y)}{x^2}+\frac{\partial^2 f(x,y)}{y^2}=&f(x+1,y)+f(x-1,y)\\&+f(x,y+1)+f(x,y-1)-4f(x,y)\end{aligned} \tag{4-12}$$

则约束条件为

$$\sum_{x=0}^{M-1}\sum_{y=0}^{N-1}[f(x+1,y)+f(x-1,y)+f(x,y+1)+f(x,y-1)-4f(x,y)]^2$$

取最小。

式(4-12)还可用卷积形式表示为

$$\bar{f}(x,y)=\sum\sum f(x-m,y-n)\boldsymbol{C}(m,n)$$

式中，

$$\boldsymbol{C}(m,n)=\begin{vmatrix}0 & 1 & 0\\ 1 & -4 & 1\\ 0 & 1 & 0\end{vmatrix}$$

于是，复原就是在约束条件式(4-11)下使 $\|\boldsymbol{c}\hat{\boldsymbol{f}}\|$ 为最小。令 $\boldsymbol{Q}=\boldsymbol{C}$，最佳复原解为

$$\hat{\boldsymbol{f}}=(\boldsymbol{H}'\boldsymbol{H}+\gamma\boldsymbol{C}'\boldsymbol{C})^{-1}\boldsymbol{H}'\boldsymbol{g}$$

3. 均方误差最小滤波(维纳滤波)

将 f 和 n 视为随机变量，并选择 $\boldsymbol{Q}$ 为

$$\boldsymbol{Q}=\boldsymbol{R}_f^{1/2}\boldsymbol{R}_n$$

使 $\boldsymbol{Q}\hat{\boldsymbol{f}}$ 最小。其中 $\boldsymbol{R}_f=\varepsilon\{ff'\}$ 和 $\boldsymbol{R}_n=\varepsilon\{nn'\}$ 分别为信号和噪声的协方差矩阵。可推导出

$$\hat{\boldsymbol{f}}=(\boldsymbol{H}'\boldsymbol{H}+\gamma\boldsymbol{R}_f^{-1}\boldsymbol{R}_n)^{-1}\boldsymbol{H}'\boldsymbol{g}$$

通常情况下，$\gamma\neq1$ 时为含参维纳滤波；$\gamma=1$ 时为标准维纳滤波。在用统计线性运算代替确定性线性运算时，最小二乘滤波将转化成均方误差最小滤波。尽管两者在表达式上有着类似的形式，但意义却有本质的不同。在随机性运算情况下，最小二乘滤波是对一族图像在统计平均意义上给出最佳复原的；而在确定性运算的情况下，最佳复原是针对一幅退化图像给出的。

4.3 图像的频率域复原法

4.3.1 逆滤波复原

对于线性位移不变系统来说，有

$$\begin{aligned}g(x,y)&=\iint_{-\infty}^{\infty}f(\alpha,\beta)\delta(x-\alpha,y-\beta)\mathrm{d}\alpha\mathrm{d}\beta+n(x,y)\\&=f(x,y)*h(x,y)+n(x,y)\end{aligned}$$

上式两边进行傅里叶变换得

$$G(u,v)=F(u,v)H(u,v)+N(u,v) \tag{4-13}$$

式中，$G(u,v)$、$F(u,v)$、$H(u,v)$和 $N(u,v)$分别是 $g(x,y)$、$f(x,y)$、$h(x,y)$和 $n(x,y)$的二维傅里叶变换。$H(u,v)$称为系统的传递函数，从频率域角度看，它使图像退化，因而反映了成像系统的性能。

通常在无噪声的理想情况下，式(4-13)可为

$$G(u,v)=F(u,v)H(u,v)$$

则

$$F(u,v)=G(u,v)/H(u,v) \tag{4-14}$$

式中，$1/H(u,v)$称为逆滤波器。对式(4-14)再进行傅里叶逆变换可得到 $f(x,y)$。但实际上碰到的问题都有噪声，因而只能求 $F(u,v)$的估计值 $\hat{F}(u,v)$，

$$\hat{F}(u,v)=F(u,v)+\frac{N(u,v)}{H(u,v)} \tag{4-15}$$

做傅里叶逆变换得

$$\hat{f}(x,y) = f(x,y) + \int_{-\infty}^{+\infty}[N(u,v)H^{-1}(u,v)]\mathrm{e}^{\mathrm{j}2\pi(ux+vy)}\,\mathrm{d}u\mathrm{d}v$$

这就是逆滤波复原的基本原理。其复原过程可归纳如下：

①对退化图像 $g(x,y)$做二维离散傅里叶变换，得到 $G(u,v)$；

②计算系统点扩散函数 $h(x,y)$的二维傅里叶变换，得到 $H(u,v)$，值得注意的是，通常 $h(x,y)$的尺寸小于 $g(x,y)$的尺寸，为了消除混叠效应引起的误差，需要把 $h(x,y)$的尺寸延拓；

③按式(4-15)计算 $\hat{F}(u,v)$；

④计算 $\hat{F}(u,v)$的傅里叶逆变换，求得 $\hat{f}(x,y)$。

如果噪声为 0，则采用逆滤波复原法能完全再现原图像。如果噪声存在，而且在 $H(u,v)$很小或为 0 时，则噪声被放大。这意味着退化图像中小噪声的干扰在 $H(u,v)$较小时，会对逆滤波复原的图像产生很大的影响，有可能使复原的图像 $\hat{f}(x,y)$和 $f(x,y)$相差很大，甚至面目全非。

为此改进的方法如下：

①在 $H(u,v)=0$ 及其附近，人为地设置 $H^{-1}(u,v)$的值，使 $N(u,v)*H^{-1}(u,v)$不会对 $\hat{F}(u,v)$产生太大影响，如图 4-2 所给出了 $H(u,v)$、$H^{-1}(u,v)$和改进的滤波器 $H_1(u,v)$的一维波形，从中可以看出与正常逆滤波的差别；

②使 $H^{-1}(u,v)$具有低通滤波性质，即

$$H^{-1}(u,v)=\begin{cases}\dfrac{1}{H(u,v)}, D\leqslant D_0\\ 0, D>D_0\end{cases}$$

式中，D_0 为逆滤波器的截止频率，$D=\sqrt{u^2+v^2}$。

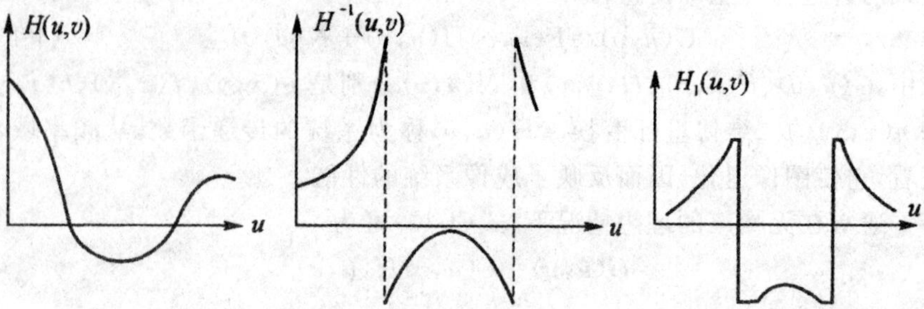

(a) 图像退化响应　　(b) 逆滤波器响应　　(c) 改进的逆滤波器响应

图 4-2　$H(u,v)$、$H^{-1}(u,v)$和改进的滤波器 $H_1(u,v)$的一维波形

4.3.2　去除由匀速直线运动造成的模糊

在获取图像过程中，由于景物和摄像机之间的相对运动，往往造成图像的模糊。其中，匀速直线运动所造成的模糊图像的复原问题更具有一般性和普遍意义。因为变速的、非直线的运动在某些条件下可以看作匀速的、直线运动的合成结果。

设图像 $f(x,y)$有一个平面运动，令 $x_0(t)$和 $y_0(t)$分别为在 x 方向和 y 方向上运动的变化分量，t 表示运动的时间。记录介质的总曝光量是在快门打开到关闭这段时间的积分。则模糊后的图像为

$$g(x,y)=\int_0^T f[x-x_0(t),y-y_0(t)]\mathrm{d}t \tag{4-16}$$

式中，$g(x,y)$为模糊后的图像。式(4-16)就是由目标物或摄像机相对运动造成图像模糊的数学模型。令 $G(u,v)$为模糊图像 $g(x,y)$的傅里叶变换，对其两边傅里叶变换得

$$\begin{aligned}G(u,v)&=\int_{-\infty}^{+\infty}\int_{-\infty}^{+\infty}g(x,y)\mathrm{e}^{-\mathrm{j}2\pi(ux+vy)}\mathrm{d}x\mathrm{d}y\\&=\int_{-\infty}^{+\infty}\int_{-\infty}^{+\infty}\left\{\int_0^T f[x-x_0(t),y-y_0(t)]\mathrm{d}t\right\}\mathrm{d}x\mathrm{d}y\end{aligned} \tag{4-17}$$

改变式(4-17)的积分次序，则有

$$G(u,v)=\int_0^T\left\{\int_{-\infty}^{+\infty}\int_{-\infty}^{+\infty}f[x-x_0(t),y-y_0(t)]\mathrm{e}^{-\mathrm{j}2\pi(ux+vy)}\mathrm{d}x\mathrm{d}y\right\}\mathrm{d}t$$

由傅里叶变换的位移性质，可得

$$\begin{aligned}G(u,v)&=\int_0^T F(u,v)\mathrm{e}^{-\mathrm{j}2\pi[ux_0(t)+vy_0(t)]}\mathrm{d}t\\&=F(u,v)\int_0^T\mathrm{e}^{-\mathrm{j}2\pi[ux_0(t)+vy_0(t)]}\mathrm{d}t\end{aligned} \tag{4-18}$$

令

$$H(u,v)=\int_0^T e^{-j2\pi[ux_0(t)+vy_0(t)]}dt \tag{4-19}$$

由式(4-18)可得

$$G(u,v)=H(u,v)F(u,v) \tag{4-20}$$

式(4-20)是已知退化模型的傅里叶变换式。若 $x(t)$、$y(t)$的性质已知，则传递函数可直接由式(4-19)求出。因此，$f(x,y)$可复原出来。

下面直接给出沿水平方向和垂直方向匀速运动造成的图像模糊的模型及其复原的近似表达式。

①由水平方向匀速直线运动造成的图像模糊的模型及其复原用以下两式表示：

$$g(x,y)=\int_0^T f\left[\left(x-\frac{at}{T}\right),y\right]dt \tag{4-21}$$

$$f(x,y)\approx A-mg'[(x-ma),y]+\sum_{k=0}^{m}g'[(x-ka),y](0\leqslant x,y\leqslant L) \tag{4-22}$$

式中，a 为总位移量；T 为总运动时间；m 为 $\frac{x}{a}$ 的整数部分；$L=ka$（k 为整数）是 x 的取值范围；$A=\frac{1}{k}\sum_{k=0}^{K-1}f(x+ka)$。

式(4-21)和式(4-22)的离散式如下：

$$g(x,y)=\sum_{t=0}^{T}f\left[\left(x-\frac{at}{T}\right),y\right]\cdot\Delta x$$

$$f(x,y)\approx A-m\frac{g[(x-ma),y]-g[(x-ma-1),y]}{\Delta x}+\sum_{k=0}^{m}\frac{g[(x-ka),y]-g[(x-ma-1),y]}{\Delta x}(0\leqslant x,y\leqslant L)$$

②由垂直方向匀速直线运动造成的图像模糊的模型及复原用以下两式表示：

$$g(x,y)=\sum_{t=0}^{T}f\left[x,\left(y-\frac{bt}{T}\right)\right]\cdot\Delta y$$

$$f(x,y)\approx A-m\frac{g[x,(y-ma)]-g[x,(y-ma-1)]}{\Delta y}+\sum_{k=0}^{m}\frac{g[x,(y-ka)]-g[x,(y-ma-1)]}{\Delta y}$$

如图 4-3 所示是沿水平方向匀速直线运动造成的模糊图像的复原处理示例。

(a) 模糊图像　　　　(b) 恢复后的图像

图 4-3　水平匀速直线运动模糊图像的复原

4.3.3　维纳滤波复原

维纳滤波也叫作最小二乘方滤波，是一种有约束的复原处理方法，也是频率域复原处理中的一种，它是使原始图像与复原图像之间的均方差最小的复原方法。

维纳滤波复原的思想是在假设图像信号可近似看作平稳随机过程的前提下，按照使复原的图像与原图像 $f(x,y)$ 的均方差最小的原则来复原图像。

图像复原准则为 $f(x,y)$ 和 $\hat{f}(x,y)$ 之间的均方误差 e^2 达到最小，即

$$e^2=\min E\{[f(x,y)-\hat{f}(x,y)]^2\} \tag{4-23}$$

当采用线性滤波来复原图像时，问题变为寻找点扩散函数 $h_w(x,y)$，使

$$\hat{f}(x,y)=h_w(x,y)*g(x,y)$$

或

$$\hat{F}(u,v)=H_w(u,v)G(u,v)$$

满足式(4-23)的图像复原准则。

由 Andrews 和 Hunt 推导的满足这一要求的传递函数为

$$H_w(u,v)=\frac{H*(u,v)}{|H(u,v)^2|+\dfrac{P_n(u,v)}{P_f(u,v)}}$$

则有

$$\hat{F}(u,v)=\frac{H*(u,v)}{|H(u,v)|^2+\dfrac{P_n(u,v)}{P_f(u,v)}}G(u,v)$$

式中，$H*(u,v)$ 为成像系统传递函数的复共轭；$H(u,v)$ 为维纳滤波器的传递函数；$P_n(u,v)$ 为噪声功率谱；$P_f(u,v)$ 为输入图像的功率谱。

采用维纳滤波器的复原过程步骤如下：

①计算图像 $g(x,y)$ 的二维离散傅里叶变换得到 $G(u,v)$；

②计算点扩散函数 $h_w(x,y)$ 的二维离散傅里叶变换，同逆滤波一样，为了避免混叠效应引起的误差，应将尺寸延拓；

③估算图像的功率谱密度 $P_f(u,v)$ 和噪声的谱密度 $P_n(u,v)$；

④计算图像的估计值 $\hat{F}(u,v)$；

⑤计算 $\hat{F}(u,v)$ 的逆傅里叶变换，得到复原后的图像 $\hat{f}(x,y)$。

这一方法有如下特点。

①当 $H(u,v)\to 0$ 或幅值很小时，分母不为零，不会造成严重的运算误差。

②在信噪比高的频率域，即 $P_n(u,v) \ll P_f(u,v)$ 时，

$$H_w(u,v)=\frac{1}{H(u,v)}$$

③在信噪比很小的频率域，即 $|H(u,v)| \ll P_n(u,v)/P_f(u,v)$ 时，

$$H_w(u,v)=0$$

对于噪声功率谱 $P_n(u,v)$，可在图像上找一块恒定灰度的区域，然后测定区域灰度图像的功率谱作为 $P_n(u,v)$。

如图 4-4 所示是维纳滤波器的应用实例。

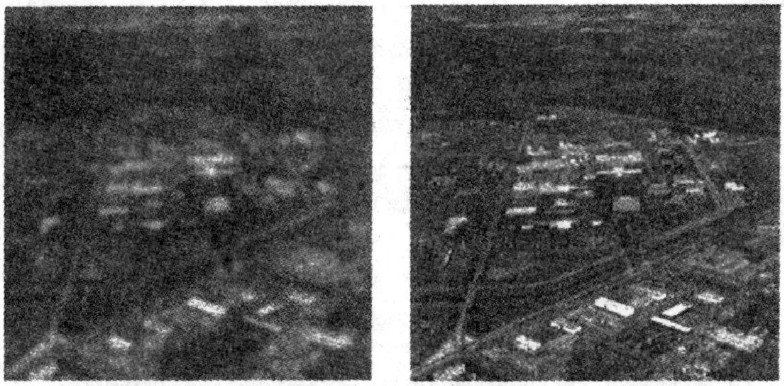

(a)受大气湍流严重影响的图像　　(b)用维纳滤波器恢复出来的图像

图 4-4　维纳滤波器的应用实例

4.4　几何失真的校正

4.4.1　典型的几何失真

在图像的获取或显示过程中往往会产生比例失调，甚至扭曲等现象，称为系统几何失真。引起系统失真的主要原因有成像系统的非线性、飞行器

的姿态变化等，典型的系统几何失真如图 4-5 所示。

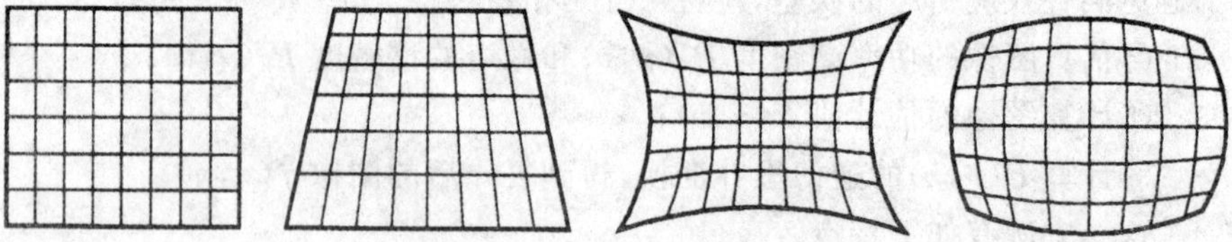

(a)原图　　(b)梯形失真　　(c)枕形失真　　(d)桶形失真

图 4-5　典型的系统几何失真

典型的非系统失真一般要根据航天器的跟踪资料和在地面设置控制点的办法来进行校正。典型的非系统几何失真如图 4-6 所示。

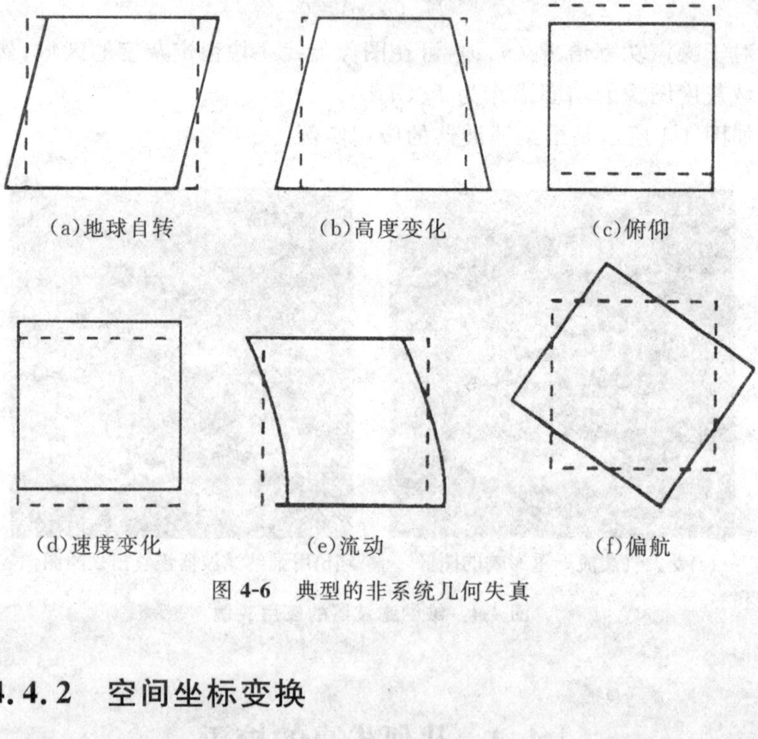

(a)地球自转　　(b)高度变化　　(c)俯仰

(d)速度变化　　(e)流动　　(f)偏航

图 **4-6**　典型的非系统几何失真

4.4.2　空间坐标变换

图像的几何失真可以用原始图像和畸变图像坐标之间的关系来描述。设原图像 $f(x,y)$ 的坐标是 x 和 y，几何畸变了的图像 $g(x',y')$ 的坐标为 x' 和 y'，则两个坐标之间的关系可以描述为

$$\begin{cases} x'=X(x,y) \\ y'=Y(x,y) \end{cases} \tag{4-24}$$

式中，$X(x,y)$ 和 $Y(x,y)$ 分别表示引起图像平面上位于 (x,y) 处的像素的

坐标位置发生变化的单值映射变换函数。

对于线性失真，$X(x,y)$和$Y(x,y)$可分别表示为

$$X(x,y)=a_0+a_1x+a_2y$$
$$Y(x,y)=b_0+b_1x+b_2y$$

对于非线性二次失真，$X(x,y)$和$Y(x,y)$可分别表示为

$$X(x,y)=a_0+a_1x+a_2y+a_3xy+a_4x^2+a_5y^2$$
$$Y(x,y)=b_0+b_1x+b_2y+b_3xy+b_4x^2+b_5y^2$$

式中，a_i、b_i($i=0,1,2,3,4,5$)为待定系数。

若已知 $X(x,y)$和 $Y(x,y)$的解析表达形式，理论上可以用相反的变换把几何畸变的失真图像 $g(x',y')$复原为 $f(x,y)$。然而在实际中，产生几何畸变的映射函数一般是事先无法知道的，所以在复原过程中需要在输入图像（失真图像）和输出图像（校正后的图像）上找一些其位置已知的点（称为控制点），然后利用这些控制点建立两幅图像的其他像素点的空间位置的对应关系。

如图 4-7 所示给出了失真图像和相应的校正图像的四边形区域及其对应的像素点的关系。

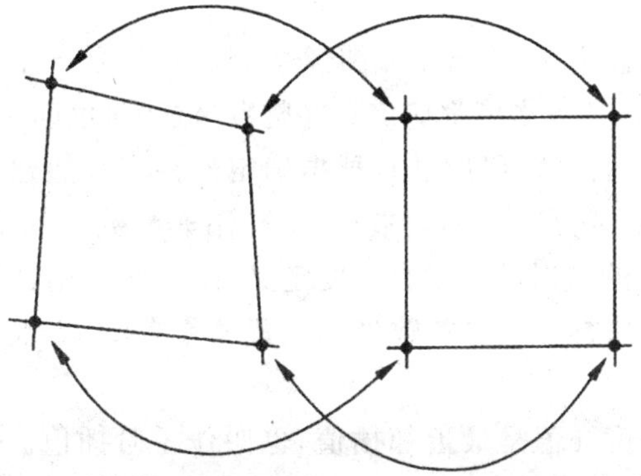

图 4-7　失真图像与校正后的图像的像素点的对应关系

假设四边形区域中的几何失真过程可用如下的双线性方程对来表示为

$$X(x,y)=a_0+a_1x+a_2y+a_3xy$$
$$Y(x,y)=b_0+b_1x+b_2y+b_3xy$$

把以上两个公式代入式(4-24)可得

$$x'=a_0+a_1x+a_2y+a_3xy \tag{4-25}$$
$$y'=b_0+b_1x+b_2y+b_3xy \tag{4-26}$$

对于图 4-7 中的两个四边形来说，已知的对应点有 4 组共 8 个，根据式(4-25)和式 4-26)可有

$$x'_1=a_0+a_1x_1+a_2y_1+a_3x_1y_1$$
$$x'_2=a_0+a_1x_2+a_2y_2+a_3x_2y_2$$
$$x'_3=a_0+a_1x_3+a_2y_3+a_3x_3y_3$$
$$x'_4=a_0+a_1x_4+a_2y_4+a_3x_4y_4$$

和

$$y'_1=b_0+b_1x_1+b_2y_1+b_3x_1y_1$$
$$y'_2=b_0+b_1x_2+b_2y_2+b_3x_2y_2$$
$$y'_3=b_0+b_1x_3+b_2y_3+b_3x_3y_3$$
$$y'_4=b_0+b_1x_4+b_2y_4+b_3x_4y_4$$

求解由上述 8 个关系式组成的方程组即可解出 8 个待定的系数 a_i、b_i $(i=0,1,2,3)$再把这些系数带入由上述 8 个关系式组成的方程组，就建立了校正四边形区域内所有像素点的空间变换公式(模型)。

在图像的几何畸变校正中，往往需要足够多的对应点，以产生覆盖整个图像的四边形集，运用以上方法即可得到每一个四边形的系数集。

4.4.3 灰度内插

对于数字图像来说，不管是原图像 $f(x,y)$，还是产生了几何畸变的失真图像 $g(x',y')$，其像素值都应定义在整数坐标上，也即 x、y、x'、y'都应是整数值。然而在图像恢复过程中，根据确定的待定系数建立的空间变换模型计算出的 x'和 y'可能是非整数值，这样用非整数值的坐标位置(x',y')确定的一个到 g 的映射就会没有灰度定义，所以就要用其周围的整数坐标位置上的像素值来推算该非整数坐标位置的像素值，实现这种功能的技术就称为灰度插值。

最简单的灰度插值是最近邻插值，也叫作零阶插值。如图 4-8 所给出了最近邻插值的示意图。

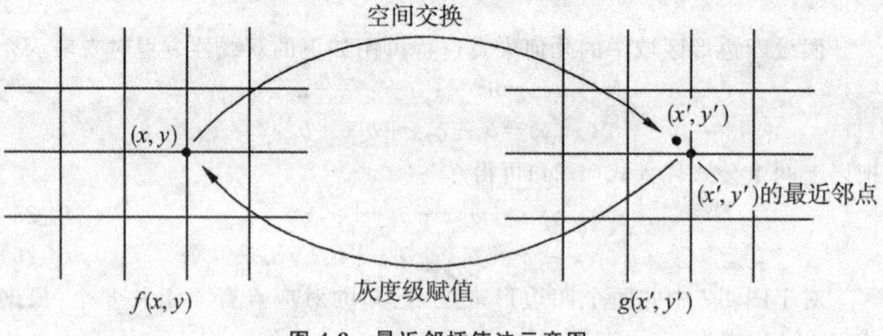

图 4-8　最近邻插值法示意图

图 4-8 的左边假设是理想的原始非失真图像，右边是产生了几何畸变的失真图像。由于失真，原图像中整数坐标点(x,y)就会映射到失真图像中的非整数坐标位置(x',y')，但 g 在该点是没有定义的。

所谓最近邻插值，就是将离(x',y')点最近的像素的灰度值看作(x',y')点的灰度值赋给理想非失真图像 $\hat{f}(x,y)$的位于(x,y)处的像素。这样，利用最近邻插值法对图像几何畸变进行校正的步骤就可归结如下。

①确定理想非失真图像和失真图像上的四边形及其对应点，并利用式(4-25)和式(4-26)建立方程组及其变换公式，把整数坐标(x,y)映射到非整数坐标(x',y')。

②选择与(x',y')相邻最近的整数坐标。

③把第②步确定的整数坐标处的像素值赋给位于(x,y)处的像素。

最近邻插值法的实现比较简单，但是不够精确。双线性内插法是一种比较实用的方法，二维 B 样条函数内插法也是实际中常用的方法。

4.5　基于 MATLAB 的退化图像复原

4.5.1　MATLAB 图像模糊化和加噪声

设原始图像为 f，用来表示没有失真前的图像。通过在原始图像中添加运动模糊和各种噪声来模拟失真后的退化图像。因此，下面介绍 MATLAB 图像模糊化和加噪声的函数。

综合所有退化因素得到的系统函数 $h(x,y)$称为点扩展函数 PSF。为了创建模糊化的图像，通常使用 MATLAB 的图像处理工具箱函数 fspecial 创建一个确定类型的 PSF，然后使用这个 PSF 对原始图像进行卷积，从而得到模糊化的图像。

fspecial 函数格式如下：

```
h= fspecial('type',parameters)
```

说明：参数 type 指定滤波器的种类；parameters 为与滤波器种类有关的参数。当 type 取运动滤波器时，其调用格式为

```
h= fspecial('motion',len,theta)
```

该表示形式指定按照角度 theta 移动 len 个像素的运动滤波器。

下面通过两个实例说明如何使用 fspecial 函数来模糊一幅图像。

例 4.1 创建一个仿真运动模糊的 PSF 来模糊如图 4-9(a)所示的图像,指定运动位移为 31 个像素,运动角度为 11。

首先要使用 fspecial 函数创建 PSF,然后调用 imfilter 函数使用 PSF 对原始图像进行卷积,这就可以得到一幅模糊图像 Blurred。程序代码如下:

```
I= imread('flowers.tif');
I= I(10+ [1:256],222+ [1:256],:);          %剪裁图像
subplot(1,2,1);
subplot(1,2,1);
LEN= 31;
THETA= 11;
PSF= fspecial('motion',LEN,THETA);
Blurred= imfilter(I,PSF,'circular','conv');
subplot(1,2,2);
imshow(Blurred);
```

模糊化后的图像如图 4-9(b)所示。

(a)模糊化前　　(b)模糊化后

图 4-9　模糊化前后图像显示效果比较

例 4.2 对图 4-9(a)所示的图像分别采用运动 PSF 和均值滤波 PSF 进行模糊化,观察不同的 PSF 产生的效果。程序代码如下:

```
I= imread('flowers.tif');
H= fspecial('mot ion',50,45);          %运动 PSF
MotionBlur= imfilter(I,H);
```

```
subplot(1,2,1);
imshow(MotionBlur);
H= fspecial('disk',10);             %均值 PSF
blurred= imfilter(I,H);
subplot(1,2,2);
imshow(blurred);
```

两种 PSF 产生的不同模糊化图像分别如图 4-10(a)和图 4-10(b)所示。

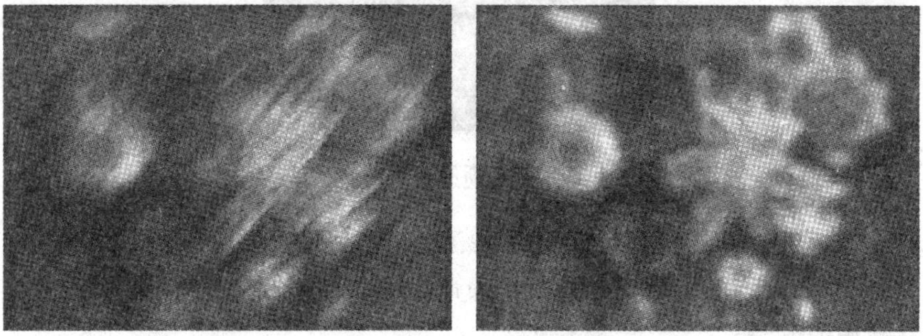

(a)运动PSF的模糊化图像　　(b)均值滤波PSF的模糊化图像

图 4-10　运动 PSF 和均值滤波 PSF 产生的模糊图像效果比较

一般在需要复原的图像中不但包含模糊部分,而且还有一些额外的噪声成分。在 MATLAB 中可以使用以下两种方法模拟图像噪声。

①使用 imnoise 函数直接对图像添加固定类型的噪声。

②创建自定义的噪声,然后使用 MATLAB 图像代数运算函数 imadd 将其添加到图像中。

下面通过两个实例说明这两种方法的具体操作。

例 4.3　给出图 4-9(a)所示的图像添加均值为 0、方差为 0.02 的高斯噪声。

对高斯噪声、泊松噪声、椒盐噪声等 MATLAB 系统预定义的噪声类型来说,使用 imnoise 函数将其添加到图像中是 MATLAB 噪声模拟最简单的方法。程序代码如下:

```
I= imread('flowers.tif');
I= I(10+ [1:256],222+ [1:256],:);
V= .02;
Noisy= imnoise(I,'gaussian',0,V);
figure
imshow(Noisy);
```

添加了高斯噪声后的图像如图 4-11 所示。

图 4-11　添加高斯噪声后的图像效果

例 4.4　对图 4-9(a)所示的图像添加随机噪声。

由于 imnoise 函数不提供随机噪声添加功能,所以添加随机噪声的程序代码如下:

```
I= imread('f lowers.tif');
I= I(10+ [1:256],222+ [1:256],:);
noise= 0.1* randn(size(I));
Noisy= imadd(I,im2uint8(noise));
figure
imshow(Noisy);
```

添加了随机噪声后的图像如图 4-12 所示。

图 4-12　添加随机噪声后的图像效果

4.5.2　维纳滤波复原的 MATLAB 实现

通过调用 deconvwnr 函数可以利用维纳滤波方法对图像进行复原处理。当图像的频率特性和噪声已知(至少部分已知)时,维纳滤波的效果非常好。

deconvwnr 函数格式如下:

```
J= DECONVWNR(I,PSF,NCORR,ICORR)
```

或

```
J= DECONVWN R(I,PSF,NSR)
```

说明:I 表示输入图像;PSF 表示点扩散函数;NSR (缺省值为 0)、NCORR 和 ICORR 都是可选参数,分别表示信噪比、噪声的自相关函数和原始图像的自相关函数;输出参数 J 表示复原后的图像。

下面通过两个实例说明使用 deconvwnr 函数进行图像复原的具体实现方法。

例 4.5　使用函数 deconvwnr 对图 4-9(b)所示的无噪声模糊图像进行复原重建,观察所得结果,并与原始图像[图 4-9(a)]进行比较。

在对图 4-9(b)所示的无噪声模糊图像进行复原时,首先假设真实的 PSF 是已知的,读入图像后使用以下程序代码实现图像复原。

```
I= imread('flowers.tif');          %读入原始图像
I= I(10+ [1:256],222+ [1:256],:);
%剪裁图像
subplot(1,2,1);
imshow(I);
LEN= 31;
THETA= 11;
PSF= fspecial('motion',LEN,THETA);
Blurred= imf:lter(I,PSF,'circular','conv');
wnrl= deconvwnr(Blurred,PSF);
figure
imshow(wnrl);
```

复原结果如图 4-13 所示。在实际应用过程中,真实的 PSF 通常是未知的,需根据一定的先验知识对 PSF 进行估计,再将估计值作为参数进行图像复原。

图 4-13　维纳滤波复原后的图像

4.5.3　约束最小二乘方滤波复原的 MATLAB 实现

使用 deconvreg 函数可以利用约束最小二乘方滤波对图像进行复原。

deconvreg 函数的格式如下:

```
[J LAGRA]= DECONVREG(I,PSF,NP,LRANGE,REGOP)
```

说明:I 表示输入图像;PSF 表示点扩散函数;NP、LRANGE (输入)和 REGOP 是可选参数,分别表示图像的噪声强度、拉氏算子的搜索范围和约束算子,这 3 个参数的缺省值分别为 0、$[10^{-9},10^{9}]$和平滑约束拉氏算子;返回值 J 表示复原后的输出图像;返回值 LRANGE 表示函数执行时最终使用的拉氏算子。

下面给出一个实例来说明约束最小二乘方复原方法的实现过程。

例 4.6　对图 4-14(a)给出的有噪声模糊图像[其原始图像如图 4-14(b)所示]使用最小二乘方滤波方法进行复原重建,要求尽量提高重建图像的质量。

首先使用以下代码说明参数的使用方法。

```
…%读入模糊图像并命名为 BlurredNoisy
V= .02;
NP= V×prod(size(I));
Edged= edgetaper(BlurredNoisy,PSF);
```

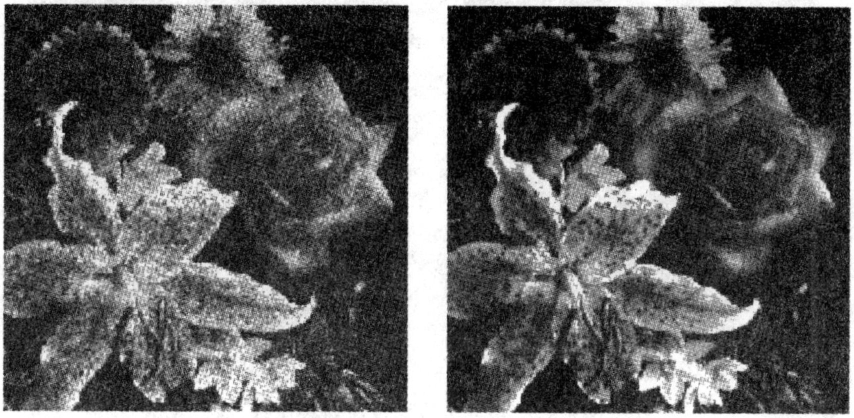

(a) 有噪声模糊图像　　　　(b) 原始图像

图 4-14　原始图像及其有噪声模糊化图像

```
[regl LAGRA]= deconvreg(Edged,PSF,NP);
subplot(1,2,1),imshow(regl),title('Restored with NP');
reg2= deconvreg(Edged,PSF,NP×1.2);
subplot(1,2,2);
imshow(reg2);
reg3= deconvreg(Edged,PSF,[],LAGRA);
figure;
subplot(1,2,1);
imshow(reg3);
reg4= deconvreg(Edged,PSF,[],LAGRA×50);
subplot(1,2,2);
imshow(reg4);
REGOP= [1－21];
reg5= deconvreg(Edged,PSF,[],LAGRA,REGOP);
figure;
imshow(reg5);
```

以上代码生成的复原图像分别如图 4-15～图 4-17 所示，通过这些图像可以分析各个参数对图像复原质量的影响。在实际应用中，可以根据这些经验选择最佳的参数进行图像复原。

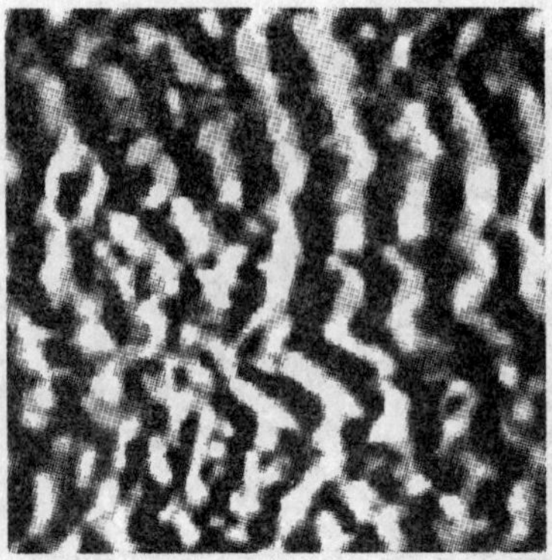

(a) 小NP

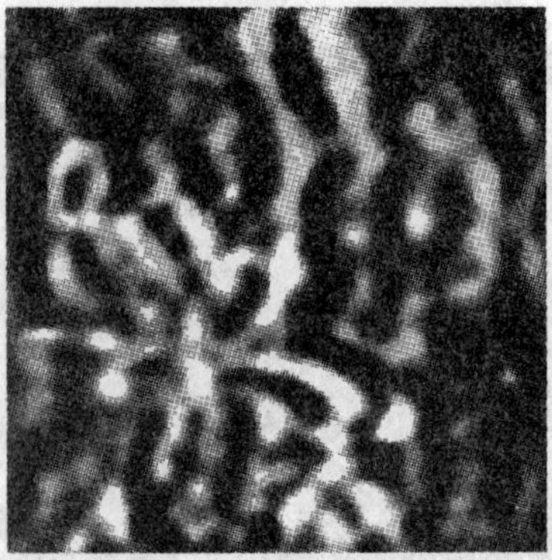

(b) 大NP

图 4-15　不同信噪比复原结果比较

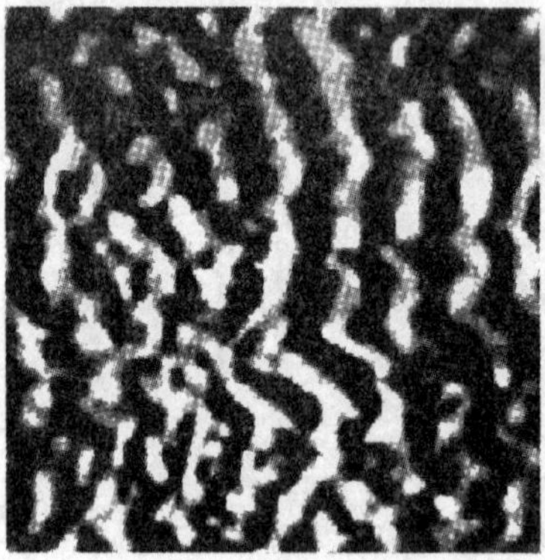

(a) 小搜索范围

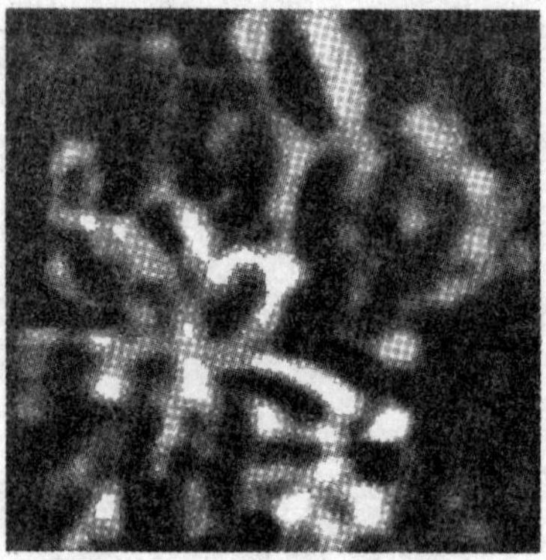

(b) 大搜索范围

图 4-16　不同拉氏算子搜索返回复原效果比较

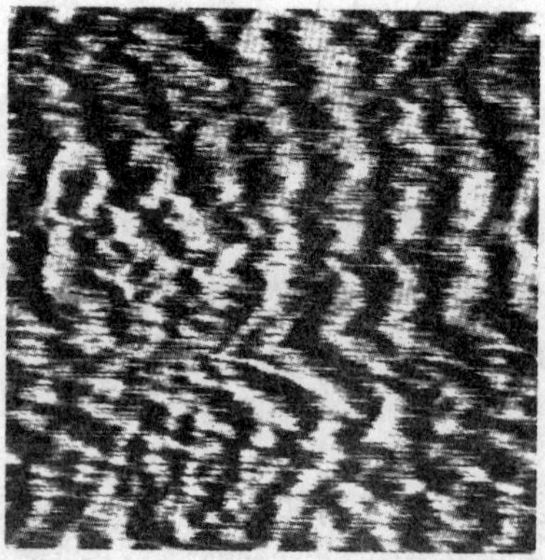

图 4-17　平滑约束复原效果

4.6 图像重建

4.6.1 断层摄影图像的获取

断层摄影图像的获取通常采用发射接收方式，即以平行的 X 射线照射从各个不同的方向照射目标物体，并记录每一方向的透射场，如图 4-18 所示，X 射线源产生平行的 X 射线对目标物体进行照射，设其入射光强度为 I_0，接收器阵列得到透射光强度为 $I(t,\theta_1)$。依此类推，X 源和 X 射线接收器沿中心转一个角度到 θ_2，又可以得到一组投影数据 $I(t,\theta_2)$，从 0°～180°每隔一定间隔改变 θ，则得一组投影向量。

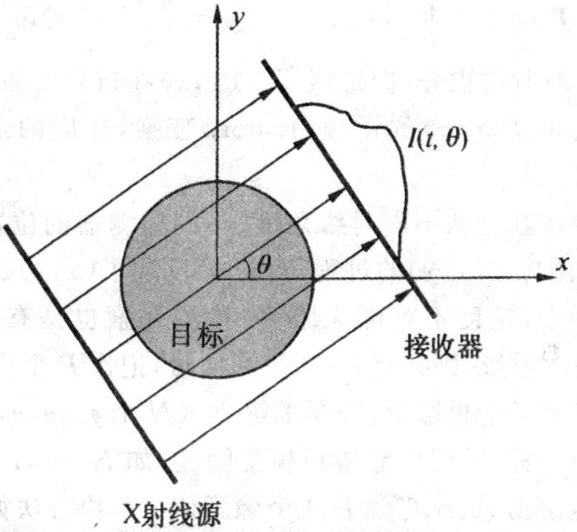

图 4-18　断层摄影图像获取的示意图

图像的投影在数学上可以描述如下：如图 4-19 所示，令 $f(x,y)$表示图像函数，穿过 $f(x,y)$的一条线称为射线。$f(x,y)$沿某一射线的积分称为射线积分，而射线积分的集合则组成投影。

如果从坐标原点向射线作一垂线，以此垂线作为新坐标的一个轴 t，并构成新坐标系(t,s)，可以看出(t,s)坐标系仅是(x,y)坐标系旋转 θ 角的结果，二者存在下列变换关系：

$$\begin{bmatrix} t \\ s \end{bmatrix} = \begin{bmatrix} \cos\theta & \sin\theta \\ -\sin\theta & \cos\theta \end{bmatrix} \begin{bmatrix} x \\ y \end{bmatrix}$$

因而射线积分可以表达为

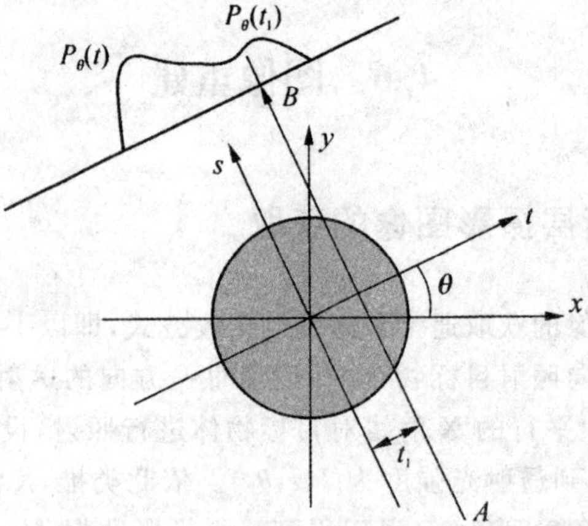

图 4-19　图像在口角的投影示意图

$$\boldsymbol{P}_\theta(t_1)=\int_{AB}f(x,y)\mathrm{d}x\mathrm{d}y=\int_{sm}^{sm}f(t_1,s)\mathrm{d}s$$

沿一组垂直于 t 的射线积分，即形成了 $f(x,y)$ 在口角位置的平行投影，二维函数 $\boldsymbol{P}_\theta(t_1)$ 也叫 $f(x,y)$ 的雷顿（Radon）变换，相应的重建过程也称为 Radon 反变换。

断层成像技术就是从不同射线角度、不同检测器的位置的许多投影值 $\boldsymbol{P}_\theta(t_1)$ 重建原始图像 $f(x,y)$ 的过程，$f(x,y)$ 反映了 (x,y) 处的密度。

在实际过程中，角度不可能无限多，检测元素也是有限的，设从 0°～180°每隔 3°求一次投影，则共有 60 个投影向量，记作 P 个投影向量，每个向量 N 维，则共有 PN 个投影值，需要求解 $N\times N$ 个 $f(m,n)$。

与图像复原一样，重建也会碰到病态问题，如 $N=2$，$P=2$，则不能从 4 个投影值唯一地解出 A、B、C 和 D 4 个像素值。解决方法如下：

①增加投影向量 P 的数量，可消去不定性；

②根据先验知识加上约束条件；

③降低分辨率，这样要求的点数就少了，但结果是重建的图像分辨率也相应地降低了。

4.6.2　傅里叶变换重建法

傅里叶变换重建是以投影层析定理为基础的。这一定理可以描述如下：图像 $f(x,y)$ 在 θ 角度的平行投影 $\boldsymbol{P}_\theta$ 的傅里叶变换 $\boldsymbol{S}_\theta(\omega)$ 等于 $f(x,y)$ 的傅里叶变换 $F(u,v)$ 的一个层面，且与轴 ω_1 的夹角为 θ_k，即 $F(\omega,\theta)$。换句话说，平行投影 $\boldsymbol{P}_\theta$ 的傅里叶变换提供了 $f(x,y)$ 的傅里叶变换 $F(u,v)$ 沿

直线 AB 的值，如图 4-20 所示。

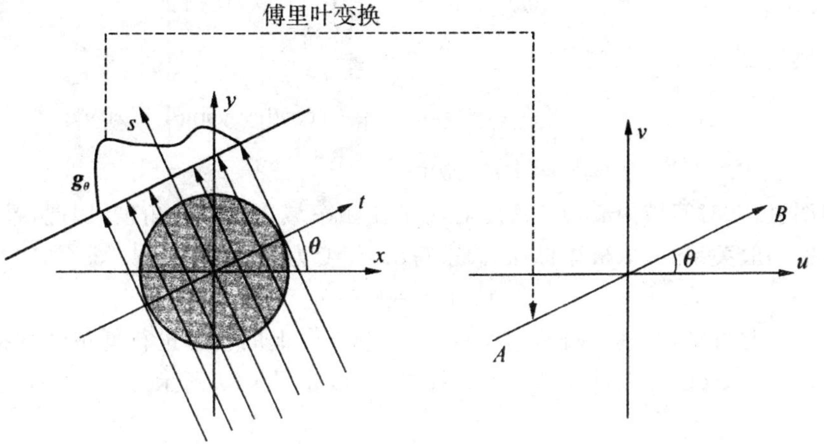

图 4-20　傅里叶层析定理示意图

为了证明投影层析定理，令 $F(u,v)$ 为图像 $f(x,y)$ 的傅里叶变换，即

$$F(u,v)=\int_{-\infty}^{\infty}\int_{-\infty}^{\infty}f(x,y)\exp[-\mathrm{j}2\pi(\omega_1 x+\omega_2 y)]\mathrm{d}x\mathrm{d}y$$

设 $\boldsymbol{S}_\theta(\omega)$ 是投影 $\boldsymbol{P}_\theta$ 的傅里叶变换，则

$$\boldsymbol{S}_\theta(\omega)=\int_{-\infty}^{\infty}\boldsymbol{P}(t)\exp(-\mathrm{j}\omega t)\mathrm{d}t \tag{4-27}$$

现在我们观察 (u,v) 平面中直线 $v=0$ 上的值，即

$$\begin{aligned}F(u,0)&=\int_{-\infty}^{\infty}\int_{-\infty}^{\infty}f(x,y)\exp[-\mathrm{j}2\pi ux]\mathrm{d}x\mathrm{d}y\\&=\int_{-\infty}^{\infty}\left[\int_{-\infty}^{\infty}f(x,y)\mathrm{d}y\right]\exp[-\mathrm{j}2\pi ux]\mathrm{d}x\\&=\int_{-\infty}^{\infty}\boldsymbol{P}_0(t)\exp(-\mathrm{j}\omega\mathrm{t})\mathrm{d}t=\boldsymbol{S}_\theta(\omega)\end{aligned}$$

上式结果表明，对垂直于 x 轴所测得的投影 $\boldsymbol{P}_\theta(t)$ 所做的傅里叶变换等于轴 u 上物体函数的傅里叶变换，推广到 θ 不等于 0 的情况，可以导出类似结果。

设 $\boldsymbol{F}(\omega,\theta)$ 是 $F(u,v)$ 沿 θ 方向的值，$\boldsymbol{S}_\theta(\omega)$ 是投影 $\boldsymbol{P}_\theta(t)$ 的傅里叶变换，则有

$$\boldsymbol{F}(\omega,\theta)=\boldsymbol{S}_\theta(\omega)$$

首先把 x 坐标轴和 y 坐标轴分别旋转一个角度 θ，形成 t 轴和 s 轴，(t,s) 与 (x,y) 坐标的关系为

$$\begin{bmatrix}t\\s\end{bmatrix}=\begin{bmatrix}\cos\theta & \sin\theta\\-\sin\theta & \cos\theta\end{bmatrix}\begin{bmatrix}x\\y\end{bmatrix}$$

以 t、s 来重写式(4-27),则

$$\boldsymbol{S}_\theta(\omega)=\int_{-\infty}^{\infty}\boldsymbol{P}(t)\mathrm{e}^{-\mathrm{j}\omega t}\mathrm{d}t=\int_{-\infty}^{\infty}\left[\int_{-\infty}^{\infty}f(t,s)\mathrm{d}s\right]\mathrm{e}^{-\mathrm{j}\omega t}\mathrm{d}t$$

变换到(x,y)坐标,得到

$$\begin{aligned}\boldsymbol{S}_\theta(\omega)&=\int_{-\infty}^{\infty}\int_{-\infty}^{\infty}f(x,y)\exp[-\mathrm{j}\omega(x\cos\theta+y\sin\theta)]\mathrm{d}x\mathrm{d}y\\&=F(\omega\cos\theta+\omega\sin\theta)\end{aligned}$$

很明显,在时间域内旋转 θ 角度对应于在频率域内旋转 θ 角度,因此,推广后的一般关系式,以极坐标(ω,θ)来写出,就变为

$$\boldsymbol{F}(\omega,\theta)=\boldsymbol{S}_\theta(\omega)$$

由此可见,若逐一对 $\theta_1,\theta_2,\cdots,\theta_k$ 各个方向上的投影进行傅里叶变换,便能获得 $F(u,v)$在这些角度的径线上的值,如图 4-21 所示。

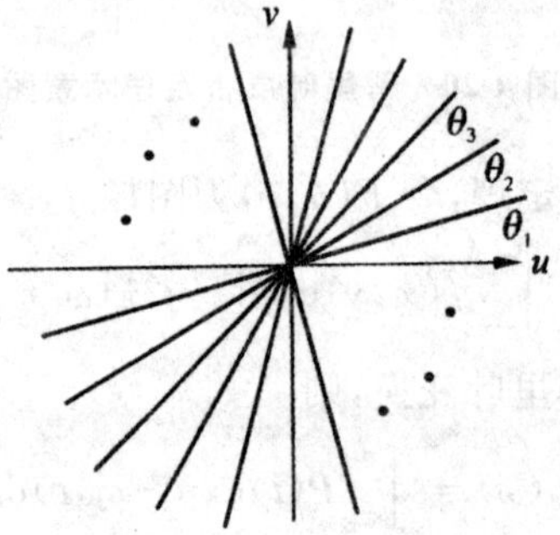

图 4-21 $\boldsymbol{F(u,v)}$在不同角度径线上的取值

因此,当投影数量足够多时,就能求得 $F(u,v)$在(u,v)平面上所有点的值,从而利用傅里叶反变换就可以重建图像 $f(x,y)$。在离散情况下,我们只能取得 $F(u,v)$在有限数目径线上有限个值。在进行傅里叶反变换之前,要根据有限的 $\boldsymbol{F}(\omega,\theta)$离散值通过插值以求得 $F(u,v)$在矩形网格点上的值。由于 $\boldsymbol{F}(\omega,\theta)$的数值点离开原点越远就越稀疏,插值的误差也越大。这意味着重建图像的高频分量的误差要比低频分量大。

4.6.3 代数重建法

设要重建的图像$[f(m,n)]_{N\times N}$位于一正方形网格中,每个小方格表示一像素。将$[f(m,n)]_{N\times N}$按行堆叠成一个 $N^2\times1$ 的列向量 $\boldsymbol{f}$。在角度 θ_k 方向的投影向量为$\boldsymbol{P}_k$(设为 N 维,即有 N 个检测器)

$$\boldsymbol{P}_k=(P_{k1},\cdots,P_{kN})^{\mathrm{T}}$$

如果共有 N_θ 个投影向量，把这些 $\boldsymbol{P}_k(k=1,\cdots,N_\theta)$ 堆叠起来，可构成维数为 $N_\theta\times N$ 的列向量 $\boldsymbol{P}$，即

$$\boldsymbol{P}=(\boldsymbol{P}_1^{\mathrm{T}},\boldsymbol{P}_2^{\mathrm{T}},\cdots,\boldsymbol{P}_{N_\theta}^{\mathrm{T}})^{\mathrm{T}}$$

在代数重建法中，设射线具有一定的宽度，通常射线宽度与小方格宽度相等。显然，对第 N_θ 个投影方向的某个投影值的大小起作用的截面上的像素与射线经过的几何位置有关。

如图 4-22 所示，在射线束扫过的位置上的像素对 $P_{ki}(i=1,\cdots,N)$ 的投影值都有影响。而射线束外对 P_{ki} 无影响，其影响的大小可以用以下两种方法来表示。

①以射线束扫过该像素的面积与像素面积之比值来作为加权因子。

②不管加权因子，射线扫中像素中心点为 1，认为此像素对 P_{ki} 有影响；反之为 0。

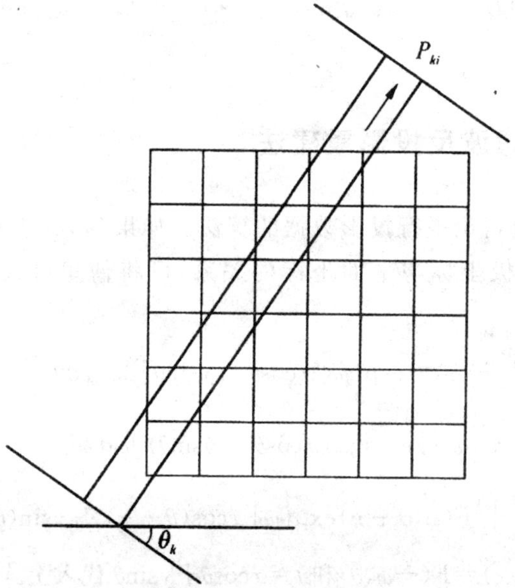

图 4-22　代数重建的各种参数

如果用 b_{ij} 来表示像素 j 对第 i 个投影值的影响，这里

$$j=mN+n(m,n=0,\cdots,N;j=0,\cdots,N^2-1)$$

$$i=kN+l(k=0,\cdots,N_\theta;l=0,\cdots,N)$$

则按第一种表示法 $b_{i,j}=0$（线外），或者 $0<b_{i,j}\leqslant1$；按第二种表示法，射线扫中像素中心时 $b_{i,j}=1$，未被扫中 $b_{i,j}=0$。在离散情况下，射线的积分用累加和表示，则第 i 条射线得到的投影值为

$$P_i = \sum_{j=1}^{N^2} b_{i,j} f_j$$

由于只有那些与射线相交的像素才对累加和做出贡献，因此大多数权系数 $b_{i,j}$ 都为零。如果用矩阵形式表示，则投影值与像素衰减系数间的关系为

$$\boldsymbol{P} = [\boldsymbol{B}]\boldsymbol{f}$$

式中，$\boldsymbol{P}$ 为 $N_\theta \times N = M$ 维列向量；$\boldsymbol{f}$ 为 N^2 维列向量；$[\boldsymbol{B}]$ 为 $M \times N^2$ 维的巨大矩阵，也是个稀疏矩阵。虽然 $B_{i,j} = (0/1)$ 表示更方便，但用面积比更合理。由 $\boldsymbol{P} = [\boldsymbol{B}]\boldsymbol{f}$ 可知投影的过程是已知 $\boldsymbol{f}$ 求 $\boldsymbol{P}$ 的过程，即求加权和的过程。而重建截面的过程是个求解线性方程组的过程。但是，这一方程组十分庞大，直接求解是困难的。而且，即使 $N_\theta = N$，$[\boldsymbol{B}]$ 成为方阵，也不一定有唯一解，即病态问题，这时可用先验知识，如截面的吸收在邻点较均匀等，加约束条件来正则化。按常规的方法不一定有唯一解，但可以在某种意义下求得最优解。

4.6.4 滤波反投影重建法

本小节主要讨论平行投影数据的算法。如果 (ω,θ) 表示 (u,v) 平面上的极坐标，利用极坐标与平面坐标的关系，可将傅里叶反变换写成如下形式：

$$\begin{aligned} f(x,y) &= \int_0^{2\pi}\int_0^{\infty} F(\omega,\theta)\exp\{\mathrm{j}\omega[x\cos\theta + y\sin\theta]\}\omega \mathrm{d}\omega \mathrm{d}\theta \\ &= \int_0^{\pi}\int_0^{\infty} F(\omega,\theta)\exp[\mathrm{j}\omega(x\cos\theta + y\sin\theta)]\omega \mathrm{d}\omega \mathrm{d}\theta \\ &\quad + \int_0^{\pi}\int_0^{\infty} F(\omega,\theta+\pi)\exp\{\mathrm{j}\omega[x\cos(\theta+\pi) + y\sin(\theta+\pi)]\}\omega \mathrm{d}\omega \mathrm{d}\theta \end{aligned}$$

把关系 $F(\omega,\theta+\pi) = F(-\omega,\theta)$ 和 $t = x\cos\theta + y\sin\theta$ 代入上式可以得到

$$\begin{aligned} f(x,y) &= \int_0^{2\pi}\left[\int_0^{\infty} F(\omega,\theta)\mid\omega\mid \mathrm{e}^{\mathrm{j}\omega t}\mathrm{d}\omega\right]\mathrm{d}\theta \\ &= \int_0^{2\pi}\left[\int_0^{\infty} \boldsymbol{S}_\theta(\omega)\mid\omega\mid \mathrm{e}^{\mathrm{j}\omega t}\mathrm{d}\omega\right]\mathrm{d}\theta \end{aligned}$$

为把上式表示为滤波反投影形式，必须把等式分成以下两步不同的操作。

①在每一个角度 θ 对投影数据进行滤波，如下式：

$$Q_\theta(t) = \int_{-\infty}^{\infty} \boldsymbol{S}_\theta(\omega)\mid\omega\mid \mathrm{e}^{\mathrm{j}\omega t}\mathrm{d}\omega$$

②经滤波的投影再作反投影，以获得原始的目标函数，即

$$f(x,y)=\int_0^{\pi}\boldsymbol{Q}_{\theta}(x\cos\theta+y\sin\theta)\mathrm{d}\theta \tag{4-28}$$

综上所述，只要将投影 $\boldsymbol{P}_{\theta}(t)$ 在频率域乘 $|\omega|$，即作高通滤波，求得滤波投影 $\boldsymbol{Q}_{\theta}(t)$，然后作反投影就可以获得 $f(x,y)$。如果从空间域看，把 $|\omega|$ 的冲激响应记作 $h(t)$，高通滤波为 $\boldsymbol{P}_{\theta}(t)*h(t)$，其中，$h(t)=\int_{-\infty}^{\infty}|\omega|\mathrm{e}^{\mathrm{j}\omega t}\mathrm{d}\omega$，表面上看问题似乎解决了，实际上式(4-28)是物理上不可实现的。但如果认为 $\boldsymbol{S}_{\theta}(\omega)$ 是限带，在 $\pm\Omega$ 频率外其值为 0，则式(4-28)的积分就在 $(-\Omega,\Omega)$ 之间可以实现了。此 Ω 与投影函数的采样精度有关系，如果在 t 轴上以间隔 τ 对投影数据采样，τ 足够小，使之满足 $2\Omega\leqslant\frac{2\pi}{\tau}$，则无混迭。这时滤波器的冲激响应为

$$\begin{aligned}h(t)&=\int_{-W}^{W}H(\omega)\mathrm{e}^{\mathrm{j}\omega t}\mathrm{d}\omega\\&=\frac{1}{2\tau^2}\left[\frac{\sin(2\pi t/2\pi)}{2\pi t/2\tau}\right]-\frac{1}{4\tau^2}\left[\frac{\sin(\pi t/2\pi)}{\pi t/2\tau}\right]^2\end{aligned}$$

但这样的高通滤波器有较大的过冲，可以通过加窗函数来使 f 响应在高端略低。

第 5 章　图像压缩编码技术

5.1　图像压缩编码的基本原理

图像压缩编码就是图像数据的压缩和编码表示，是通过消除上面所提到的冗余来设法减少表达图像信息所需数据的比特数。从统计意义上来说，就是将图像数据转化为尽可能不相关的数据集合。图像压缩编码系统主要包括图像编码和图像解码两部分。前者就是对图像信息进行压缩和编码，在存储、处理和传输前进行，也称为图像压缩。后者是对压缩图像进行解压以重建原图像或其近似图像。

5.1.1　数字图像的冗余

图像数据的压缩是基于图像存在冗余这种特性。压缩就是去掉信息中的冗余，即保留不确定的信息，去掉确定的信息（可推知的）；也就是用一种更接近信息本身的描述代替原有冗余的描述。

数字图像的冗余主要表现为以下几种形式：空间冗余、时间冗余、视觉冗余、信息熵冗余、结构冗余和知识冗余。

1. 空间冗余

图像内部相邻像素之间存在较强的相关性所造成的冗余叫作空间冗余，也称为像素相关冗余。在同一幅图像中，规则物体或规则背景的物理表面特性具有相关性，这种相关性会使它们的图像结构趋于有序和平滑，表现出空间数据的冗余。邻近像素灰度分布的相关性很强。

2. 时间冗余

对于动画或电视图像所形成的图像序列（帧序列），相邻两帧图像之间有较大的相关性，其中有很多局部甚至完全相同，或变化极其微细，这就形成了数据的时间冗余。

3. 视觉冗余

人类视觉对于图像场的任何变化并不是都能感知的。如果因为噪声的干扰使图像产生的畸变不足以被视觉感知，则认为这种图像仍然足够好。事实上，人眼的一般分辨能力约为 2^6 灰度等级，而一般图像的量化采用 2^8 灰度等级，把这类冗余称为视觉冗余。

4. 信息熵冗余

信息熵冗余也称为编码冗余，若图像中平均每个像素使用的比特数大于该图像的信息熵，则图像中存在冗余，这种冗余称为信息熵冗余。为表达图像数据需要使用一系列符号，如字母、数字等，使用这些符号根据一定的规则来表达图像就是对图像进行编码。在这里对每个信息或事件所附的符号序列称为码字，而每个码字里的符号个数称为码字的长度。当使用不同的编码方法时，得到的码字及其长度都会不同。

设定义在[0,1]区间的离散随机变量 f_k 代表图像的灰度值，每个灰度值 f_k 以概率出现，表示为

$$p_s(f_k)=\frac{n_k}{n}(k=0,1,\cdots,L-1)$$

式中，L 为灰度级数；n_k 为第七个灰度级出现的次数；n 为图像中像素的总个数。

若设用来表示 f_k 的每个数值的比特数是 $l(f_k)$，则表示每个像素所需的平均比特数为

$$L_{\text{avg}}=\sum_{k=0}^{L-1}l(f_k)p_s(f_k) \tag{5-1}$$

根据式(5-1)，如果用较少的比特数表示出现概率较大的灰度级，而用较多的比特数表示出现概率较小的灰度级，得到的平均比特数 L_{avg} 就比较小。若不能使 L_{avg} 达到最小，则说明存在编码冗余。通常来说，若编码时没有充分利用编码对象的概率特性就会产生编码冗余。

编码所用符号构成的集合称为码本。自然码是最简单的二元码本，这时对每个信息或事件所附的码是从 2^m 个 m 比特的二元码中选出来的一个。若用自然码表示一幅图像的灰度值，则由式(5-1)得到的 L_{avg} 总数为 m。在实际图像中，某些灰度级出现的概率必定要大于其他灰度级，若用自然码，它对出现概率大和出现概率小的灰度级都赋予相同数量的比特数，不能使 L_{avg} 达到最小，从而产生编码冗余。

5. 结构冗余

有些图像存在纹理或图元(分块子图)的相似结构(如布纹图像等),这就是图像结构上的冗余。

6. 知识冗余

对有些图像的理解与某些知识有相当大的相关性。例如,对某一类军舰或飞机图像的理解可以由先验知识和背景知识得到,只要抓住了它们的某些特征就能加以识别而无须更多的数据量,这一类称为知识冗余。

5.1.2 图像编解码模式

1. 信息传输系统模型

信息传输系统的模型如图 5-1 所示,它主要由图中的三个虚线框部分组成。

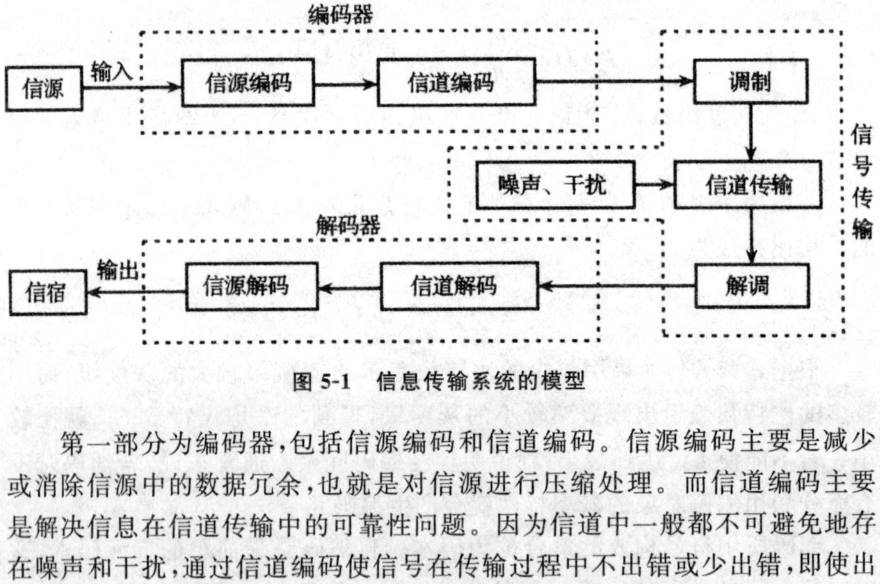

图 5-1 信息传输系统的模型

第一部分为编码器,包括信源编码和信道编码。信源编码主要是减少或消除信源中的数据冗余,也就是对信源进行压缩处理。而信道编码主要是解决信息在信道传输中的可靠性问题。因为信道中一般都不可避免地存在噪声和干扰,通过信道编码使信号在传输过程中不出错或少出错,即使出了错也要有能力检出错误或纠正错误。

第二部分为信号传输,首先通过调制把数字信号(编码值)变成某种形式的模拟信号,以实现远距离高速传输,到了接收方(称为信宿)后再解调(还原)出数字信号。信号在传输过程中不可避免地要受到噪声或干扰的影响。

第三部分为解码器。解调出的数字信号被送入解码器。解码重建输出的信息。若输出信息与输入信息(源信息)完全相同,则称系统是无失真的或信息保持型的。否则,输出信息会有一定失真,即输出是输入的近似,我们称系统是信息损失或限失真型的。

2. 图像编解码模型

图像压缩编码主要是用来解决图 5-2 中的信源编码问题,其目的是为了减少或消除图像中的数据冗余,实现图像数据的压缩。

(a)信源编码器

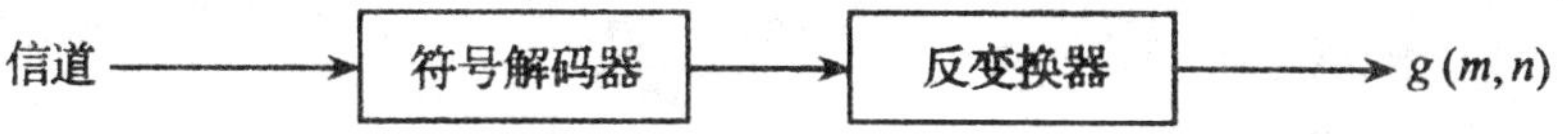

(b)信源解码器

图 5-2　图像编解码模型

在图 5-2 所示的信源编码器中,变换器对输入数据进行转换,以改变数据的描述形式,减少或消除像素间的冗余。这步操作通常是可逆转的,并且可能直接或通过与符号编码器结合来减少表示图像的数据。

根据给定的保真度准则,量化器降低变换器输出的精度,以便减少心理视觉冗余。这一步的操作有信息损失,因此是不可逆的,对应的压缩是有损或失真型的。对于无损(无失真)压缩,这一步必须略去。

信源编码的最后阶段是符号编码器,一般采用变长码来表示经过变换和量化的数据集合,即用最短的码字表示出现频率(直方图)最高的数据,以减少编码冗余。这一步的操作也是可逆转的。

如图 5-2(a)所示是信源编码的三步操作,但并不是所有图像压缩系统都必须包括这三种操作。例如,无损压缩时,必须去掉量化器,另外有些压缩技术常把其中的第二步或第三步操作结合起来。

如图 5-2(b)所示给出的信源解码器仅包含符号解码器和反变换器两部分,它们分别作为符号编码器和变换器的逆操作。因为量化操作导致了不可逆的信息损失,所以信源解码器中不包含对量化的逆操作。

5.1.3　图像保真度准则

在图像压缩编码中,解码图像与原始图像可能会有差异,这样就需要有一种对信息损失的程度进行量度的标准,以描述解压缩所获得的图像相对于原图像的偏离程度。图像压缩的方法可以分为两大类:客观保真度准则和主观保真度准则。

1.客观保真度准则

将原始图像和压缩后又解压的图像之间建立函数关系,来表示信息损失的多少,这种函数表示的是客观保真度准则。其表示方式有均方根误差、均方根信噪比和峰值信噪比三种形式。

(1)均方根(RMS)误差

设原图像的函数为 $f(m,n)(0\leqslant m\leqslant M-1,0\leqslant n\leqslant N-1)$,压缩后又解压图像的函数为 $g(m,n)$,则两者之差为图像的误差,即

$$e(m,n)=g(m,n)-f(m,n)$$

均方根误差为

$$e_{rms}=\left[\frac{1}{MN}\sum_{m=0}^{M-1}\sum_{n=0}^{N-1}e^2(m,n)\right]^{\frac{1}{2}}=\left\{\frac{1}{MN}\sum_{m=0}^{M-1}\sum_{n=0}^{N-1}[g(m,n)-f(m,n)]^2\right\}^{\frac{1}{2}}$$

(2)均方根信噪比(SNR_{rms})

令 $g(m,n)=f(m,n)+\eta(m,n)=f(m,n)+e(m,n)$,就是把重建图像 $g(m,n)$ 和原图像 $f(m,n)$ 之间的误差视为误差,这里以重建图像信噪比 SNR 作为保真度准则,表达如下:

$$SNR_{rms}=\left[\frac{\sum_{m=0}^{M-1}\sum_{n=0}^{N-1}f^2(m,n)}{\sum_{m=0}^{M-1}\sum_{n=0}^{N-1}e^2(m,n)}\right]^{\frac{1}{2}}=\left\{\frac{\sum_{m=0}^{M-1}\sum_{n=0}^{N-1}f^2(m,n)}{\sum_{m=0}^{M-1}\sum_{n=0}^{N-1}[g(m,n)-f(m,n)]^2}\right\}^{\frac{1}{2}}$$

通常使用时,常将 SNR 归一化用 dB 表示,表达如下:

$$SNR_{rms}=10\lg\left\{\frac{\sum_{m=0}^{M-1}\sum_{n=0}^{N-1}[f(m,n)-\bar{f}]^2}{\sum_{m=0}^{M-1}\sum_{n=0}^{N-1}[g(m,n)-f(m,n)]^2}\right\}$$

式中,$\bar{f}$ 为图像平均值

$$\bar{f}=\frac{1}{MN}\sum_{m=0}^{M-1}\sum_{n=0}^{N-1}f(m,n)$$

(3)峰值信噪比

若令 $f_{max}=\max\{f(m,n);m=0,1,\cdots,N-1\}$,则峰值信噪比为

$$PSNR=10\lg\left[\frac{MNf_{max}^2}{\sum_{m=0}^{M-1}\sum_{n=0}^{N-1}[g(m,n)-f(m,n)]^2}\right]$$

对于常见的 256 级灰度图像,$f_{max}=255$。

2. 主观保真度准则

尽管客观保真度准则提供了一种简捷的信息损失表示方法，但客观误差的大小并不一定与人所感受的图像优劣相一致。因此，对于最终作为人的视觉感受使用的视觉图像，一般也采用主观保真度准则进行主观评价，包括综合评价法和成对比较打分法。

(1)综合评价法

不同的观察者对图像做出评价，并将评价结果平均化，作为最终的评价，如表 5-1 所示是电视图像质量的评价表。

表 5-1 电视图像质量评价表

等级	视觉效果	说明
Ⅰ	优秀	非常好，眼睛接收到的图像十分舒适，形象逼真
Ⅱ	良好	高，观看舒服，有干扰但对视觉感受几乎没有影响
Ⅲ	可用	可接受，干扰较明显，但对观看影响不大
Ⅳ	刚可用	差，干扰已经不利于观看，急需改进
Ⅴ	差	很差，干扰始终存在，视觉感受极差
Ⅵ	不能用	极差，无法观看

(2)成对比较打分法

可以按照某种相对的尺度对 $f(m,n)$ 和 $g(m,n)$ 比较打分，获得相对质量分。例如，用集合{－3，－2，－1，0，1，2，3}来反映主观评价{很差，较差，稍差，相同，稍好，较好，很好}。

5.2 统计编码

统计编码是指根据信源的概率根部可变长码，是一种在图像的统计特性基础上的压缩编码方法，使平均码长非常接近于熵，提高传输速度，节省存储空间。

5.2.1 霍夫曼编码

霍夫曼(Huffman)编码是霍夫曼于 1952 年提出的，该方法完全依据信源字符出现的概率来构造其码字,对出现概率大的字符使用较短的码字,而对出现概率低的字符使用较长的码字,从而达到压缩数据的目的。

霍夫曼编码是以信源字符的概率分布为基础的,如果理论上并不知道信源字符的概率分布,则可根据对大量数据进行统计所得到的统计分布来近似代替。通过统计数据代替实际概率分布,有可能导致实际应用时霍夫曼编码无法达到最佳编码效能,应用中可以根据输入数据序列自适应地匹配信源概率分布的方法,这样能在一定程度上能改进霍夫曼编码的性能。

实现霍夫曼编码的基本步骤如下。

①统计信源字符序列中各符号出现的概率,将各字符出现的概率按由大到小的顺序排列。

②把最小的两个概率相加合并为新的概率,与其他概率重新按由大到小的顺序排列。

③重新排列后,将两个最小概率相加合并成新的概率,即重复步骤②直到最后两个概率之和为1.0。

④在每个概率相加的组合中,概率小的指定为1,概率大的指定为0(或者概率大的指定为1,小的指定为0);若两者相等,则可以指定任意一个为0,而另一个为1。

⑤找出由每一个信源字符到达概率为1.0处的路径,顺序记录沿路径的每一个1和0的数字编码。

⑥反向写出编码,即为该信源字符的霍夫曼编码。

下面通过一个实例来详细说明霍夫曼编码的具体过程。

例5.1 设一幅灰度级为8的图像中,各灰度级分别用S_0、S_1、S_2、S_3、S_4、S_5、S_6、S_7表示,对应的概率分别为0.40、0.18、0.10、0.10、0.07、0.06、0.05、0.04。现对其进行霍夫曼编码。编码过程如图5-3所示。

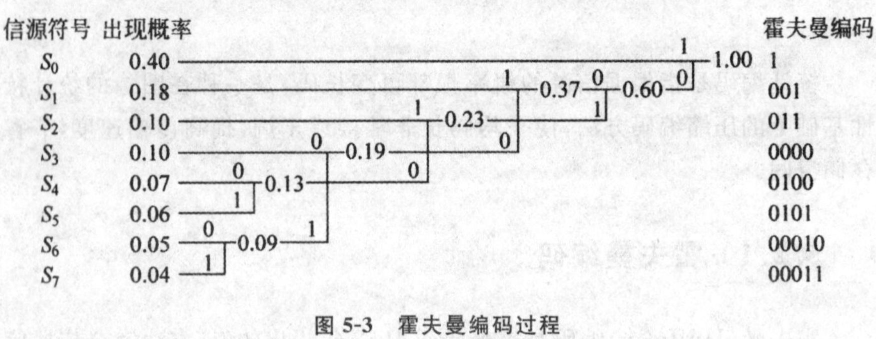

图5-3 霍夫曼编码过程

具体步骤如下：

①首先对信源概率由大到小排序，排列为：0.40，0.18，0.10，0.10，0.07，0.06，0.05，0.04。

②0.04 和 0.05 是最小的两个概率，合并成新的概率 0.09，与其他概率重新排序 0.40，0.18，0.10，0.10，0.09，0.07，0.06。

③重新排序的概率中，最小的两个概率为 0.06 和 0.07，合并成新的概率为 0.13，组成新的概率序列与其他概率重新排序 0.40，0.18，0.13，0.10，0.10，0.09。

④对重新排序的概率选出两个最小的概率 0.09 和 0.10，相加得 0.19，组成新的概率序列 0.40，0.19，0.18，0.13，0.10。

⑤对重新排序的概率选出两个最小的概率 0.10 和 0.13，相加得 0.23，组成新的概率序列 0.40，0.23，0.19，0.18。

⑥对重新排序的概率选出最小的两个概率 0.18 和 0.19，相加得 0.37，组成新的概率序列 0.40，0.37，0.23。

⑦对重新排序的概率选出最小的两个概率 0.23 和 0.37，相加得 0.60，组成新的概率序列 0.60，0.40。

⑧已形成只有最后两个概率 0.40 和 0.60 相加之和等于 1.0。

⑨写出路径编码。根据以上步骤可以得出如图 5-3 所示编码图形。按编码一般步骤，从第一个符号开始或者从最后一个符号开始进行路径的 0 或 1 数字编码。如果从最后一个符号开始，首先给最后相加的两个概率 0.40 和 0.60 分配码字，由于 0.60＞0.40，因此概率 0.60 的路径为 0，而 0.40 的路径为 1。以此类推，给每次相加的两个概率的路径分配码字 0 或 1，最后得到如图 5-3 所示的编码。

⑩形成霍夫曼编码。以对应概率为 0.18 的字符 S_1 为例，在从 0.18 到 1.0 的路径上，S_1 沿路径编码依次为 1、0、0，反向写出编码即为 001，因此，字符 S_1 的霍夫曼编码为 001。

上述霍夫曼编码方法形成的码字是可识别的，即能够保证一个符号的码字不会与另一个符号的码字的前几位相同。

5.2.2　行程编码

行程编码简称 RLE 压缩方法，是一种建立在统计特性基础上的无损压缩编码方法，可分为一维行程编码和二维行程编码。图像一维行程编码的原理是将一行中颜色值相同的相邻像素用一个计数值和该颜色值来表示。

如图 5-4 所示可写成 3、4、6、5、4、3，再对游长进行变长编码，根据其不同的出现概率分配以不同长度的码字。

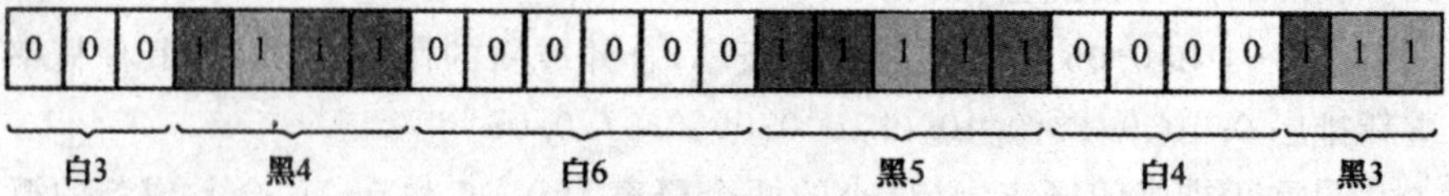

图 5-4　白游长和黑游长

设行程长度编码的信息符号集由长度为 1，2，…，N 的各种游程组成，则可按下式进行列式。

$$H=-\sum_{i=1}^{N} p_i \operatorname{lb} p_i$$

$$\overline{L}=\sum_{i=1}^{N} i p_i$$

式中，N 为一条扫描线上的像素总数；p_i 为长度为 i 的游长的概率；H 为游长的熵；$\overline{L}$ 表示平均游长。

行程长度的符号熵（即平均每个像素的熵）为

$$h=\frac{H}{L}$$

当根据各游长的概率利用霍夫曼编码时，则每个行程的平均长度 $\overline{N}$ 满足下面不等式：

$$H \leqslant \overline{N} \leqslant H+1$$

将该不等式两边同除以平均游长 L，可得每个像素的平均码长 n 的估计值为

$$h \leqslant n \leqslant h+1$$

因此，每个像素的熵 h 即为游长编码可达到的最小比特率的估计值。

下面以一个简单的例子来体会二维行程编码。设图像为

$$f=\begin{bmatrix} 130 & 130 & 130 & 129 & 134 & 133 & 129 & 130 \\ 130 & 130 & 130 & 129 & 134 & 133 & 130 & 130 \\ 130 & 130 & 130 & 129 & 132 & 132 & 130 & 130 \\ 129 & 130 & 130 & 129 & 130 & 130 & 129 & 129 \\ 127 & 128 & 127 & 129 & 131 & 129 & 131 & 130 \\ 127 & 128 & 127 & 128 & 127 & 128 & 132 & 132 \\ 125 & 126 & 129 & 129 & 127 & 129 & 132 & 132 \\ 127 & 125 & 128 & 128 & 126 & 130 & 131 & 131 \end{bmatrix}$$

原始数据量为 $N_o=8\times 64=512\text{bit}$。

若按照行排序进行一维行程编码，则码流为

3，130，1，129，1，134，1，133，1，129，4，130，1，129，1，134，1，133，5，130，1，129，2，132，2，130，1，129，2，130，1，129，2，130，2，129，1，127，1，128，1，127，1，129，1，131，1，129，1，131，1，130，1，127，1，128，1，127，1，128，1，127，1，128，2，132，1，125，1，126，2，129，1，127，1，129，1，133，1，132，1，127，1，125，2，128，1，126，1，130，2，131

若按照图 5-5 的排序方式进行二维行程编码，则码流为

9，130，4，129，2，130，1，129，1，127，1，128，1，127，1，129，1，131，1，130，1，132，2，134，2，133，1，132，1，130，1，131，2，127，1，128，1，127，1，12 8，1，127，1，125，1，126，2，129，2，127，1，133，1，132，1，131，131，1，129，2，130，1，129，3，130，1，129，1，130，2，132，2，131，2，126，2，128，1，125，1，127

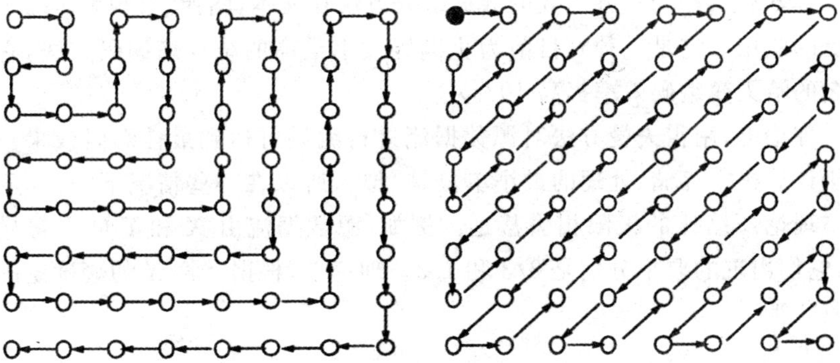

(a) 排序方式1　　(b) 排序方式2

图 5-5　二维行程编码数据排列方式

若将 f 进行 DCT 变换，并进行系数量化，可得变换系数阵为

$$\widetilde{\boldsymbol{F}}=\begin{bmatrix} 64.47 & -0.06 & -0.80 & 0.06 & -0.01 & -0.05 & 0.03 & 0.01 \\ 0.66 & 0.39 & -0.27 & 0.26 & 0.02 & -0.07 & 0.00 & 0.03 \\ 0.09 & -0.19 & 0.18 & 0.04 & -0.03 & 0.02 & 0.02 & 0.01 \\ -0.09 & -0.03 & -0.01 & -0.03 & 0.03 & -0.02 & -0.01 & -0.01 \\ -0.06 & 0.05 & -0.02 & 0.02 & -0.02 & -0.02 & 0.00 & 0.00 \\ 0.03 & 0.01 & 0.00 & -0.03 & -0.02 & 0.01 & -0.00 & 0.00 \\ -0.01 & 0.01 & 0.02 & 0.00 & 0.00 & -0.01 & 0.00 & -0.01 \\ 0.00 & -0.01 & -0.01 & 0.00 & 0.01 & -0.00 & -0.00 & 0.00 \end{bmatrix}$$

取整后有

$$F=\begin{bmatrix}65 & -1 & 0 & 0 & 0 & 0 & 0 & 0\\1 & 0 & 0 & 0 & 0 & 0 & 0 & 0\\0 & 0 & 0 & 0 & 0 & 0 & 0 & 0\\0 & 0 & 0 & 0 & 0 & 0 & 0 & 0\\0 & 0 & 0 & 0 & 0 & 0 & 0 & 0\\0 & 0 & 0 & 0 & 0 & 0 & 0 & 0\\0 & 0 & 0 & 0 & 0 & 0 & 0 & 0\\0 & 0 & 0 & 0 & 0 & 0 & 0 & 0\end{bmatrix}$$

将 $\boldsymbol{F}$ 的系数进行标准化处理，使系数落在[0,255]的范围内，这里，只要进行 $\boldsymbol{F}=\boldsymbol{F}+1$ 即可。

5.2.3 算术编码

算术编码作为一种高效的数据编码方法在文本、图像、音频等压缩中有广泛的应用。它是一种到目前为止编码效率最高的统计熵编码方法，它比著名的哈夫曼编码效率提高 10%左右。

理论上，用霍夫曼方法对源数据流进行编码可达到最佳编码效果。但由于计算机中存储、处理的最小单位是“位”，所以在一些情况下，实际压缩比与理论压缩比的极限相去甚远。例如，源数据流由 X 和 Y 两个符号构成，它们出现的概率分别是 2/3 和 1/3。理论上，根据字符 X 的熵确定的最优码长为

$$H(x)=-\log_2\left(\frac{2}{3}\right)=0.585\text{bit}$$

字符 Y 的最优码长为

$$H(x)=-\log_2\left(\frac{1}{3}\right)=1.58\text{bit}$$

如果要达到最佳编码效果，相应于字符 X 的码长为 0.585 位，字符 Y 的码长为 1.58 位。在计算机中，非整数位是不可能出现的。硬件的限制使得编码只能按“位”进行。用霍夫曼方法对这两个字符进行编码，得到 X、Y 的代码分别为 0 和 1。显然，对于概率较大的字符 X 不能给予较短的代码。这就是实际编码效果不能达到理论压缩比的原因所在。

算术编码没有沿用数据编码技术中用一个特定的代码代替一个输入符号的一般做法，它把要压缩处理的整段数据映射到一段实数半开区间[0,1)内的某一区段，构造出小于 1 且大于或等于 0 的数值。这个数值是输入数据流的唯一可译代码。

下面通过一个实例来详细说明算术编码的具体过程。

例 5.2　一个5符号信源 $A=\{a_1a_2a_3a_2a_4\}$，各字符出现的概率和设定的取值范围如表5-2所示。

表 5-2　各字符出现的概率和设定的取值范围

字符	概率	范围
a_3	0.2	[0.0,0.2)
a_1	0.2	[0.2,0.4)
a_2	0.4	[0.4,0.8)
a_4	0.2	[0.8,1.0)

"范围"给出了符号的赋值区间。这个区间是根据符号发生的概率划分的。具体把 $a_1a_2a_3a_4$ 分配在哪个区间范围，对编码本身没有影响，只要保证编码器和解码器对符号的概率区间有相同的定义即可。为讨论方便起见，假定有

$$N_s=F_s+C_l\times L \tag{5-2}$$

$$N_e=F_e+C_r\times L \tag{5-3}$$

式中，N_s 为新子区间的起始位置；F_s 为前子区间的起始位置；C_l 为当前符号的区间左端；N_e 为新子区间的结束位置；C_r 为当前符号的区间右端；L 为前子区间的长度。

根据上述区间的定义，如果数据流的第一个符号为 a_1，由符号概率取值区间的定义可知，代码的实际取值范围在[0.2,0.4)之间，也即输入数据流的第一个符号决定了代码最高有效位取值的范围。然后继续对源数据流中的后续符号进行编码。每读入一个新的符号，输出数值范围就将进一步缩小。读入第二个符号 a_2，取值范围在区间[0.4,0.8)内。需要说明的是，由于第一个符号 a_1 已将取值区间限制在[0.2,0.4)的范围中，所以 a_2 的实际取值是在前符号范围[0.2,0.4)的[0.4,0.8)处，由式(5-2)和式(5-3)计算，符号 a_2 的编码取值范围为[0.28,0.36)。也就是说，每输入一个符号，都将按事先对概率范围的定义，在逐步缩小的当前取值区间上按式(5-2)和式(5-3)确定新的范围上、下限。继续读入第三个符号 a_3 受到前面已编码的两个字符的限制，它的编码取值应在[0.28,0.36)中的[0.0,0.2)内，即[0.28,0.296]。重复上述编码过程，直到输入数据流结束。最终结果如表5-3所示。

表 5-3 算术编码的最终结果

输入字符	区间长度	范围
a_1	0.2	[0.2,0.4)
a_2	0.08	[0.28,0.36)
a_3	0.016	[0.28,0.296)
a_2	0.0064	[0.2864,0.2928)
a_4	0.00128	[0.2915,0.2928]

据此可知，随着符号的输入，代码的取值范围越来越小。当字符串 $A=\{a_1a_2a_3a_2a_4\}$ 被全部编码后，其范围在[0.2915,0.2928]内。也就是说，在此范围内的数值代码都唯一对应于字符串“$a_1a_2a_3a_2a_4$”。我们可取这个区间的下限 0.2915 作为对源数据流“$a_1a_2a_3a_2a_4$”进行压缩编码后的输出代码，这样，就可以用一个浮点数表示一个字符串，达到减少所需存储空间的目的。

按这种编码方案得到的代码，其解码过程的实现比较简单。根据编码时所使用的字符概率区间分配表和压缩后的数值代码所在的范围，可以很容易地确定代码所对应的第一个字符。在完成对第一个符号的解码后，设法去掉第一个字符对区间的影响，再使用相同的方法找到下一个符号。重复如上的操作，直到完成解码过程。

5.3 预测编码

预测编码是数据压缩理论的一个重要分支。根据离散信号之间存在一定相关性特点，利用前面的一个或多个信号对下一个信号进行预测，然后对实际值和预值的差（预测误差）进行编码。如果预测比较准确，则误差信号就会很小，就可以用较少的码位进行编码，以达到数据压缩的目的。

5.3.1 无损预测编码

一个无损预测编码系统主要由一个编码器和一个解码器组成，它们各有一个相同的预测器，如图 5-6 所示。

当输入图像的像素序列 $f_k(k=1,2,\cdots)$ 逐个进入编码器时，预测器根据若干个过去的输入产生对当前输入像素的预测值，也称为估计值。将这

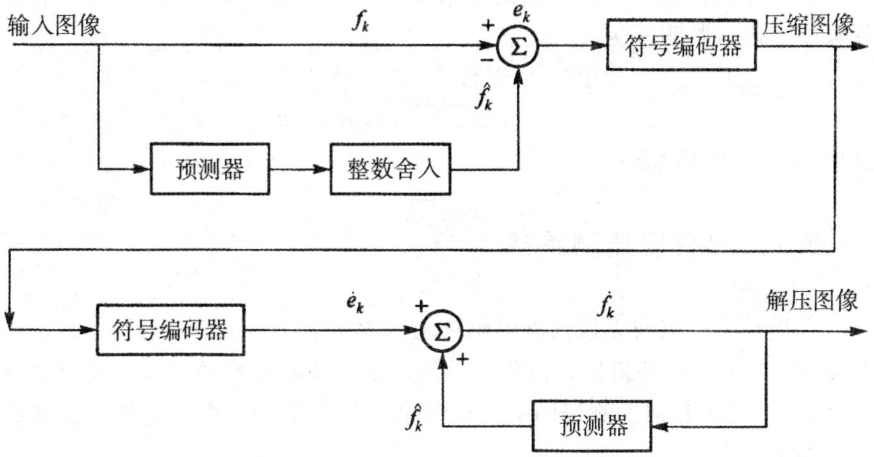

图 5-6 无损预测编码系统的组成

个预测值进行整数舍入，得到预测器的输出值 $\hat{f}_k$，则由此产生的预测误差表示为

$$e_k = f_k - \hat{f}_k$$

预测误差可以用符号编码器，借助变长码进行编码用以产生压缩图像数据流的下一个元素。利用解码器，根据接收的变长码字重建预测误差 e_k，则解压缩图像的像素序列表示为

$$f_k = e_k + \hat{f}_k$$

可以利用预测器将对原始图像序列的编码转换成对预测误差的编码。由于在预测比较时，预测误差的动态范围会远小于原始图像序列的动态范围，所以对预测误差的编码所需的比特数会大大减少，这是预测编码可以获得数据压缩结果的原因。

在大多数情况下，可通过将 m 个先前的像素进行线性组合得到预测值，即

$$\hat{f}_k = R\left[\sum_{i=1}^{m} a_i f_{k-i}\right] \tag{5-4}$$

式中，m 为线性预测器的阶；R 为舍入函数；a_i 为预测系数。下标 k 为图像序列的空间坐标，在一维线性预测编码中，设扫描沿行进行，式(5-4)可以表示为

$$\hat{f}_k(x,y) = R\left[\sum_{i=1}^{m} a_i f(x-i,y)\right] \tag{5-5}$$

由式(5-5)得，一维线性预测 $\hat{f}_k(x,y)$ 仅是当前行扫描到的先前像素的函数。在二维线性预测编码中，预测是对图像从左向右、从上向下进行扫描时所扫描到的先前像素的函数。在三维线性预测编码中，预测基于上述像

素和前一帧的像素。预测误差的概率密度函数一般用零均值不相关拉普拉斯概率密度函数表示为

$$P_e(e)=\frac{1}{\sqrt{2}\sigma_e}\exp\left[\frac{-\sqrt{2}|e|}{\sigma_e}\right]$$

式中，σ_e 为 e 的标准差。

5.3.2 有损预测编码

有损预测编码与无损预测编码这两种方法之间的主要区别在于是否存在图 5-7 中的量化器模块。量化器的作用是将预测误差映射到有限个输出 $\dot{e}_k$ 中，$\dot{e}_k$ 决定了有损预测编码中的压缩量和失真量。有损预测编码系统的组成如图 5-7 所示。

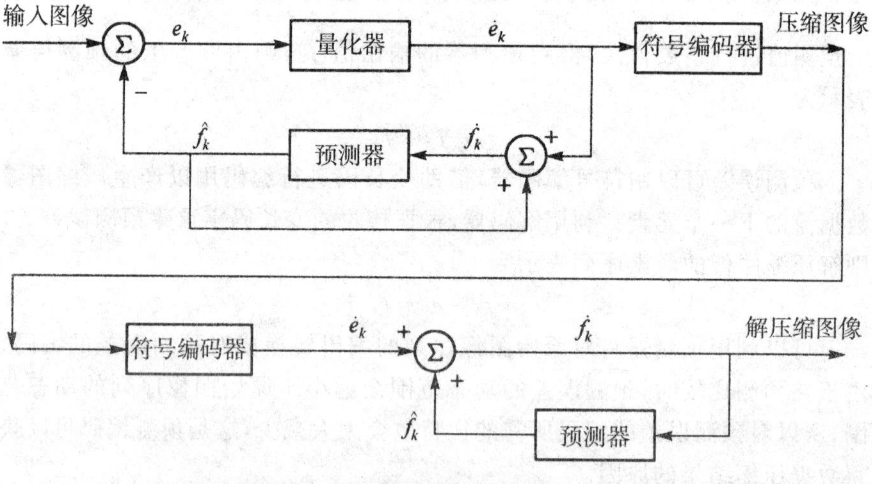

图 5-7　有损预测编码系统的组成

解码器的输出 $\dot{f}_k$ 表示为

$$\dot{f}_k=\dot{e}_k+\hat{f}_k$$

式中，$\hat{f}_k$ 为过去预测值；$\dot{e}_k$ 为量化误差函数；$\dot{f}_k$ 为解码器的输出。

如图 5-7 所示的闭环结构可以防止在解码器的输出端产生误差。

最简单的有损预测编码方法是德尔塔调制(DM)方法，其预测器和量化器分别定义为

$$\hat{f}_k=a\hat{f}_{k-1}$$

$$\dot{e}_k=\begin{cases}+c, e_k>0\\-c,其他\end{cases}$$

式中，a 为预测系数；c 为一个正的常数。

因为量化器的输出可用单个位符表示，符号编码器只用长度固定为 1bit 的码，由 DM 方法得到的码率是 1 比特/像素。

5.4　变换编码

变换编码是从频域的角度减小图像信号的空间相关性，它在降低数码率等方面取得了和预测编码相近的效果。进入 20 世纪 80 年代后，逐渐形成了一套运动补偿和变换编码相结合的混合编码方案，大大推动了数字视频编码技术的发展。

变换编码的理论基础是信号处理中的正交变换的性质，基本依据如下：

①正交变换可保证变换前后信号的能量保持不变；

②正交变换具有减少原始信号中各分量的相关性和将信号的能量集中到少数系数上的功能。

5.4.1　变换编码的过程

变换编码过程由以下几步组成：

①将待编码的 $N \times N$ 的图像分解成 $(N/n)^2$ 个大小为 $n \times n$ 的子图像，通常选取的子图像大小为 8×8 或 16×16，即 n 等于 8 或 16；

②对每个子图像进行正交变换（如 DCT 变换等），得到各子图像的变换系数，这一步的实质是把空间域表示的图像转换成频率域表示的图像；

③对变换系数进行量化；

④使用霍夫曼变长编码或游程编码等无损编码器对量化的系数进行编码，得到压缩后的图像（数据）。

上述的变换编码过程可以用如图 5-8 所示的变换编码系统来实现。

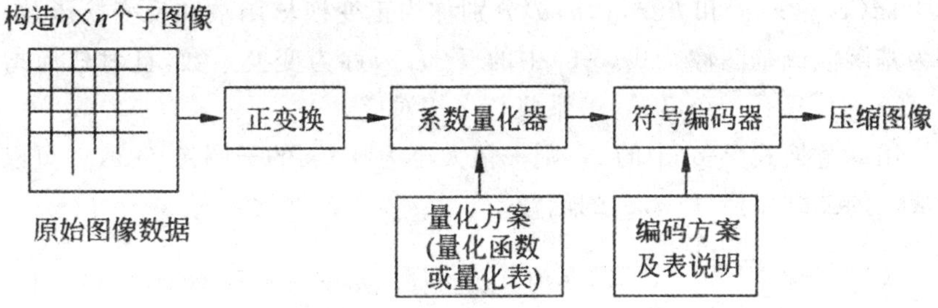

图 5-8　变换编码系统框图

5.4.2 子图像尺寸的选择

子图像的大小与变换编码的误差和变换所需的计算量等有关。在大多数应用中,对图像的进一步分割(将其分解成子图像块)要求满足以下两个条件:

①相邻子图像块之间的相关性(冗余)要减少到某种可接受的程度。

②子图大小 $n \times n$ 中的 n 应是 2 的整数次幂,这个条件主要是为了简化对子图的计算。

通常来说,当子图的尺寸增大时,所计入的相关像素就越多,总的均方差性能改善可能越多。然而,从统计学上来说,一列相似的像素通常会持续 15～20 个像素那么长,其后像素间的相关性就开始下降。按照子图的长和宽应是 2 的整数次幂的要求,也即当 $n>16$ 时,对性能的进一步改善作用不大,所以最常采用的子图像尺寸为 8×8 和 16×16 的块,JPEG 编码选用的就是 8×8 的块。

5.4.3 变换的选择

变换编码选择正交变换中的哪一种特定变换,不仅取决于可容忍的图像重构误差的大小,而且还取决于多能获得的压缩比和编码解码的计算量。为了理解上的方便,下面先介绍变换系数和图像的均方差等概念。

1. 变换系数

对于 $N \times N$ 的图像 $f(x,y)$ 和该图像的二维正向离散变换 $T(u,v)$,有

$$T(u,v) = \sum_{x=0}^{N-1}\sum_{y=0}^{N-1} f(x,y) \cdot g(x,y,u,v)(u,v = 0,1,\cdots,N-1)$$

$$f(x,y) = \sum_{u=0}^{N-1}\sum_{v=0}^{N-1} T(u,v) \cdot h(x,y,u,v)(x,y = 0,1,\cdots,N-1) \tag{5-6}$$

式中,$g(x,y,u,v)$ 和 $h(x,y,u,v)$ 分别称为正变换核函数和反变换函数,也称为基函数或基图像。式(5-6)中的 $T(u,v)$ 称为变换系数,且对任何指定的 $f(x,y)$,只有一个 $T(u,v)$ 系数与之相对应。

用 n 替换式(5-6)中的 N,则一幅大小为 $n \times n$ 的子图像 $f(x,y)$ 可以表示成它的二维变换 $T(u,v)$ 的函数

$$f(x,y) = \sum_{u=0}^{n-1}\sum_{v=0}^{n-1} T(u,v) \cdot h(x,y,u,v)(x,y = 0,1,\cdots,n-1) \tag{5-7}$$

式中,反变换函数 $h(x,y,u,v)$ 只依赖于参数 x,y,u,v,与 $f(x,y)$ 和 $T(u,v)$ 的

值无关。所以，$h(x,y,u,v)$看作由式(5-7)定义的子图像的一组基函数或基图像。为了更好地理解这种解释，可以将式(5-7)表示成

$$F=\sum_{u=0}^{n-1}\sum_{v=0}^{n-1}T(u,v)\cdot \boldsymbol{H}_{uv}(x,y=0,1,\cdots,n-1) \tag{5-8}$$

式中，$\boldsymbol{H}_{uv}(u,v=0,1,\cdots,n-1)$可表示成

$$\boldsymbol{H}_{uv}=\begin{bmatrix} h(0,0,u,v) & h(0,1,u,v) & \cdots & h(0,n-1,u,v) \\ h(1,0,u,v) & h(1,1,u,v) & \cdots & h(1,n-1,u,v) \\ \vdots & \vdots & & \vdots \\ h(n-1,0,u,v) & h(n-1,1,u,v) & \cdots & h(n-1,n-1,u,v) \end{bmatrix}$$

显然，式(5-8)显示地将 F 定义成 n^2 个 $n\times n$ 矩阵的线性组合，这些矩阵是式(5-8)的子图像序列的基函数或基图像，$T(u,v)$是变换系数。

2. 图像的均方差

若定义一个变换系数 $T(u,v)$的模板函数为

$$\gamma(u,v)=\begin{cases}0, T(u,v)\text{满足指定的截断准则} \\ 1,\text{其他}\end{cases} \tag{5-9}$$

式中，$u,v=0,1,\cdots,n-1$；则 $\boldsymbol{F}$ 的一个截断近似可定义为

$$\hat{\boldsymbol{F}}=\sum_{u=0}^{n-1}\sum_{u=0}^{n-1}\gamma(u,v)\cdot T(u,v)\cdot \boldsymbol{H}_{uv} \tag{5-10}$$

显然，利用 $\gamma(u,v)$的截断功能就可消除(5-8)中对求和贡献最少的系数。且子图像 $\boldsymbol{F}$ 和它的近似 $\hat{\boldsymbol{F}}$ 之间的均方误差为

$$\begin{aligned} e_{\mathrm{ms}} &= \mathrm{E}\{\|\boldsymbol{F}-\hat{\boldsymbol{F}}\|^2\} \\ &= \mathrm{E}\left\{\left\|\sum_{u=0}^{n-1}\sum_{u=0}^{n-1}T(u,v)\cdot \boldsymbol{H}_{uv}-\sum_{u=0}^{n-1}\sum_{u=0}^{n-1}\gamma(u,v)\cdot T(u,v)\cdot \boldsymbol{H}_{uv}\right\|^2\right\} \\ &= \mathrm{E}\left\{\left\|\sum_{u=0}^{n-1}\sum_{u=0}^{n-1}T(u,v)\cdot \boldsymbol{H}_{uv}[1-\gamma(u,v)]\right\|^2\right\} \\ &= \sum_{u=0}^{n-1}\sum_{u=0}^{n-1}\sigma_{T(u,v)}^2[1-\gamma(u,v)] \end{aligned} \tag{5-11}$$

式中，$\|\boldsymbol{F}-\hat{\boldsymbol{F}}\|$为矩阵$(\boldsymbol{F}-\hat{\boldsymbol{F}})$的范数（矩阵的模）；$\sigma_{T(u,v)}^2$为变换系数在$(u,v)$处的方差。其中，式(5-10)中最后一步的简化是基于基函数的正交性，并假定 $\boldsymbol{F}$ 的像素是由零均值和已知方差的随机过程产生的。

由式(5-9)和式(5-10)可知，当 $T(u,v)$满足指定的截断准则时，$1-\gamma(u,v)$的值为 1，否则其值为 0。所以总的均方差近似误差是所有截断的变换系数的方差之和。一个能把最多的信息集中到最少的系数上去的变换提供了最好的子图近似，因此所产生的重建误差最小。在推导式(5-10)的假

设条件下：一个大小为 $N\times N$ 的图像的 $(N/n)^2$ 个子图像的均方差是相同的，所以大小为 $N\times N$ 的图像的均方差等于单幅子图像的均方差。

3. 几种变换的选择

由数字信号处理理论可知，K-L 变换是所有正交变换中性能最优的，经 K-L 变换后各变换系数在统计上不再相关，其协方差矩阵为对角阵，因而大大减少了图像原始数据的冗余度。因此，K-L 变换能完全消除图像子块内像素间的相关性，若舍弃一些特征值较小的变换系数，那么所引起的均方误差是所有正交变换中最小的。由于 K-L 变换是以原始图像各子块协方差矩阵的特征向量作为变换后的基向量，所以 K-L 变换的基对不同图像是不同的，与编码对象的统计特性有关，这种变换基的不确定性使得 K-L 变换在应用中不方便。因此，尽管 K-L 变换具有许多主要优点，但一般只用于进行理论上的比较。

应用最早、非常成熟的变换是 DFT 变换，其性能接近于最佳，且具有快速算法。DFT 变换不足之处是：图像子块的变换系数在边界处不连续而造成恢复后的图像子块边界也不连续（即存在 Gibbs 现象），于是由子图像构成的整幅图像将呈现隐约可见的以图像子块为形状的小块状结构，图像的质量受到影响，导致其应用也在一定程度受到影响。

图像变换中应用得最多的变换编码是 DCT 变换。DCT 变换的性能与 K-L 变换的性能非常接近，并且变换矩阵与图像内容无关。根据 DCT 变换的特点，可以避免 DFT 变换中图像子块边界处产生的跳跃与不连续现象。目前，JPEG、MPEG、H. 263 等国际编码标准都选择采用 DCT 变换模块。

与 DCT 变换比较而言，沃尔什变换的算法更简单，因而运算速度较快，适用于高速实时系统，而且实现该算法的硬件结构简单，其缺点是没有 DCT 变换的性能好。

5.4.4 变换系数的量化和编码

对各子图像进行变换后，就可得到各子图像的变换系数，接下来就要对这些系数进行量化和编码。量化和编码的实现通常采用区域编码和门限编码两种方法。

1. 区域编码

区域编码就是只保留变换系数方阵中一个特定区域的系数，而将其他系数置零的一种编码方法。由于大多数图像的频谱具有低通特性，所以区域编码即是保留低频部分的系数而丢弃高频部分的系数。具体来说，就是保留系数方阵中左上角区域的若干系数，而将其余系数置为零。

如图 5-9 所示是 2 个典型的区域编码量化模板，图 5-8(a)是只保留变换系数的左上角的 6 个系数的区域编码量化模板，图 5-8(b)是只保留变换系数的左上角的 15 个系数的区域编码量化模板。

1	1	1	0	0	0	0	0
1	1	0	0	0	0	0	0
1	0	0	0	0	0	0	0
0	0	0	0	0	0	0	0
0	0	0	0	0	0	0	0
0	0	0	0	0	0	0	0
0	0	0	0	0	0	0	0
0	0	0	0	0	0	0	0

(a)只保留左上角的 6 个系数

1	1	1	1	1	0	0	0
1	1	1	1	0	0	0	0
1	1	1	0	0	0	0	0
1	1	0	0	0	0	0	0
1	0	0	0	0	0	0	0
0	0	0	0	0	0	0	0
0	0	0	0	0	0	0	0
0	0	0	0	0	0	0	0

(b)只保留左上角的 15 个系数

图 5-9　典型的区域编码量化模板

实现区域编码要求的保留左上角特定区域系数的方法是：用区域编码量化模板中的各个数据(1 或 0)乘以变换系数，也即分别乘以将各子图像进行变换后所得到的变换系数。例如，用图 5-9(a)的区域编码量化模板乘以图 5-10(a)的变换系数，量化结果如图 5-10(b)所示。

176	172	48	107	158	179	171	153
172	174	163	134	167	168	148	148
171	176	167	161	169	159	147	131
176	177	170	169	163	124	84	96
185	179	179	159	80	41	58	74
185	184	143	72	66	75	75	69
182	131	90	100	116	113	114	104
113	83	101	114	123	116	112	130

(a)8×8 的 DCT 变换系数

176	172	48	0	0	0	0	0
172	174	0	0	0	0	0	0
171	0	0	0	0	0	0	0
0	0	0	0	0	0	0	0
0	0	0	0	0	0	0	0
0	0	0	0	0	0	0	0
0	0	0	0	0	0	0	0
0	0	0	0	0	0	0	0

(b)区域编码的均匀量化结果

图 5-10　区域编码均匀量化方法示例

一般把利用区域编码量化模板来实现只保留变换系数方阵中左上角的一个特定区域的系数，而将其他系数置零的这种系数量化方法称为均匀量化方法。

在进行均匀量化后，还要对量化后的系数根据如图 5-11 所示的 Zig-zag("Z"字形)顺序重新编排成一个具有 n^2 个元素的 $1\times n^2$ 的系数序列(矢量)。显然，这样编排后就使得频率较低的系数(也即变换系数矩阵左上角的系数)放在了矢量的顶部,而在高频率段的系数(也即变换系数矩阵右下角的系数),将出现大量连续的 0 值,所以一般采用一维游程编码或其他变长编码方法对其进行编码。

0	1	5	6	14	15	27	28
2	4	7	13	16	26	29	42
3	8	12	17	25	30	41	43
9	11	18	24	31	40	44	53
10	19	23	32	39	45	52	54
20	22	33	38	46	51	55	60
21	34	37	47	50	56	59	61
35	36	48	49	57	58	62	63

(a)量化后系数的编排顺序图

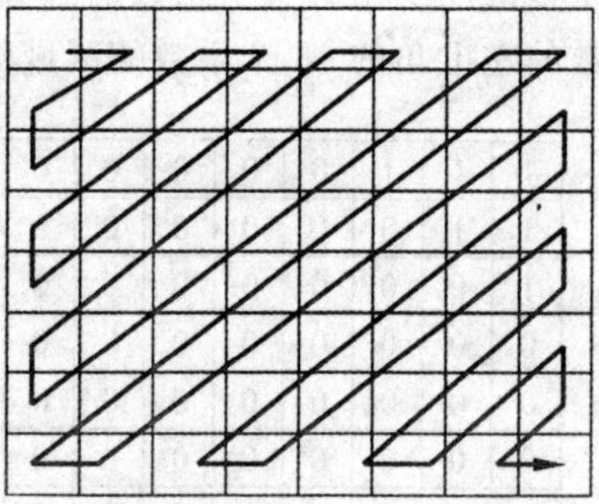

(b)量化后系数的编排序号

图 5-11　量化后系数的编排顺序图示

2. 门限编码

门限编码采用的是非均匀量化方法,所以先介绍非均匀量化的概念。与前面介绍的仅保留系数矩阵中那些位置对应于区域量化模板中值为 1 的那部分系数,而将其余系数置为 0 的均匀量化方法不同。非均匀量化是指用如图 5-12 所示的亮度量化阵列或如图 5-13 所示的色度量化阵列中的值作为分母,除 8×8 的变换系数矩阵的方法。理论上非均匀量化是保留全部变换系数,但实际上由于量化阵列都具有左上角的值小,而右下角的值大;且变换系数都具有左上角的值大,而右下角的值小的特征,所以相除的结果也会出现在变换系数矩阵右下角的高频率段的系数呈现大量连续的 0 值的情况。

16	11	10	16	24	40	51	61
12	12	14	19	26	58	60	55
14	13	16	24	40	57	69	56
14	17	22	29	51	87	80	62
18	22	37	56	68	109	103	67
24	35	55	64	81	104	113	92
49	64	78	87	103	121	120	101
72	92	95	98	112	100	103	99

图 5-12　亮度量化阵列

17	18	24	47	99	99	99	99
18	21	26	66	99	99	99	99
24	13	16	24	99	99	99	99
47	66	99	99	99	99	99	99
99	99	99	99	99	99	99	99
99	99	99	99	99	99	99	99
99	99	99	99	99	99	99	99
99	99	99	99	99	99	99	99

图 5-13　色度量化阵列

亮度量化表和色度量化表是根据人眼的视觉特性及对各种空间频率的灵敏度，通过广泛而大量的实验得出的。由于人眼对亮度的细节变化很敏感，而对色度则不然，所以亮度比色度更重要，JPEG 采用的就是图 5-12 的亮度量化阵列。

门限编码就是仅采用非均匀量化方法对变换系数进行量化的方法，也即用变换系数矩阵中的系数除以非均匀量化矩阵（图 5-12 或图 5-13）中的相应位置的量化值。门限编码量化函数为

$$\hat{T}(u,v)=\text{IntegerRound}\left[\frac{T(u,v)}{Z(u,v)}\right]$$

式中，$T(u,v)$为变换系数；$\hat{T}(u,v)$为对 $T(u,v)$进行门限处理及量化的近似；IntegerRound 为四舍五入取整函数；$Z(u,v)$为图 5-12 或图 5-13 所示的量化矩阵中的一个元素值。

3. 门限与区域结合的编码方式

前述介绍的都是严格意义上的门限编码和区域编码。但在实际应用中，有时会同时考虑门限编码的计算简单性和区域编码充分利用人眼视觉特性的优点。先用类似于图 5-9 的典型区域编码量化模板对变换系数矩阵进行均匀量化，再用图 5-12 或图 5-13 的量化模板对已经均匀量化了的变换系数矩阵进行非均匀量化，也就是所谓的门限与区域结合的编码方式。

对图 5-10(a)的 DCT 变换系数，先采用图 5-9(a)的区域编码量化模板进行均匀量化，然后再利用图 5-12 的亮度量化阵列进行非均匀量化，得到的量化结果如图 5-14 所示。

11	15	5	0	0	0	0	0
14	15	0	0	0	0	0	0
12	0	0	0	0	0	0	0
0	0	0	0	0	0	0	0
0	0	0	0	0	0	0	0
0	0	0	0	0	0	0	0
0	0	0	0	0	0	0	0
0	0	0	0	0	0	0	0

图 5-14　均匀量化与非均匀量化方法示例

5.4.5　变换解码

解码过程是逆向的编码过程，其过程主要有以下几步：

①解码被压缩的数据，得到用量化系数表示的图像数据；

②用与编码时相同的量化函数或量化阵列对用量化系数表示的图像数据进行逆量化，得到每个子图像的变换系数；

③对逆量化得到的每个子图像的变换系数进行反向正交变换（如反向 DCT 变换等），得到 $(N/n)^2$ 个大小为 $n\times n$ 的子图像；

④将 $(N/n)^2$ 个大小为 $n\times n$ 的子图像重构成一个 $n\times n$ 的图像。

变换解码系统的框图如图 5-15 所示。

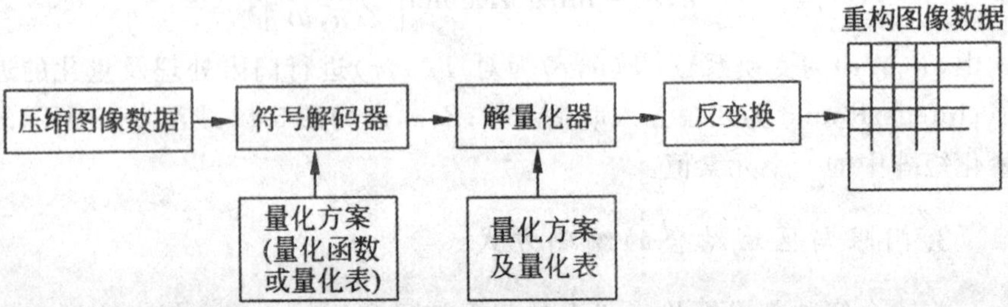

图 5-15　变换解码系统框图

在解码过程中，对 $\hat{T}(u,v)$ 和 $Z(u,v)$ 进行相乘，得到反向归一化阵列表示为 $\dot{T}(u,v)$，它是 $\hat{T}(u,v)$ 的近似式，表示为

$$\dot{T}(u,v)=\hat{T}(u,v)Z(u,v)$$

$\dot{T}(u,v)$ 的逆变换可生成解压缩子图像的近似。

需要注意的是，在变换编码中，变换本身并不产生信息压缩作用，而只是去除原图像中的相关性。只有通过对系数的量化和高效的符号编码才能产生对图像数据信息的压缩作用。

第6章 图像检测与分割技术

6.1 边缘检测

边缘是图像的最基本特征，边缘集中了图像的大部分信息，边缘的确定和提取对于整个图像场景的识别是非常重要的。同时，边缘作为图像轮廓，通过将检测出的边缘加重，再加到原图像中，就可实现图像锐化。边缘也是图像分割所依据的重要特征，通过边缘点检测，然后将边缘点连接成边缘线，而边缘线围成的区域就是图像分割的结果。

6.1.1 图像边缘

由于自然景物中物体、背景和区域的物理形状、几何特性、材质特性及其反射系数的不同，导致了图像中灰度的突变，并在图像中形成一个个不同的区域。图像边缘意味着图像中一个区域的终结和另一个区域的开始，图像中相邻区域之间的像素集合构成了图像的边缘。进一步讲，图像的边缘是指图像灰度发生空间突变的像素的集合。

尽管边缘在数字图像处理和分析中具有重要作用，但是到目前为止，还没有关于边缘被广泛接受和认可的精确的数学定义。一方面是因为图像的内容非常复杂，很难用纯数学方法进行描述；另一方面则是因为人类对本身感知目标边界的高层视觉机理的认识现在处于模糊之中。

目前，具有对边缘的描述性定义，即两个具有不同灰度的均匀图像区域的边界，即边界反映局部的灰度变化。局部边缘是图像中局部灰度级以简单（即单调）的方式做极快变换的小区域。这种局部变化可用一定窗口运算的边缘检测算子来检测。边缘的描述包含以下几个方面。

①边缘法线方向。在某点灰度变化最剧烈的方向，与边缘方向垂直。

②边缘方向。与边缘法线方向垂直，是目标边界的切线方向。

③边缘强度。沿边缘法线方向图像局部的变化强度的量度。

图像的边缘具有方向和幅度两个特征。沿边缘走向，像素值变化比较平缓,而沿垂直于边缘的走向,像素值则变化比较剧烈。这种剧烈的变化或者呈阶跃状,或者呈屋顶状,分别称为阶跃状边缘和屋顶状边缘。阶跃状边缘两边的灰度值有明显变化,而屋顶状边缘位于灰度增加和减小的交界处。另一种是由上升阶跃和下降阶跃组合而成的脉冲状边缘剖面,主要对应于细条状的灰度值突变区域。一般常用一阶和二阶导数来描述和检测边缘。

如图 6-1 所示分别给出了具有阶跃状、脉冲状和屋顶状边缘的图像,图像沿水平方向灰度变化的边缘曲线的剖面,边缘曲线的一阶和二阶导数的变化规律的示例。

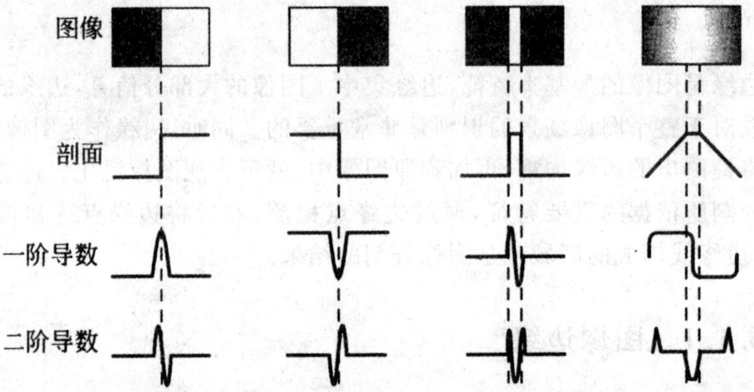

(a) 上升阶跃边缘　(b) 下降阶跃边缘　(c) 脉冲状边缘　(d) 屋顶状边缘

图 6-1　图像边缘及其导数曲线规律示例

由图 6-1(a)和图 6-1(b)可知,阶跃边缘曲线的一阶导数在边缘处呈极值,所以可用一阶导数的幅度值来检测边缘的存在,且幅度值一般对应边缘位置。阶跃边缘曲线的二阶导数在边缘处呈"零交叉",所以也可用二阶导数的过零点检测边缘位置,并可用二阶导数在过零点附近的符号确定边缘像素在图像边缘的暗区或亮区。

由图 6-1(c)可知,脉冲状边缘曲线的一阶导数在脉冲的中心处呈"零交叉",所以可用一阶导数的过零点检测脉冲的中心位置。脉冲边缘曲线的二阶导数在边缘处和中心处均呈极值,所以可以用二阶导数的幅度值来检测边缘的存在,且两个相位相同的幅度值一般对应边缘位置。

由图 6-1(d)可知,屋顶状边缘曲线的一阶导数在边缘处呈"零交叉",二阶导数呈极值。一般可用一阶导数的过零点确定屋顶位置。

可以通过对它们求导数来确定图像中的边缘,而利用微分算子可计算出导数。对于数字图像来说,通常是利用差分来近似微分。但由于差分算子是一种具有方向性的算子，也即用差分算子检测边缘时，必须使差分方向和边缘方向垂直，所以人们希望寻找一种没有方向性的算子。

6.1.2　边缘检测算子

图像中灰度值或色彩急剧变化之处，即为物体的边缘，在灰度值变化比较剧烈之处进行微分运算，就可以得出区别于其他处的较大数值，因此，可以利用各种微分运算进行边缘检测。边缘检测算子就是通过检查每个像素点的邻域并对其灰度变化进行量化来达到边界提取的目的，而且大部分的检测算子还可以确定边界变化的方向。

1. Roberts 边缘算子

Roberts（罗伯特）边缘检测算子是一种利用局部差分方法寻找边缘的算子，Roberts 算子所采用的是对角方向相邻两像素值之差，算子形式如下：

$$\begin{cases}\Delta_x f(x,y)=f(x,y)-f(x-1,y-1)\\ \Delta_y f(x,y)=f(x-1,y)-f(x,y-1)\end{cases}$$

上述算子对应的两个 2×2 模板如图 6-2 所示。在实际应用中，图像中的每个像素点都用这两个模板进行卷积运算，为避免出现负值，在边缘检测时常取其绝对值。

1	0
0	−1

(a)

0	1
−1	0

(b)

图 6-2　Roberts 算子的模板

如图 6-3 所示，图 6-3(a)为原始图像，图 6-3(b)为采用 Roberts 算子对图 6-3(a)进行边缘检测的结果。

2. Sobel 边缘算子

Sobel（索贝尔）边缘算子所采用的算法是先进行加权平均，然后进行微分运算，算子的计算方法如下：

$$\begin{cases}\Delta_x f(x,y)=[f(x-1,y+1)+2f(x,y+1)+f(x+1,y+1)]\\ \qquad\qquad -[f(x-1,y-1)+2f(x,y-1)+f(x+1,y-1)]\\ \Delta_y f(x,y)=[f(x-1,y-1)+2f(x-1,y)+f(x-1,y+1)]\\ \qquad\qquad -[f(x+1,y-1)+2f(x+1,y)+f(x+1,y+1)]\end{cases}$$

(a)

(b)

图 6-3 Roberts 算子边缘检测结果

Sobel 算子垂直方向和水平方向的模板如图 6-4 所示，前者可以检测出图像中的水平方向的边缘，后者则可以检测图像中垂直方向的边缘。在实际应用中，每个像素点取两个模板卷积的最大值作为该像素点的输出值，运算结果是一幅边缘图像。

−1	−2	−1
0	0	0
1	2	1

(a)

−1	0	1
−2	0	2
−1	0	1

(b)

图 6-4 Sobel 算子的模板

Sobel 算子的优点是具有一定的噪声抑制能力，在检测阶跃边缘时可以得到至少两个像素的边缘宽度。如图 6-5 所示是采用 Sobel 算子对图 6-3(a)进行边缘检测的结果。

图 6-5 Sobel 算子边缘检测结果

3. Prewitt 边缘算子

Prewitt(普瑞维特)边缘检测算子是一种利用局部差分平均方法寻找边缘的算子,它体现了三对像素点像素值之差的平均概念,算子形式如下:

$$\begin{cases}\Delta_x f(x,y)=[f(x+1,y+1)+f(x,y+1)+f(x-1,y+1)] \\ \qquad\qquad -[f(x+1,y-1)+f(x,y-1)+f(x-1,y-1)] \\ \Delta_y f(x,y)=[f(x-1,y-1)+f(x-1,y)+f(x-1,y+1)] \\ \qquad\qquad -[f(x+1,y-1)+f(x+1,y)+f(x+1,y+1)]\end{cases}$$

Prewitt 边缘检测算子的两个模板如图 6-6 所示,它的使用方法同 Sobel 算子一样,得到的结果也是一幅边缘图像。

−1	−1	−1
0	0	0
1	1	1

(a)

1	0	−1
1	0	−1
1	0	−1

(b)

图 6-6　Prewitt 算子的模板

如图 6-7 所示是采用 Prewitt 算子对图 6-3(a)进行边缘检测的结果。

图 6-7　Prewitt 算子边缘检测结果

4. Laplacian 边缘算子

在利用一阶导数的边缘检测算子进行边缘检测时,有时会出现因检测到的边缘点过多而导致边缘(线)过粗的情况。通过去除一阶导数中的非局部最大值就可以检测出更细的边缘,而一阶导数的局部最大值对应着二阶导数的零交叉点。所以通过找图像的二阶导数的零交叉点就能找到精确的边缘点。

拉普拉斯(Laplacian)边缘算子是一个二阶导数算子，其算子的形式如下：

$$\begin{cases} \Delta^2 f(x,y)=f(x+1,y)+f(x-1,y)+f(x,y+1)+f(x,y-1)-4f(x,y) \\ \Delta^2 f(x,y)=f(x-1,y-1)+f(x,y-1)+f(x+1,y-1)+f(x-1,y) \\ \qquad +f(x+1,y)+f(x-1,y+1)+f(x,y+1) \\ \qquad +f(x+1,y+1)-8f(x,y) \end{cases}$$

拉普拉斯边缘检测算子的模板如图 6-8 所示，模板的基本特征是中心位置的系数为正，其余位置的系数为负，且模板的系数之和为零，通过与上述三个边缘算子的比较，可以看出该算子不能检测出边缘的方向性信息，因此，它较少直接用于边缘检测。

0	−1	0
−1	4	−1
0	−1	0

(a)

−1	−1	−1
−1	8	−1
−1	−1	−1

(b)

图 6-8　Laplacian 算子的模板

如图 6-9 所示是采用 Laplacian 算子对图 6-3(a)进行边缘检测的结果，与 Sobel 算子相比 Laplacian 算子能使噪声成分得到加强，对噪声更敏感。

图 6-9　Laplacian 算子边缘检测结果

5. Kirsch 边缘算子

Kirsch(凯西)边缘检测算子需要求出 $f(x,y)$ 8 个方向的平均差分的最大值，其 8 个方向模板如图 6-10 所示，该算子可以检测出边缘的方向性信息，并能较好地抑制边缘检测的噪声。

5	5	5
−3	0	−3
−3	−3	−3

(a)

−3	5	5
−3	0	5
−3	−3	−3

(b)

−3	−3	5
−3	0	5
−3	−3	5

(c)

−3	−3	−3
−3	0	5
−3	5	5

(d)

−3	−3	−3
−3	0	−3
5	5	5

(e)

−3	−3	−3
5	0	−3
5	5	−3

(f)

5	−3	−3
5	0	−3
5	−3	−3

(g)

5	5	−3
5	0	−3
−3	−3	−3

(h)

图 6-10　Kirsch 算子的模板

如图 6-11 所示是采用 Kirsch 算子对图 6-3(a)进行边缘检测的结果。

图 6-11　Kirsch 算子边缘检测结果

6.1.3 间断检测

用于数字图像中的三种基本类型的灰度级间断:点、线和边缘。在图像中任意点的模板响应由下列公式给出:

$$R = w_1 z_1 + w_2 z_2 + \cdots + w_9 z_9 = \sum_{i=1}^{9} w_i z_i$$

式中,z_i 为模板系数 w_i 相联系的像素的灰度级。

1. 点检测

在如图 6-12 所示的模板中,若

$$|R| \geqslant T$$

则称在模板中心位置上已经检测到该点。这个公式是用来给重心点与它相邻之间加权的差值。

-1	-1	-1
-1	8	-1
-1	-1	-1

图 6-12 一个一般的 3×3 模板

2. 线检测

复杂程度高的检测考虑线检测,如图 6-13 所示的模板。

水平

-1	-1	-1
2	2	2
-1	-1	-1

+45°

-1	-1	2
-1	2	-1
2	-1	-1

垂直

-1	2	-1
-1	2	-1
-1	2	-1

-45°

2	-1	-1
-1	2	-1
-1	-1	2

图 6-13 线模板

令 R_1、R_2、R_3 和 R_4 从左到右代表图 6-13 中模板的响应。假设 4 个模板分别应用于一幅图像,在图像中心的点,若 $|R_i| > |R_j|$,$j \neq i$,则此点被认

为与在模板 i 方向上的线更相关。例如，若在图中的一点有 $|R_1|>|R_j|$，$j=2,3\cdots$，说明此特定点与水平线有更大的联系。

6.1.4　霍夫变换

霍夫(Hough)变换的基本思想是：将图像空间 X-Y 变换到参数空间 P-Q，利用图像空间 X-Y 与参数空间 P-Q 的点-线对偶性，通过利用图像空间 X-Y 中的边缘数据点去计算参数空间 P-Q 中的参考点的轨迹，从而将不连续的边缘像素点连接起来，或将边缘像素点连接起来组成封闭边界的区域，从而实现对图像中直线段、圆和椭圆的检测。

设在图像空间 X-Y 中，所有过点 (x,y) 的直线都满足方程

$$y=px+q \tag{6-1a}$$

式中，p 为斜率；q 为截距。

若把式(6-1a)改写成

$$q=-px+y \tag{6-1b}$$

且假设 p 和 q 是人们感兴趣的变量，而 x 和 y 是参数，则式(6-1b)表示的是参数空间 P-Q 中过点 (p,q) 的一条直线，其斜率和截距分别为 $-p$ 和 q。

一般地，对于任意的 i 和 j，设图像空间 X-Y 中同时过点 (x_i,y_i) 和点 (x_j,y_j) 的直线方程分别为

$$y_i=px_i+q \tag{6-2}$$

$$y_j=px_j+q \tag{6-3}$$

则式(6-2)和式(6-3)相对应的在参数空间 P-Q 中同时过点 (p,q) 的直线分别为

$$q=-px_i+y_i$$

$$q=-px_j+y_j$$

由此可见，图像空间 X-Y 中的一条直线(因为两点可以决定一条直线)和参数空间 P-Q 中的一点相对应；反之，参数空间 P-Q 中的一点和图像空间 X-Y 中的一条直线相对应，如图 6-14 所示。

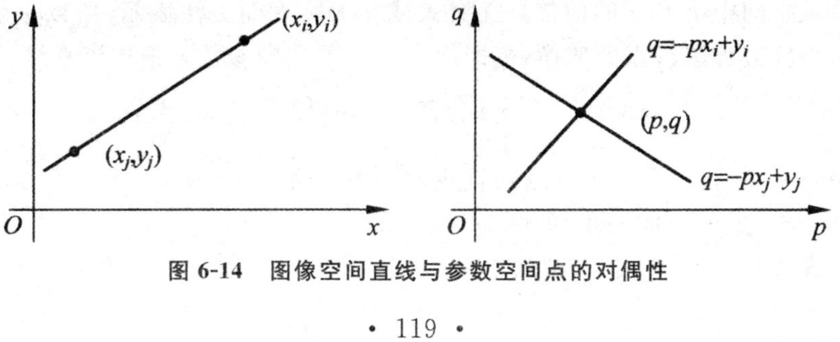

图 6-14　图像空间直线与参数空间点的对偶性

把上述结论推广到更一般的情况可知，若图像空间 X-Y 中的直线 $y=px+q$ 上有 n 个点，则这些点对应参数空间 P-Q 上的一个由 n 条直线组成的直线簇，且所有这些直线相交于同一点，如图 6-15(a)所示。

同理，当把图像空间 X-Y 中的直线 $y=px+q$ 上的 n 个点映射到极坐标时，这些点就对应极坐标空间 $\rho O\theta$ 上的 n 条正弦曲线，且所有正弦曲线相交于一点，如图 6-15(b)所示。

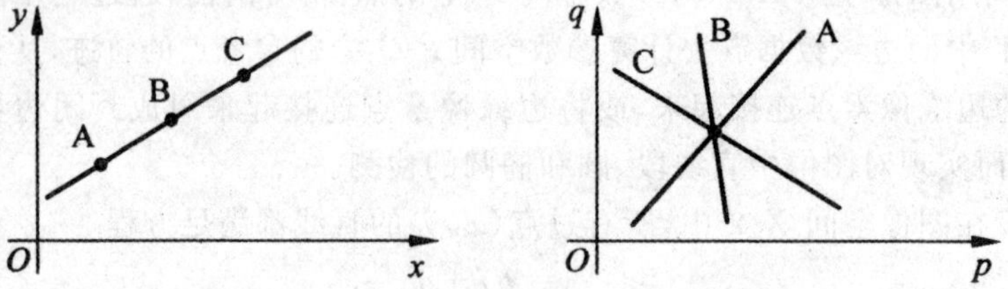

(a) 一条直线上多个点与相交于一点的直线簇相对应

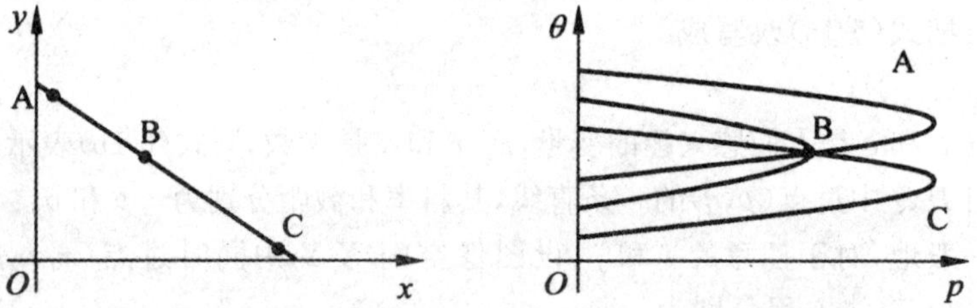

(b) 一条直线上多个点与相交于一点的正弦曲线簇相对应

图 6-15 霍夫变换示意图

进一步讲就是，在图像空间中的共线点对应于参数空间中的相交线；反之，在参数空间中相交于同一点的所有直线，在图像空间中都有共线的点与之对应，这也即所谓的点-线对偶性。根据这种点-线对偶性，当给定图像空间中的一些点时，就可以通过霍夫变换确定连接这些点的直线，从而把图像空间中的直线(也即共线点)的检测问题转换到参数空间中直线簇的相交点的检测问题。

在实际中，当用式(6-1a)表示的直线方程接近竖直或为垂直时，则会由于参数空间中 p 和 q 的值接近无穷大或为无穷大而无法表示，所以一般通过极坐标方程进行霍夫变换，也即用直线 L 的法向参数来描述该直线，即

$$\rho=x\cos\theta+y\sin\theta=\sqrt{x^2+y^2}\sin\left(\theta+\arctan\frac{x}{y}\right) \tag{6-4}$$

式中，ρ 为直角坐标系的原点到直线 L 的法线距离；θ 为该法线(直线 L 的垂线)与 x 轴的正向夹角，如图 6-16 所示。

在式(6-4)的意义下，图像空间 X-Y 中的一条直线就与极坐标空间 $\rho O\theta$

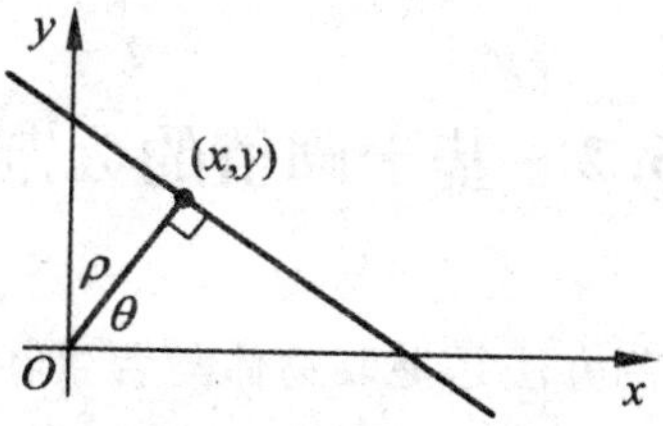

图 6-16　直线的极坐标表示

中的一点一一对应；反之，图像空间 X-Y 中的一点与极坐标空间 $\rho O\theta$ 中的一条正弦曲线相对应。也就是说，当图像坐标（笛卡儿坐标）空间转换到极坐标空间后，霍夫变换就由原来的点-直线对偶变成了点-正弦曲线对偶，这样就把图像空间中的直线检测转化为新的参数空间中的正弦曲线的交点的检测了。

在实际应用中，将参数空间 $\rho O\theta$ 离散化成一个累加器阵列（也就是将参数空间细分成一个网格阵列，其中的每一个格子对应一个累加器），如图 6-17 所示。

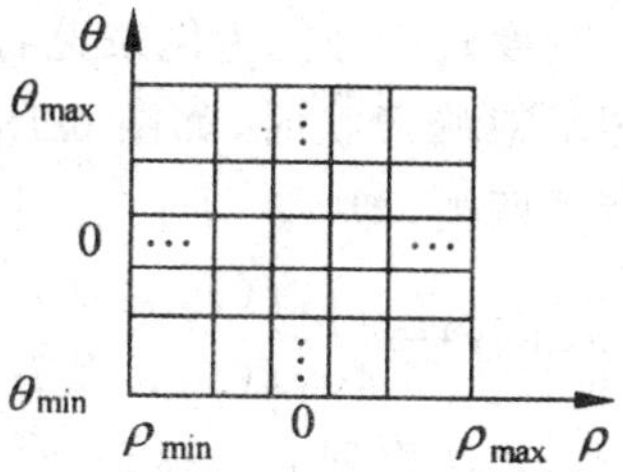

图 6-17　将 $\rho\theta$ 平面细分成网格阵列

按照式（6-4）把图像空间 X-Y 中的每一点 (x,y) 映射到参数空间 $\rho O\theta$ 对应的一系列累加器中。也即，对于图像空间 X-Y 中的每一个点，按照式（6-4）都会得到它在参数平面 $\rho O\theta$ 中所对应的曲线，凡是曲线经过的格子，其对应的累加器值加 1。

由于通过同一格子的曲线所对应的点（近似）共线，于是格子对应的累加器的累加数值就等于共线的点数。这样，若图像空间中包含有若干条直线，则在参数空间中就有同样数量的格子对应的累加器的累加值会出现局部极大值。通过检测这些局部极大值，就可以分别确定出与这些直线对应的一对参数 (ρ,θ)，从而检测出各条直线来。

角 θ 取值范围为 $\pm 90°$，以 x 轴为基准。因此，参考图 6-17，水平线的夹角 $\theta=0°$，ρ 等于正的 x 截距。同样，垂直直线的角度为 $\theta=90°$，ρ 等于正的 y 截距；或 $\theta=-90°$，ρ 等于负的 y 截距。

6.2 基于阈值的分割

基于阈值的图像分割方法是提取物体与背景在灰度上的差异，把图像分为具有不同灰度级的目标区域和背景区域的一种图像分割技术。

6.2.1 阈值化分割

1. 阈值化分割的原理

灰度阈值分割的具体过程为，选定一个灰度门限对目标和背景加以区分，门限以内的为目标，则其他范围即为背景；与此相反的是，门限以内的为背景，则其他范围即为目标。

此种分割方法常用于目标和背景区别较为显著的图像，如文字印刷体图像。此外，此种方法既适用于灰度阈值，也适用于彩色或其他可量化的特征阈值分割。下面主要以灰度阈值分割为例来说明阈值分割方法。

当图像的灰度直方图呈双峰形状时，如图 6-18 所示，可通过取单门限将图像分割为目标物和背景两类，即

$$g(x,y)=\begin{cases}1, f(x,y)\geqslant T\\0, f(x,y)<T\end{cases}$$

式中，T 为灰度门限。此时，将图像划分为标记为"1"和标记为"0"的区域，对于两区域分别属于目标物还是背景，则要依据灰度取值的相对大小来确定。

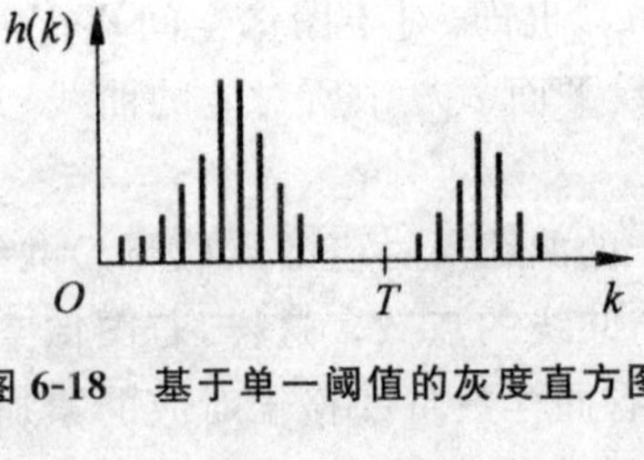

图 6-18 基于单一阈值的灰度直方图

与上述情况相反的是，从亮的背景上分割出暗的物体的情况，并定义为

$$g(x,y)=\begin{cases}1, f(x,y)\leqslant T\\0, f(x,y)>T\end{cases}$$

如图 6-19 所示可以被看作在较暗的背景上有两个较亮的物体的直方图，且有约定如下：

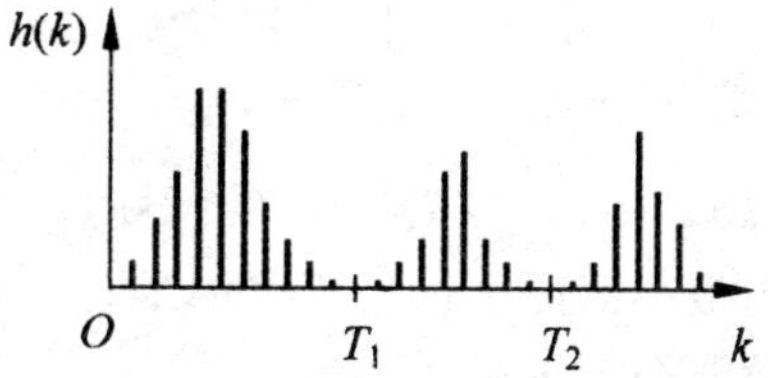

图 6-19 基于多域分割的灰度直方图

①当 $f(x,y)\leqslant T_1$ 时，为背景（序号为 1）；

②当 $T_1<f(x,y)\leqslant T_2$ 时，为物体甲（序号为 2）；

③当 $T_2<f(x,y)$时，为物体乙（序号为 0）。

更一般地，对于将一幅图像 $f(x,y)$按多个阈值分割成多个区域的情况，可将其定义为

$$g(x,y)=\begin{cases}k, T_{k-1}<f(x,y)\leqslant T_k\\1, f(x,y)\leqslant T_1\\0, T_k<f(x,y)\end{cases}$$

式中，$T_1,T_2,\cdots,T_k$ 为 k 个不同的分割阈值。

2. 最优阈值

若目标和背景的灰度分布具有较大程度的重叠，此时仅使用全局阈值很难将其分开，选择任何灰度作为阈值来分割，都会出现像素点被错分的情况。若在一定方式下选定一个阈值，利用此阈值进行分割可以降低错分像素的概率，同时在错误分类的概率准则下，此阈值可以实现分割结果的最优化，则将该阈值称为最优阈值或最小错误概率阈值。

假设给定的图像 f 由目标和背景两个灰度区域构成，令 z 表示灰度级值，图像的直方图 $h(z)$能够近似为其概率密度函数(PDF) $p(z)$。目标和背景的灰度级符合正态概率密度分布，分布函数分别记为 $p(z)$和 $q(z)$；并假定目标占图像面积的百分比为 θ，背景占 $1-\theta$。设阈值为 t，且将灰度小于 t 的所有点称为物体点，将灰度大于 t 的所有点称为背景点，则把背景点错误归入物体点的概率为

$$Q(t)=\int_0^t q(z)\mathrm{d}z$$

而把物体点错误归入背景点的概率为

$$\int_t^Z p(z)\mathrm{d}z=1-\int_0^t p(z)\mathrm{d}z \tag{6-5}$$

式中，Z 为最大的灰度级。右边第二项正好是物体点的总概率 $P(t)$，即

$$P(t)=\int_0^t p(z)\mathrm{d}z$$

总错分概率为

$$E(t)=(1-\theta)Q(t)+\theta[1-P(t)]$$

显然，使上式达到最小值的 t 就是所求的最佳阈值。为求上式的极小值，需要对上式求导数并令其等于 0。即

$$(1-\theta)\frac{\mathrm{d}Q(t)}{\mathrm{d}t}-\theta\frac{\mathrm{d}P(t)}{\mathrm{d}t}=0$$

或

$$(1-\theta)q(t)-\theta p(t)=0$$

可用数值解法由式(6-5)求出最优阈值 t。

6.2.2 半阈值化分割

半阈值化方法是将比阈值大的亮像素的灰度级保持不变，而将比阈值小的暗像素变为黑色；或将比阈值小的暗像素的灰度级保持不变，而将比阈值大的亮像素变为白色。利用半阈值化方法分割后的图像可定义为

$$g(x,y)=\begin{cases}f(x,y), & f(x,y)\geqslant T\\ 0, & f(x,y)<T\end{cases} \tag{6-6}$$

或

$$g(x,y)=\begin{cases}f(x,y), & f(x,y)\leqslant T\\ 255, & f(x,y)>T\end{cases} \tag{6-7}$$

并可以将式(6-6)和式(6-7)分别表述为图 6-20(a)和图 6-20(b)的形式。

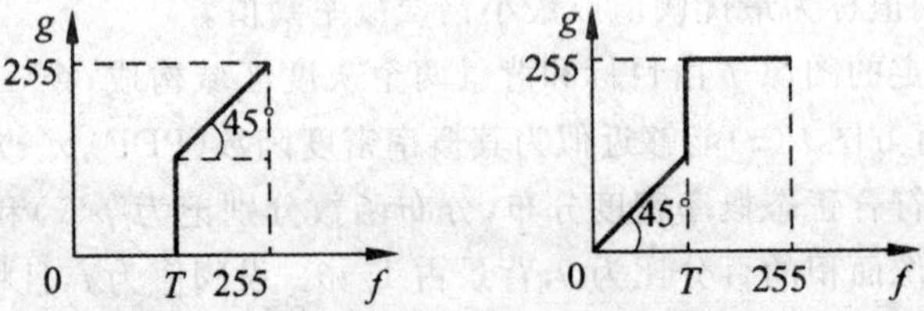

(a)式(6-6)的图示　　(b)式(6-7)的图示

图 6-20　半域值化的图示

6.2.3 全局阈值的选取

全局阈值是指对整幅图像使用同一阈值进行分割，这种方法适用于图像中目标和背景有明显差别，而且这种差别在图像中的任何位置都几乎相同。

1. 双峰法

在利用取阈值方法来分割灰度图像时一般都对图像有一定的假设，也就是图像由具有单峰灰度分布的目标和背景构成，目标或背景以内的相邻像素间具有高度相关的灰度值，而目标和背景交界范围以外的像素具有相差较大的灰度值。

若一幅图像符合上述情况，该图像的灰度直方图则可以认为是由目标和背景两个单峰直方图共同组成。若这两个单峰的大小接近且均值相距足够远，同时两部分的方差也足够小，则该直方图就呈现出明显的双峰，如图 6-21 所示，对于这类图像常常采用阈值方法进行分割。

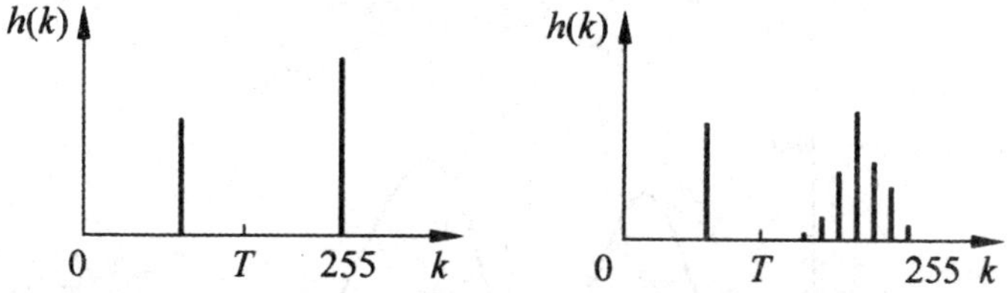

(a)物体和背景具有恒定灰度值　　(b)物体与背景有明显的灰度区别

图 6-21　全阈值选取示例

双峰法的主要步骤如下：对图像的像素分别进行扫描，采用一定的数组来记录扫描结果，从而得到两个单峰的峰顶，将两峰间谷底的像素值定为阈值。确定该值后，将大于和小于该阈值的像素各归为一类。

2. 最大熵法

熵是平均信息量的表征。依据信息论的有关概念，熵定义为

$$H=\int_{-\infty}^{+\infty}p(x)\lg p(x)\mathrm{d}x$$

式中，$p(x)$为随机变量 x 的概率密度函数。对于数字图像来说，这个随机变量 x 可以是灰度值、区域灰度、梯度等特征。所谓灰度的一维熵最大，就是选择一个阈值，使得图像用这个阈值分割出的两部分的一阶灰度统计的信息量最大。

假设图像总的灰度级数为 L，图像的一维直方图如图 6-22 所示，图 6-22 中灰度级小于等于 t 的像素点为目标区域 O，灰度级大于 t 的像素点构成背景区域 B，统计图像中每个灰度级出现的概率为 p_i，则各概率在其所属区域的分布如下。

O 区：

$$\frac{p_i}{p_t}(i=1,2,\cdots,t)$$

B 区：

$$\frac{p_i}{1-p_t}(i=t+1,t+2,\cdots,L-1)$$

式中，$p_t = \sum_{i=0}^{t} p_i$，分别计算目标和背景的熵如下：

$$H_O = -\sum_i \frac{p_i}{p_t}\lg\frac{p_i}{p_t}(i=1,2,\cdots,t)$$

$$H_B = -\sum_i \frac{p_i}{1-p_t}\lg\frac{p_i}{1-p_t}(i=t+1,t+2,\cdots,L-1)$$

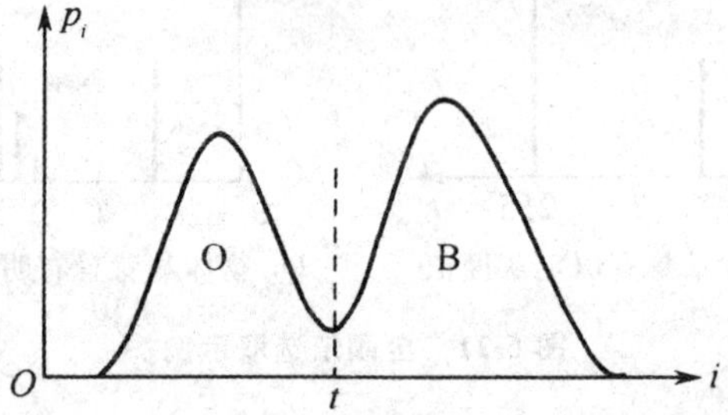

图 6-22　图像的一维直方图

对图像中的每个灰度级分别求取 $w=H_O+H_B$，找到最大的 w 所对应的灰度级，并将其作为分割图像的阈值。

3. 最大类间方差法

最大类间方差阈值也称为大津阈值，简称 Otsu。

假设图像大小为 $M\times N$，像素灰度值小于阈值 T 的像素个数记作 N_1，像素灰度大于阈值 T 的像素个数记作 N_2，则有

$$\omega_1=\frac{N_1}{M\times N}$$

$$\omega_2=\frac{N_2}{M\times N}$$

$$N_1+N_2=M\times N$$

$$\omega_1+\omega_2=1$$

$$\mu=\omega_1\times\mu_1+\omega_2\times\mu_2$$

$$g=\omega_1\times(\mu-\mu_1)^2+\omega_2\times(\mu-\mu_2)^2$$

式中，ω_1 为目标的像素点数占整幅图像的比例；ω_2 为背景像素点数占整幅图像的比例；μ_1 为目标的像素的平均灰度；μ_2 为背景像素的平均灰度；μ 为总平均灰度；g 为类间方差。

4. 最小误差法

通常情况下，采用最小误差法来降低误分割的概率。如图 6-23 所示表示了两个概率密度函数。设较大的概率密度函数为背景的灰度分布，较小的概率密度函数为目标的灰度分布，此时，整体图像的灰度概率密度由下式表示：

$$p(z)=P_1 p_1(z)+P_2 p_2(z)$$

式中，P_1 和 P_2 分别为目标和背景区域灰度值的先验概率。假设任何给定的像素不是属于目标就是属于背景，则 $P_1+P_2=1$。

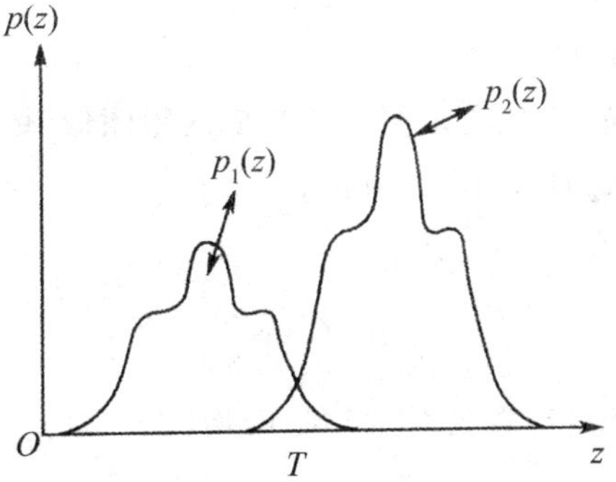

图 6-23　一幅图像中两个区域的灰度概率密度函数

此时，将背景错认为目标的概率为

$$E_1(T)=\int_{-\infty}^{T} p_2(z)\mathrm{d}z$$

式中，$E_1(T)$表示 $p_2(z)$下方位于阈值 T 左边区域的面积。

将目标误认为背景的概率为

$$E_2(T)=\int_{T}^{\infty} p_1(z)\mathrm{d}z$$

式中，$E_2(T)$表示 $p_1(z)$下方位于阈值 T 右边区域的面积。

那么错误区分的概率表示为

$$E(T)=P_1 E_2(T)+P_2 E_1(T) \tag{6-8}$$

式(6-8)为最小值时，T 便是阈值。也就是对式(6-8)求微分并使之为 0，即

$$P_1 * p_1(T)=P_2 * p_2(T)$$

根据此假设,可求解阈值 T。需要注意的是,若 $p_1=p_2$,则曲线 $p_1(z)$ 和 $p_2(z)$ 的交点对应的即为最佳阈值。

6.2.4 迭代式阈值选取

迭代式阈值选取方法的基本思路如下:开始时选择一个阈值作为初始估计值,然后按某种策略不断地改进这一估计值,直到满足给定的准则为止。在迭代过程中,关键之处在于选择什么样的阈值改进策略。好的阈值改进策略应该具备以下两个特征:

①能够快速收敛;

②在每一个迭代过程中,新产生的阈值优于上一次的阈值。

迭代式阈值选取过程可描述如下:

①选取一个初始阈值 T;

②利用初始阈值 T 把给定图像分割成两组图像,记为 R_1 和 R_2;

③计算 R_1 和 R_2 的均值 μ_1 和 μ_2;

④选择新的阈值 T,且

$$T=\frac{\mu_1+\mu_2}{2}$$

⑤重复第②~④步,直至 R_1 和 R_2 的均值 μ_1 和 μ_2 不再变化为止。

6.2.5 类二值图像的阈值选取

在实际中有一些图像可以看作具有均匀灰度的物体放在另一个与其不同亮度的背景上,例如,效果不是很好的二值图像、手写或打印的文本样本扫描成的图像,等等。这种图像的共同特征是它们可看作一幅类二值图像(由于各像素的灰度值不都是 0 或 255,所以不能将它们完全归为二值图像)。

这样,当大约已知被处理的类二值图像灰度分布的百分比时,就可通过试探的方法选取阈值,直到阈值化后的图像效果达到最佳(即阈值化的图像的灰度分布比例与实际的灰度分布比例一致)时为止。

例如,如果估计一个印刷文本图像中的文字约占全页纸的 20%,就可以选择一个与其对应的灰度阈值对该文本图像进行阈值化处理,并通过多次更改阈值的阈值化试探过程,使其分割效果达到最佳,也即使灰度值小于阈值的像素点数约占总像素点数的 20%。

6.3　基于区域的分割

基于区域的图像分割是根据图像的灰度、纹理、颜色和图像像素统计特征的均匀性等图像的空间局部特征，把图像中的像素划归到各个物体或区域中，进而将图像分割成若干个不同区域的一种分割方法。

6.3.1　区域生长

区域生长是把图像分割成若干小区域，比较相邻小区域的特征相似性，将相似的区域逐一合并，最后形成特征不同的区域。

区域生长的基本原理是：把性质较为相似的像素构成一个区域。具体来说就是，首先在需要分割的区域内确定一个种子像素作为生长起点，再将该像素相邻范围内的具有相似性质的像素划分到种子像素的区域中。接着把这些新像素选为新的种子像素重复进行上述操作，直到没有合适的像素为止，这就是一个区域的生长过程。

如图 6-24 所示的区域生长示例，其中图 6-24(a)表示整个图像数据，选定深浅不同的两个种子像素开始区域生长，其生长规则如下：如果任一像素与选定的种子像素的灰度值相差不超过某一门限 t，则可划分到种子像素的区域。如图 6-24(b)～图 6-24(d)所示分别表示 $t=3$、$t=1$、$t=6$ 下的区域生长结果。

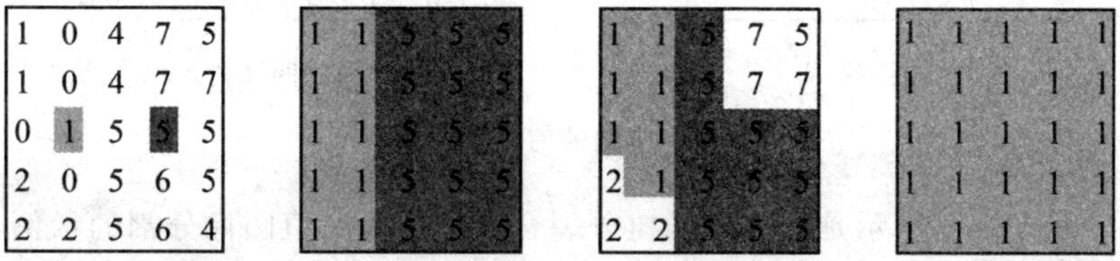

(a)图像数据　　(b)$t=3$　　(c)$t=1$　　(d)$t=6$

图 6-24　区域生长示例

从上面的示例可知，在实际应用区域生长法时需要解决以下三个问题：

①选择或确定一组能正确代表所需区域的种子像素；

②确定在生长过程中能将相邻像素包括进来的准则；

③制定让生长过程停止的条件或规则。

选取种子像素应根据实际情况进行，以图 6-24 为例，通过对该图像作直方图处理发现，其中灰度值为 1 和 5 的像素最多，同时还处于图像的中心，因此能够各选一个具有聚类中心灰度值的像素作为种子。

选取生长准则既要考虑实际情况，还要联系到所用图像数据的种类。例如，如果图像为彩色，仅仅采用单色准则就会影响区域生长。此外，注意各像素间的连通性和邻近性也尤其重要，否则可能会造成结果并没有实际意义。

6.3.2 区域分裂合并

区域分裂合并分割法是从整个图像出发，根据图像和各区域的不均匀性，把图像或区域分裂成新的子区域；根据毗邻区域的均匀性，把毗邻的子区域合并成新的较大区域。区域分裂合并分割法的基础是图像四叉树表示法。

1. 图像四叉树表示法

若将整个四方形图像区域进行四等分，得到四个子区域，然后将得到的新区域等分为四个更小的区域，依此类推，会得到一个以该图像为树根、以划分的各区域为中间节点的四叉树结构，如图 6-25 所示。

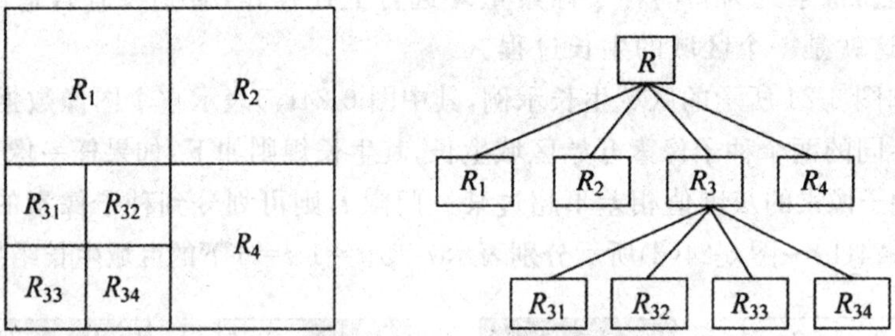

(a)图像 R　　(b)图像 R 的四叉树示例

图 6-25　图像的四叉树表示

如图 6-26 所示是利用四叉树分裂合并法进行二值图像分割的示例，其中，R_{ij} 表示第 i 个区域，其取值为 j（本例中 $j=0$ 或 1）。分裂合并过程及结果如图 6-26(b)和图 6-26(c)所示。

2. 区域分裂合并分割法

令 R 表示整幅图像区域（树根），用 R_i 表示分割成的一个图像区域；并假设同一区域 R_i 中的所有像素满足某一相似性准则（认为它们具有相同的性质）时，$P(R_i)=\text{TRUE}$，否则 $P(R_i)=\text{FALSE}$。当 $P(R_i)=\text{TRUE}$ 时，不再进一步分割该区域；$P(R_i)=\text{FALSE}$ 时，就将这 4 个区域中的每一个再次分为 4 个区域，如此不断继续下去。在这种分割过程中，必定存在 R_h 的

某个子区域 R_j 与 R_l 的某个子区域 R_k 具有相同性质，也即 $P(R_j \cup R_k)=$ TRUE，这时就可以把 R_j 和 R_k 合并组成新的区域。

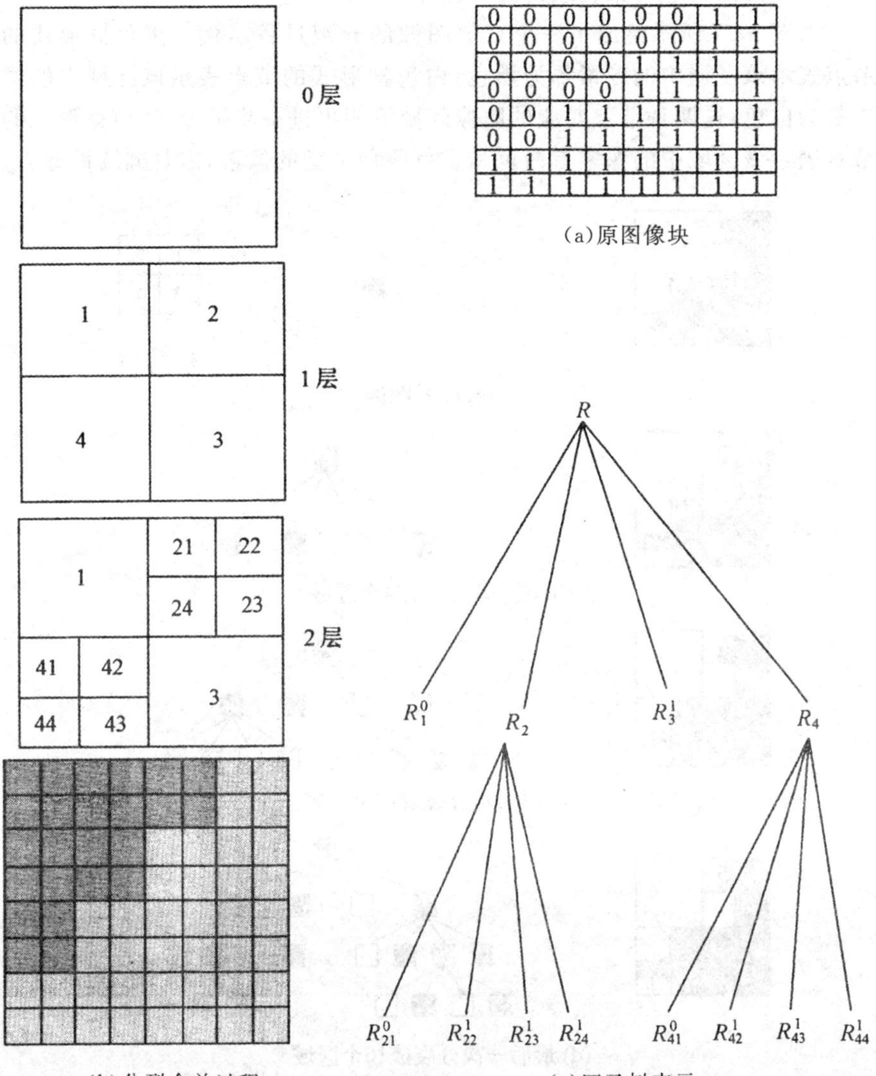

(a)原图像块

(b)分裂合并过程　　(c)四叉树表示

图 6-26　四叉树分裂合并法示例

综上所述，就可以将分裂合并分割方法描述如下：

①将图像 R 分成 4 个大小相同的象限区域 $R_i(i=1,2,3,4)$；

②对于任何的 R_i，若 $P(R_i)=$ FALSE，则将该 R_i 再进一步拆分成 4 个更小的象限区域；

③若此时存在任意相邻的两个区域 R_j 和 R_k 使 $P(R_j \cup R_k)=\text{TRUE}$ 成立，就将 R_j 和 R_k 进行合并；

④当无法再进行聚合或拆分时操作停止。

如图 6-27 所示给出了一个二值图像的分裂过程示例。黑色框形式的节点表示该区域中的像素都为黑色，白色框形式的节点表示该区域中的像素都为白色，这两种节点对应的图像区域不能再进一步拆分；灰色框形式的节点表示该区域中的像素有白色和黑色两种类型的像素，需要继续拆分。

(a) 原始图像

(b) 第一次分裂成4个区域

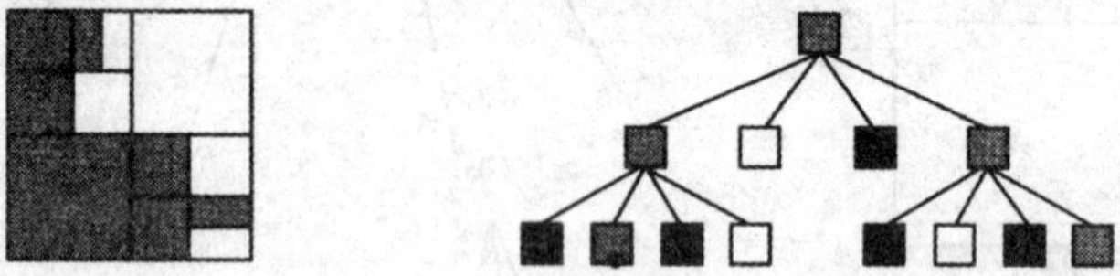

(c) 第二次分裂成10个区域

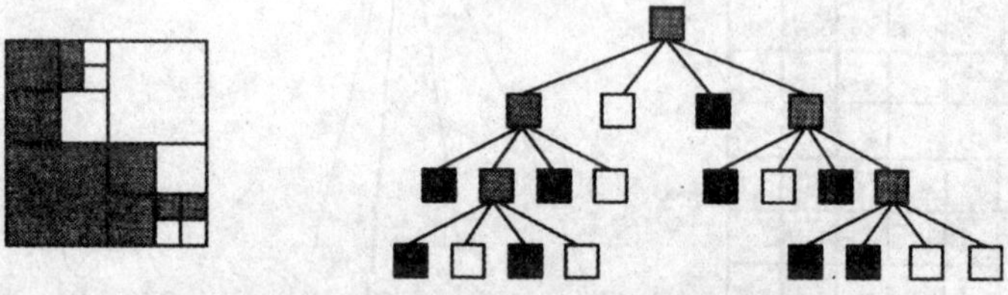

(d) 最后一次分裂成16个区域

图 6-27　利用四叉树进行分裂合并分割图像示例

如果是对灰度图像进行分割，进行同一区域内相似度量度的一种可行标准是：假设当同一区域 R_i 内至少有 80%的像素满足式(6-9)时，$P(R_i)=\text{TRUE}$；否则，就要对其进行进一步的分裂。

$$|z_j - m_i| \leqslant 2\sigma_i \tag{6-9}$$

式中，z_j 为区域 R_i 内的第 j 个像素的灰度值；m_i 为区域 R_i 内所有像素的灰度值的均值；σ_i 为区域 R_i 内所有像素的灰度值的标准差。

若在式(6-9)的条件下有 $P(R_i)=\text{TRUE}$，则将 R_i 内所有像素的灰度值置为 m_i。

6.4　基于运动的分割

运动目标分割的目的是在序列图像中将变化区域从背景中分割出来。运动图像的分割可直接利用时空图像的灰度和梯度信息进行分割，也可采用在两帧视频图像间估计光流场进行。前者称为直接方法，后者称为间接方法。下面讨论几种运动目标的分割方法。

6.4.1　差分法运动分割

当背景图像不是静止时，无法用背景差值法检测和分割运动目标，此时，检测图像序列相邻两帧之间变化的另一种简单方法是直接比较两帧图像对应像素点的灰度值。在序列图像中，通过逐像素比较可直接求取前后两帧图像之间的差别。假设照明条件在多帧图像间基本不变化，则差分图像不为 0 处表明该处的像素发生了移动。也就是说，对时间上相邻的两幅图像求差，可以将图像中目标的位置和形状变化凸现出来。

如图 6-28(a)所示，设目标比背景亮，则在差分的图像中，可以得到在运动前为正值的区域，而在运动后为负值的区域，这样可以获得目标的运动矢量，也可以得到目标上一定部分的形状。若对一系列图像两两求差，并把差分图像中值为正或负的区域逻辑合起来，就可以得到整个目标的形状。如图 6-28(b)所示给出了一个示例，将长方形区域逐渐下移，依次划过椭圆目标的不同部分，将各次结果组合起来，就得到完整的椭圆目标。

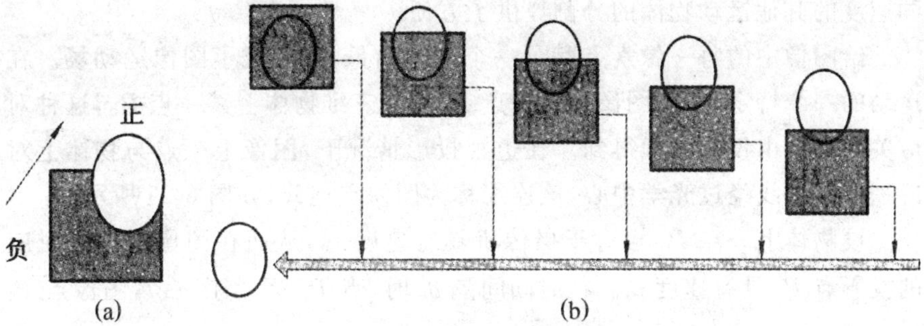

图 6-28　差分法运动分割示例

图像运动时会发生变化。运动估计算法中一个基本依据是图像强度的变化,可以用序列中相邻时间的一对图像的差来表示强度的相对变化。在这种最简单的形式下,帧 $f(x,y,j)$ 与帧 $f(x,y,k)$ 之间的变化可用一个二值差分图像 $D_f(x,y)$ 表示,即

$$D_f(x,y)=\begin{cases}1 & ,|f(x,y,j)-f(x,y,k)|>T \\ 0, & \text{其他}\end{cases}$$

式中,T 为阈值。

在应用视觉系统中,检测运动目标常用差分图像的方法,一般有以下两种情况。

(1)减背景差分法

减背景差分法是当前图像与固定背景图像的差分,能很好地检测出运动目标,然而自然景物环境不会完全静止(例如,风吹动树枝或树叶,太阳位置改变导致阴影的变化),因此该方法抑制噪声能力较差。

这种目标检测方法的优点是计算简单、易于实时,位置准确,但它要求背景绝对静止或基本无变化(噪声较小),不适用于摄像头运动或者背景灰度变化很大的情况,因而适用场合有限。另外,其不足之处还在于受环境光线变化的影响较大,在非受控环境下需要加入背景图像更新机制。

(2)相邻帧差分法

相邻帧差分法是指当前图像(时间间隔 Δt)之间的差分。而相邻帧差分法对运动目标很敏感,但检测出的物体的位置不精确,其外接矩形在运动方向上被拉伸,这实际上是由相对运动与物体位置并非完全一致引起的。

6.4.2 光流场运动分割

基于光流场计算方法可知,在光流场中,不同的物体会有不同的速度,大面积背景的运动会在图像上产生较为均匀的速度矢量区域,这为具有不同速度的其他运动物体的分割提供了方便。

给图像中的每一像素点赋予一个速度向量,就形成了图像运动场。在运动的一个特定时刻,图像上某一点 P_i 对应三维物体上某一点 P_0,这种对应关系可以由投影方程得到。在透视投影情况下,图像上一点与物体上对应一点的连线经过光学中心,该连线称为图像点连线,如图 6-29 所示。

设物体上一点 P_0 相对于摄像机具有速度 v_0,从而在图像平面上对应的投影点 P_i 具有速度 v_i。在时间间隔 δt 时,点 P_0 运动了 $v_0\delta t$,图像点 P_i 运动了 $v_i\delta t$。速度可表示为

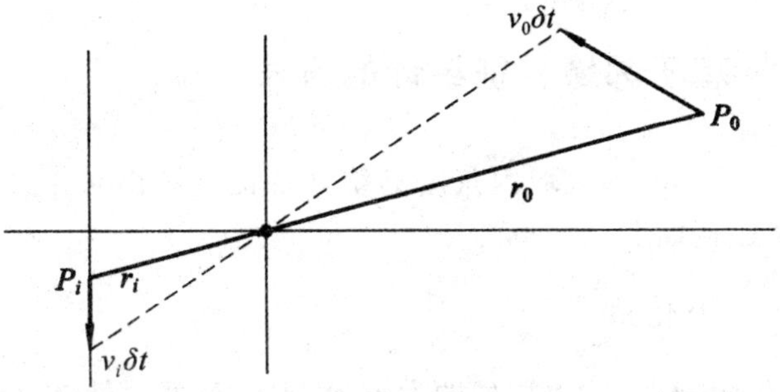

图 6-29　三维物体上一点运动的二维投影示意图

$$v_0=\frac{\mathrm{d}r_0}{\mathrm{d}t},v_i=\frac{\mathrm{d}r_i}{\mathrm{d}t}$$

式中，r_0 和 r_i 之间的关系为

$$\frac{1}{f'}r_i=\frac{1}{r_0\cdot\hat{z}}r_0 \tag{6-10}$$

式中，f' 为图像平面到光学中心的距离；$\hat{z}$ 为 z 轴的单位矢量。

式(6-10)只是用来说明三维物体运动与在图像平面投影之间的关系的。而我们关心的是图像亮度的变化，以便从中得到关于场景的信息。

当物体运动时，在图像上对应物体的亮度模式也在运动。光流是指图像亮度模式的表现(或视在)运动。使用“表现运动”这个概念的主要原因是光流无法由运动图像的局部信息唯一地确定，例如，亮度比较均匀的区域或亮度等值线上的点都无法唯一地确定起点的运动对应性，但运动时是可以观察到的。

在理想情况下，光流对应于运动场，但这一命题不总是对的。对于一个非常均匀的球体，由于球体表面是曲面，因此在某一光源照射下，亮度呈现一定的空间分布(或叫作明暗模式)。当球体在摄像机前面绕中心轴旋转时，明暗模式并不随着表面运动，所以图像也没什么变化，此时光流在任意地方都等于零，然而，运动场却不等于零。若球体不动，而光源运动，明暗模式运动将随着光源运动。此时光流不等于零，但运动场为零，因为物体没有运动。在通常情况下，可以认为光流与运动场没有太大的区别，因此允许根据图像运动来估计相对运动。

6.5　基于纹理特征的分割

图像的纹理分析已经在许多领域得到了广泛的应用。图像可以看作不同纹理区域的组合，纹理通常定义为图像的某种局部性质，或是对局部区域像素之间关系的一种度量，可用于定量描述图像中的空间信息。

6.5.1 基于邻域特征统计的方法

将图像中某一局部区域内灰度的统计特征计算出来作为图像纹理特征，主要方法概括如下。

1. 最大最小值法

设原图像为$[f(x,y)]$，图像的大小为$M\times N$，最大最小值法是以(i,j)点像素为中心的窗口$(2k+1)\times(2k+1)$内的灰度最大值与最小值的差值作为窗口中心的纹理统计值，表示为

$$I(i,j)=\max_{\substack{|x-i|\leqslant k\\|y-j|\leqslant k}}[f(x,y)]-\min_{\substack{|x-i|\leqslant k\\|y-j|\leqslant k}}[f(x,y)]$$

式中，窗口大小决定了被检测的纹理尺寸，$I(i,j)$表示纹理的强度。

2. 绝对值法

以(i,j)点像素为中心的窗口$(2k+1)\times(2k+1)$内的每个像素灰度值与窗口内的灰度平均值的绝对值的和作为窗口中心的纹理特征统计值，表示为

$$A(i,j)=\sum_{x=i-k}^{i+k}\sum_{y=j-k}^{j+k}|f(x,y)-\mu|$$

式中，μ为窗口内灰度平均值；$A(i,j)$反映了窗口内纹理的强度信息。

3. 方差法

方差法是以(i,j)点像素为中心的窗口$(2k+1)\times(2k+1)$内的灰度方差作为窗口中心的纹理特征统计值，表示为

$$\sigma^2(i,j)=\sum_{x=i-k}^{i+k}\sum_{y=j-k}^{j+k}[f(x,y)-\mu]^2$$

式中，μ为窗口内灰度平均值，灰度方差反映了纹理强度信息。

4. 信息熵法

以(i,j)点像素为中心的窗口$(2k+1)\times(2k+1)$内的每个像素的灰度值熵的和作为窗口中心的纹理特征统计值，表示为

$$B(i,j)=-\sum_{x=i-k}^{i+k}\sum_{y=j-k}^{j+k}f(x,y)/\sum_{x=i-k}^{i+k}\sum_{y=j-k}^{j+k}f(x,y)$$

式中，$B(i,j)$反映灰度变化速率。

5. 高斯滤波差值法

高斯滤波差值法表示为

$$W(i,j)=1-\sigma\exp\left[-\frac{(i-i_0)^2+(j-j_0)^2}{2\sigma^2}\right]$$

式中，(i_0,j_0)为高斯模板中心坐标；σ为标准差。算法步骤如下：

①采用两个不同的标准差 σ_1、σ_1 对原图像进行滤波；

②将两个滤波输出的差值图像作为纹理统计值。

这种方法适用于尺度较小的纹理。

6.5.2 傅里叶频谱方法提取纹理特征

由于傅里叶变换的共轭对称性，即满足$|F(u,v)|=|F(-u,-v)|$，频谱图像关于圆点呈中心对称。图像具有周期性的纹理分布，也可以认为图像的纹理分布具有一定的发生频率，通过分析频谱图像可以提取到纹理分布具有的特征。通常来说，较粗的纹理，主要集中于低频区域；而较细的纹理，则集中于高频区域。

将 u、v 以极坐标表示为

$$r=\sqrt{u^2+v^2},\theta=\arctan\frac{v}{u}$$

这时的频谱可用函数 $S(r,\theta)$表示。对于每个确定的频率 r，$S(r,\theta)$是一个一维函数 $S_r(\theta)$；对于每个确定的方向 θ，$S(r,\theta)$是一个一维函数品 $S_\theta(r)$。

对于每个确定的频率 r，可以得到以原点为圆心的圆形上的频谱特性，表示为

$$S(r)=\sum_{\theta=0}^{\pi}S_\theta(r)$$

同样，对于每个确定的方向 θ，可以得到沿着自原点的辐射方向上的频谱所表现的特性，表示为

$$S(\theta)=\sum_{r=1}^{R}S_r(\theta)$$

式中，R 表示以原点为中心的圆的半径。$S(r)$和 $S(\theta)$构成整幅图像或图像区域纹理频谱能量的描述。

6.5.3 灰度共生矩阵

通过研究灰度的空间相关特性来描述纹理，正是灰度共生矩阵的思想基础。

从灰度级为 i 的像素点出发，距离为 δ 的另一个像素点同时发生的灰度级为 j，定义这两个灰度在整个图像中发生的概率分布，称为灰度共生矩阵。如图 6-30 所示，其中 Δx 和 Δy 的范围由像素间距 δ 和方向 θ 两个参数

决定，即 $\Delta x=\delta\cos\theta,\Delta y=\delta\sin\theta$。灰度共生矩阵可以表示纹理的稀疏度、对比度、复杂度及其纹理力度等特性。

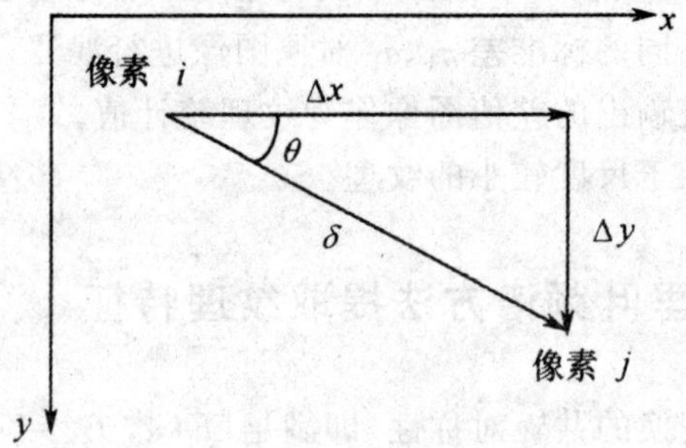

图 6-30　像素对示意图

设 $f(x,y)$ 为一幅灰度图像，对图像中任一区域 R，定义 S 为区域中具有特定空间联系的像素对集合，则灰度共生矩阵可表示为

$$\boldsymbol{m}_{(d,\theta)}(i,j)=\mathrm{card}\{[(x_1,y_1),(x_2,y_2)]\in S\,|\,f(x_1,y_1)=i\,\&\,f(x_2,y_2)=j\} \tag{6-11}$$

式中，$x_2=x_1+\mathrm{d}\cos\theta$；$y_2=y_1+\mathrm{d}\sin\theta$；card($S$)表示集合 S 中对 $\boldsymbol{m}_{(d,\theta)}(i,j)$ 有贡献的元素个数。在实际应用中，常需要对式(6-11)进行归一化，表示为

$$\boldsymbol{m}'_{(d,\theta)}(i,j)=\frac{\mathrm{card}\{[(x_1,y_1),(x_2,y_2)]\in S\,|\,f(x_1,y_1)=i\,\&\,f(x_2,y_2)=j\}}{\mathrm{card}(S)}$$

为减少计算量，计算中往往需要先对图像进行灰度变换，降低灰度等级，同时减少图像的方向数，通常取 0°、45°、90°、135°这 4 个方向。

假设图像的灰度级有 8 级，则对应于如图 6-31(a)所示的图像区域，其共生矩阵 $\boldsymbol{m}_{(1,90°)}$ 如图 6-31(b)所示。

12134
23124
33211

(a)图像数据

	0	1	2	3	4	5	6	7
0	0	0	0	0	0	0	0	0
1	0	1	2	0	0	0	0	0
2	0	1	0	2	0	0	0	0
3	0	0	1	1	0	0	0	0
4	0	1	0	0	0	0	0	0
5	0	0	0	0	0	0	0	0
6	0	0	0	0	0	0	0	0
7	0	0	0	0	0	0	0	0

(b)灰度共生矩阵

图 6-31　灰度共生矩阵示例

6.6　基于形态学的分割

数学形态学是一种建立在积分几何、集合代数及拓扑理论基础上的，利用形状分析图像的数学工具。其原理如下：选取一定形状的结构元素为“探针”，通过在图像区域内进行移动来获取信息，对图像各部分的关系进行分析，最终提取到图像的形态特征，如拓扑和结构等。

形态学中的结构元素类似于模板，具有一定的形状和大小。结构元素还需要有一个原点，该点是进行形态学运算时的参考点，可以在结构元素内部也可以在结构元素外部。常用的结构元素形状有方形、扁平形、圆形等。结构元素的尺寸一般要明显小于图像中目标的尺寸。如图 6-32 所示是几种简单的结构元素。

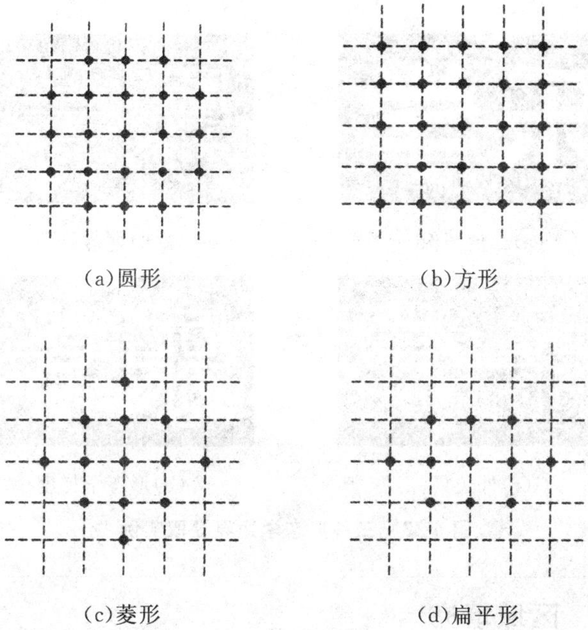

图 6-32　几种简单的结构元素

图像分割是形态学在图像处理中的典型应用。形态学分割在消除孤立区域、剔除毛刺、断开粘连、填补空洞、弥合裂缝等方面有着独特的优势，一般能获得比传统方法更好的分割效果。下面着重讨论边界提取和区域填充的形态学方法。

6.6.1 边界提取

膨胀运算可以增大目标，腐蚀运算可以缩小目标，这两种运算都可以用于提取目标边界。对于二值图像 A，提取其边界的形态学变换为 $\rho(A)$，式(6-12)～式(6-14)给出了三种基于形态学的边界提取方法。

$$\rho(A)=A-A\Theta B \tag{6-12}$$

$$\rho(A)=A\oplus B-A \tag{6-13}$$

$$\rho(A)=A\oplus B-A\Theta B \tag{6-14}$$

式中，B 为结构元素。式(6-12)所得的边界称为内边界，式(6-13)所得的边界称为外边界，式(6-14)所得的边界是骑跨在实际边界上的边界，又称为形态学梯度。

如图 6-33 所示是用膨胀和腐蚀方法提取二值图像目标边界的实例，所用结构元素是半径为 3 的圆盘。

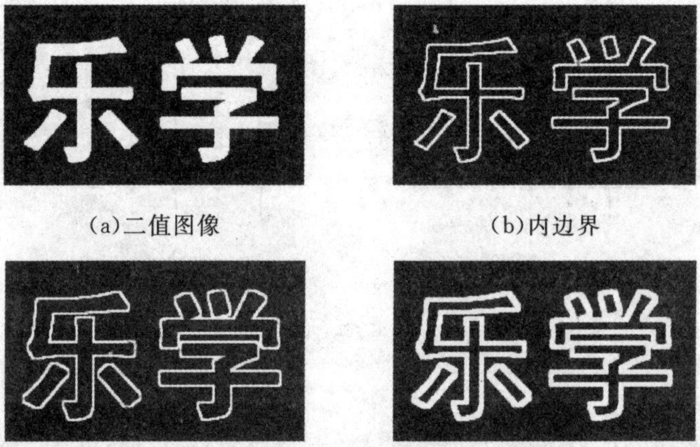

(a)二值图像　(b)内边界

(c)外边界　(d)形态学梯度

图 6-33　三种形态学边界提取实例

6.6.2 区域填充

区域是图像中目标边界所包围的部分，边界是目标区域的轮廓线，二者可以互求。实际上，对于形态学方法来说，求边界容易，求区域边界困难。区域填充是在求取边界后由边界向其内部不断膨胀直至充满的过程。

假设 A 为边界提取后的二值图像，其补集记为 A^c，B 为结构元素，填充的过程就是从边界内某一点(只包含一个边界内像素点的与图像 A 相同尺寸的集合)开始作式(6-15)的迭代运算。当 $X_k = X_{k-1}$ 时停止迭代,集合 X_k 和 A^c 的交集包含了边界和边界包围的填充区域。如图 6-34 所示是一个形态学区域填充的示例。

$$X_k = (X_{k-1} \oplus B) \cap A^c \tag{6-15}$$

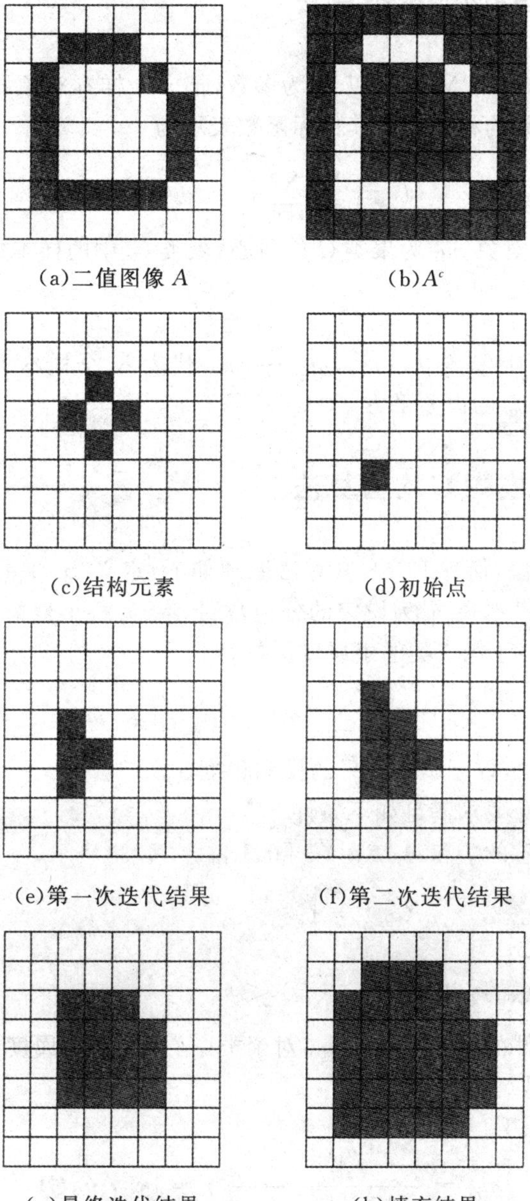

(a)二值图像 A　(b)A^c

(c)结构元素　(d)初始点

(e)第一次迭代结果　(f)第二次迭代结果

(g)最终迭代结果　(h)填充结果

图 6-34　形态学区域填充示例

6.7 基于聚类的分割

6.7.1 K-均值聚类算法

K-均值算法(K-Means)以 K 为参数,把 n 个样本对象划分为 K 个类,使类内具有较高的相似度。其目标函数表示为

$$J_e = \sum_{i=1}^{k}\sum_{x\in C_i} \| x - m_i \|^2$$

式中,x 为样本对象;m_i 为聚类 C 的质心;聚类 C_i 中的样本数为 N_i,即

$$m_i = \frac{1}{N_i}\sum_{x\in C_i} x$$

J_e 度量了用 K 个聚类中心 $m_1, m_2, \cdots, m_K$ 代表 K 个样本子集 $C_1, C_2, \cdots, C_K$ 时所产生的总的误差平方。

6.7.2 模糊 C 均值算法

模糊 C 算法,简称 FCM,其算法原理如下:定义 $\{x_i, i=1,2,\cdots,n\}$ 是 n 个样本组成的样本集,C 为设定的分类数目,m_j 为每个聚类的中心,$\mu_j(x_i)$ 是第 i 个样本对于第 j 类的隶属度函数,则

$$J_{FCM} = \sum_{j=1}^{C}\sum_{i=1}^{n} [\mu_j(x_i)]^p \| x_i - m_j \|^2$$

式中,常数 $p>1$,控制聚类结果的模糊程度。

隶属度函数要求满足如下条件:

①对于任意的 j 和 i,$\mu_j(x_i)\in[0,1]$。

②对于任意 i,$\sum_{j=1}^{C}\mu_j(x_i) = 1$。

③对于任意的 j,$0 < \sum_{j=1}^{C}\mu_j(x_i) < n$。

在满足条件的情况下,令 J_{FCM} 对聚类中心 m_j 和隶属度函数 μ_j 的偏导数分别为零,则

$$m_j = \frac{\sum_{i=1}^{n} [\mu_j(x_i)]^p x_i}{\sum_{i=1}^{n} [\mu_j(x_i)]^p} (j = 1,2,\cdots,C)$$

$$\mu_j(x_i)=\frac{1/(\|x_i-m_j\|^2)^{1/(P-1)}}{\sum_{i=1}^{n}1/(\|x_i-m_j\|^2)^{1/(P-1)}}(i=1,2,\cdots,n;j=1,2,\cdots,C)$$

此种算法是对 K-均值算法展开的推广，如图 6-35 所示是 K-均值聚类算法和 FCM 算法分割脑部的 MR 图像。

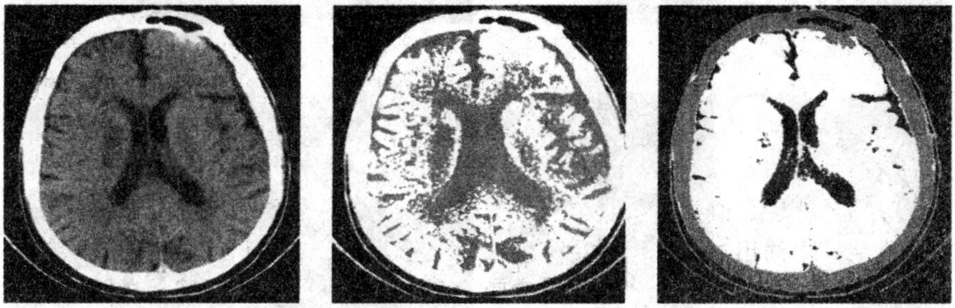

(a)原始图像　(b)K-均值聚类算法分割结果　(c)FCM 算法分割结果

图 6-35　K-均值聚类算法和 FCM 算法分割脑部 MR 图像

6.8　彩色边缘检测与彩色图像分割

6.8.1　彩色边缘检测

考虑两幅 $M\times M$ 彩色图像(M 为奇数)，如图 6-36(d)和图 6-36(h)所示，它们分别由图 6-36(a)～图 6-36(c)和图 6-36 (e)～图 6-36 (g)中的 3 个分量图像合成。例如，若计算每个分量图像的梯度，并将结果相加形成两幅相应的 RGB 梯度图像，则在点$[(M+1)/2,(M+1)/2]$处梯度值在两种情况下都将相同。直观地看，我们希望图 6-36(d)中图像那一点的梯度更强，因为 R、G、B 图像的边缘在该图像中处在相同的方向上，与图 6-36(h)的图像相反，其只有两个边缘在相同的方向上。

从上述这个简单的例子可以看到，处理 3 个独立平面形成的合成梯度图像可导致错误结果。若问题是只检测边缘中的一个，则单独分量方法常可得到可接受的结果。然而，若准确度是重点，则很明显需要一个可用于向量的梯度的新定义。为此，在 1986 年 Di Zenzoh 提出了一种方法。

回忆一下标量函数 $f(x,y)$，梯度是在坐标(x,y)处指向 f 的最大变化率方向的向量。

令 $\boldsymbol{r}$、$\boldsymbol{g}$ 和 $\boldsymbol{b}$ 是 RGB 彩色空间沿 R、G、B 轴的单位向量，可定义向量为

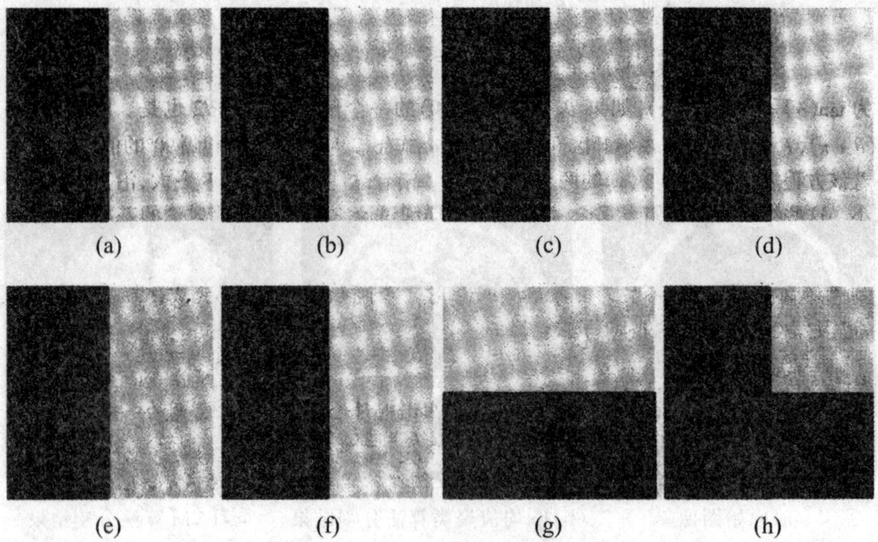

图 6-36　彩色图像示例

$$\boldsymbol{u}=\frac{\partial R}{\partial x}\boldsymbol{r}+\frac{\partial G}{\partial x}\boldsymbol{g}+\frac{\partial B}{\partial x}\boldsymbol{b}$$

和

$$\boldsymbol{v}=\frac{\partial R}{\partial y}\boldsymbol{r}+\frac{\partial G}{\partial y}\boldsymbol{g}+\frac{\partial B}{\partial y}\boldsymbol{b}$$

数量 g_{xx}、g_{yy} 和 g_{xy} 定义为这些向量的点乘，即

$$g_{xx}=\boldsymbol{u}\cdot\boldsymbol{u}=\boldsymbol{u}^{\mathrm{T}}\boldsymbol{u}=\left|\frac{\partial R}{\partial x}\right|^2+\left|\frac{\partial G}{\partial x}\right|^2+\left|\frac{\partial B}{\partial x}\right|^2 \tag{6-16}$$

$$g_{yy}=\boldsymbol{v}\cdot\boldsymbol{v}=\boldsymbol{v}^{\mathrm{T}}\boldsymbol{v}=\left|\frac{\partial R}{\partial y}\right|^2+\left|\frac{\partial G}{\partial y}\right|^2+\left|\frac{\partial B}{\partial y}\right|^2 \tag{6-17}$$

$$g_{xy}=\boldsymbol{u}\cdot\boldsymbol{v}=\boldsymbol{u}^{\mathrm{T}}\boldsymbol{v}=\frac{\partial R}{\partial x}\frac{\partial R}{\partial y}+\frac{\partial G}{\partial x}\frac{\partial G}{\partial y}+\frac{\partial B}{\partial x}\frac{\partial B}{\partial y} \tag{6-18}$$

R、G、B 及由此而来的 g 是 x 和 y 的函数。利用该表示法，$\boldsymbol{c}(x,y)$ 的最大变化率方向可以由角度给出[Di Zenzo(1986)]：

$$\theta=\frac{1}{2}\arctan\left[\frac{2g_{xy}}{(g_{xx}-g_{yy})}\right] \tag{6-19}$$

(x,y) 点在 θ 方向上变化率的值由下式给出：

$$F(\theta)=\left\{\frac{1}{2}\left[(g_{xx}+g_{yy})+(g_{xx}-g_{yy})\cos 2\theta+2g_{xy}\sin 2\theta\right]\right\}^{\frac{1}{2}}$$

因为 $\tan(\alpha)=\tan(\alpha+\pi)$，如果 θ_0 是式(6-16)的一个解，则 $\theta_0\pm\frac{\pi}{2}$ 也是。因

此，$F(\theta)=F(\theta+\pi)$，F 仅需对 θ 值在半开区间$[0,\pi)$计算。式(6-19)提供两个相隔 90°的值，意味着该方程涉及每一点(x,y)的两个正交方向。沿着这些方向之一，F 最大，沿其他方向其值最小。这些结果的推导相当麻烦，有兴趣的读者可参考 Di Zenzo(1986)的论文。对于执行式(6-16)～式(6-18)要求的偏导数，可用 Sobel 算子来计算。

6.8.2　彩色图像分割

彩色图像分割就是利用图像的彩色信息，将图像分割为一些感兴趣区域的图像处理方法。彩色图像的分割可以看作灰度图像分割向彩色空间的一种扩展和延伸。在彩色图像的分割中需要依据不同的分割要求选择不同的彩色模型和分割方法。本节分别讨论采用 HIS 模型和 RGB 模型的彩色图像分割方法。

1. HSI 模型的彩色图像分割

若希望基于彩色分割一幅图像，并且想在单独的平面上执行处理，会很自然地首先想到 HIS 空间。HSI 模型反映了人们观察彩色的方式，I 分量包含了图像的强度或亮度信息，H（色度）和 S（饱和度）分量包含了图像的彩色信息。由于 HSI 模型将图像的彩色分量和强度分量进行了分离，使得单独在某一分量平面对彩色图像按照图像的彩色信息进行分割处理成为可能。下面就是用饱和度图像作为模板，利用彩色图像的色度分量进行分割的一个示例。

如图 6-37(a)所示是一幅彩色图像，分割的目的是得到图像中花瓣的红色区域。

如图 6-37(b)～图 6-37(d)所示是图像的 H、S 和 I 分量。通过观察图 6-37(b)和图 6-37(c)可以发现，该区域具有较高的色调值和饱和度值，为了得到较好的分割效果，可以利用图像的饱和度作为模板图像。

如图 6-37(e)所示是对饱和度图像利用门限法得到的二值图像，门限值为最大饱和度的 30%(门限的设定通过观察饱和度图像的直方图来确定)。

如图 6-37(f)所示是以图 6-37(e)为模板，对色调图像进行处理得到的结果图像，它的直方图如图 6-37(g)所示，灰度尺度在[0,1]范围内，在直方图中感兴趣的值在灰度标尺的最高端，接近 1.0。以 0.9 为门限值门限化图 6-37 (f)，得到的二值图像如图 6-37(h)所示。

如图 6-37(h)所示是对图 6-37(a)的彩色图像进行分割的结果。

(a)彩色图像

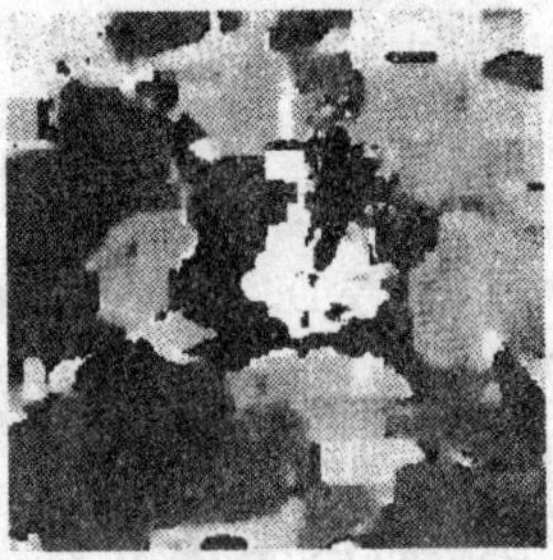

(b)图(a)的 H 分量

(c)图(a)的 S 分量

(d)图(a)的 I 量

(e)图(c)门限化的二值图像

(f)以(e)为模板处理(b)的结果

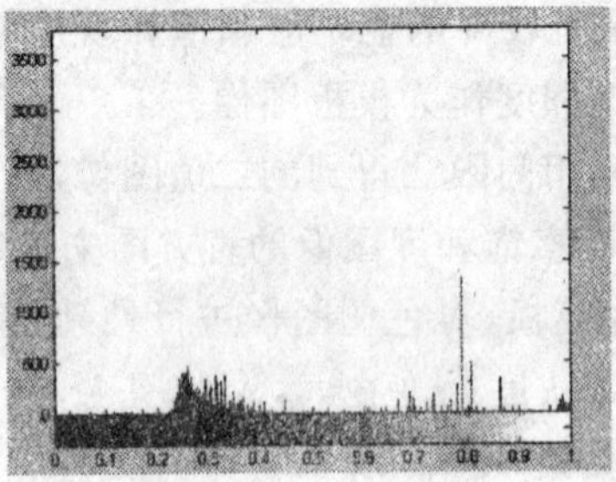

(g)图(f)的直方图

(h)对图(f)门限化后的分割结果

图 6-37　HSI 模型彩色图像分割示例

从算法的过程来看，利用 HSI 模型进行分割比较简单，但是对比图 6-37 中的原图像图 6-37(a)和结果图像图 6-37(h)可以看到所得到的结果还不够精确，包含了一些不相关的区域。为了得到更精确的分割结果，可采用 RGB 彩色模型的分割方法。

2. RGB 模型的彩色图像分割

正如这一节多次提到的，虽然在 HIS 空间的工作更直观，但分割的是这样一个区域，为了获得更好的分割结果，需要采用 RGB 彩色模型进行分割。在 RGB 模型中各像素点的颜色用 RGB 彩色向量表示。

假设某一感兴趣区域内彩色的“平均”用向量 $\boldsymbol{a}$ 表示，分割的目标是对给定图像中每个 RGB 像素进行分类，因为在确定范围会有某种颜色或没有这种颜色。为了执行这一比较，有一个相似性度量是必要的，其中最常见的是欧几里得距离，为了表示简便，令 $\boldsymbol{z}$ 代表 RGB 空间中的任意一点，如果它们之间的距离小于特定的阈值 D_0，则称 $\boldsymbol{z}$ 和 $\boldsymbol{a}$ 是相似的，$\boldsymbol{z}$ 和 $\boldsymbol{a}$ 之间的欧几里得距离定义为

$$\begin{aligned} D(\boldsymbol{z},\boldsymbol{a}) &= \| \boldsymbol{z}-\boldsymbol{a} \| \\ &= [(\boldsymbol{z}-\boldsymbol{a})^T(\boldsymbol{z}-\boldsymbol{a})]^{\frac{1}{2}} \\ &= [(z_R-a_R)^2+(z_G-a_G)^2+(z_B-a_B)^2]^{\frac{1}{2}} \end{aligned} \tag{6-20}$$

式中，下标 R、G、B 表示向量 $\boldsymbol{z}$ 和 $\boldsymbol{a}$ 的 R、G、B 分量。$D(\boldsymbol{z},\boldsymbol{a}) \leqslant D_0$ 的点的轨道是半径为 D_0 的实心球，如图 6-38(a)所示。包含在球内部和表面上的点符合特定的彩色准则；球外面上的点则不符合准则。在图像中对这两类点集编码，比如说黑或白，产生一幅二值分割图像。

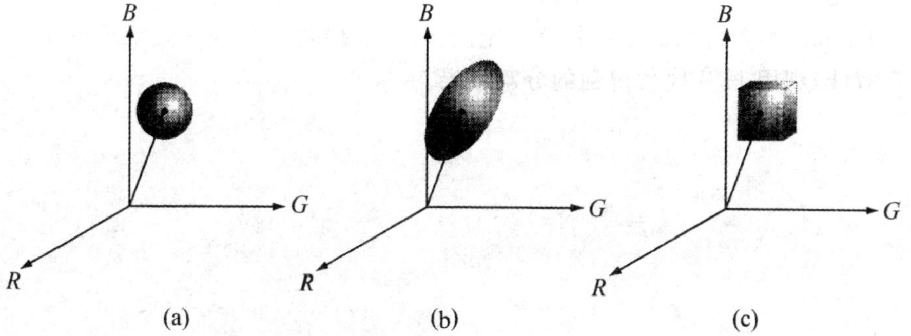

图 6-38 对于 RGB 向量分割，封闭数据范围的 3 种方法

对于相似程度的判断，欧几里得距离的一个有用推广为

$$D(\boldsymbol{z},\boldsymbol{a}) = \| \boldsymbol{z}-\boldsymbol{a} \| = [(\boldsymbol{z}-\boldsymbol{a})^T+\boldsymbol{C}^{-1}(\boldsymbol{z}-\boldsymbol{a})]^{\frac{1}{2}} \tag{6-21}$$

式中，$\boldsymbol{C}$ 为要分割的彩色样本值的协方差矩阵。$D(\boldsymbol{z},\boldsymbol{a})\leqslant D_0$ 的点的轨道描述了一个实心的三维球体[图 6-38(b)]，其具有的最大特点是，主轴在最大数据范围的方向旋转，从式(6-21)可以看出。当 $\boldsymbol{C}$ 等于单位矩阵 $\boldsymbol{I}$ 时，则 3×3 单位矩阵[式(6-21)]简化为式(6-20)。分割与前一小节所描述的类似。

因为距离是正的和单调的，所以可用距离的平方运算来代替，这样就避免了开方运算。然而，即使不计算平方根，执行式(6-21)或式(6-20)的计算代价也很高。折中方案是使用边界盒，如图 6-38(c)所示。在该方法中，盒的中心在 $\boldsymbol{a}$ 上，沿每一彩色轴的尺度选择与沿每个轴取样的标准差成比例，标准差的计算只使用一次样本彩色数据。

为了便于比较，如图 6-39 所示给出了对图 6-38(a)利用 RGB 模型进行分割的例子。其中图 6-39(a)为选择的彩色样本值区域，图 6-39(b)和图 6-39(c)分别为利用欧几里得距离和 Mahalanobis 距离得到的分割结果。

(a) 利用RGB模型分割　(b) 利用欧几里得距离分割　(c) 利用Mahalanobis分割

图 6-39　RGB 模型彩色图像分割示例

通过比较可以看出，利用欧几里得距离得到的结果较为精确，利用 Mahalanobis 距离得到的结果具有一定的扩展性，但两者分割的效果均好于图 6-37(h)利用 HSI 模型得到的分割结果。

第 7 章　图像匹配与模式识别技术

7.1　图像匹配

在图像分类识别过程中，通常需要把不同的传感器或者同一传感器在不同的时间、不同的成像条件下对同一物体获取的两幅或者多幅图像在空间上对准，或者根据已知模式到另一幅图像中寻找相应的模式，也就是用目标的特征集在图像中进行搜索，直接确定目标在图像中的位置，我们把这一过程称为匹配。

7.1.1　基于模板的匹配

要判定搜索图像中是否存在某一目标物，可以事先将该目标物从标准图像中分割提取出来，以矩阵形式表示成代表该目标物的样板，该样板就称为模板。根据该模板与一幅图像的各部分的相似度，判定其是否存在，并求得目标物在图像中的位置，这一操作就叫作模板匹配。模板匹配最基本的原则就是通过计算相关函数来找到它在被搜索图像中的坐标位置，如图 7-1 所示。

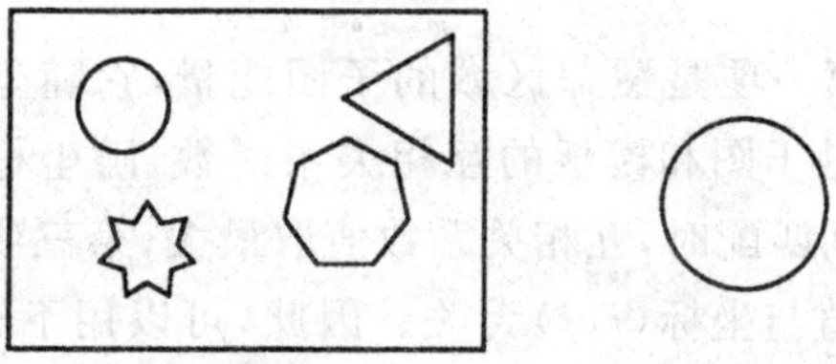

图 7-1　图像(a)与被搜索模板(b)

如图 7-2 所示，设模板为 $T(m,n)$，其大小为 $M\times N$；搜索图像为 $S(m,n)$，其大小为 $N\times N$，且 $N\geqslant M$。将模板 T 叠放在搜索图像 S 上平移，模板覆盖下的区域为子图 $S^{i,j}$，(i,j)为区域左上角点在图像 S 中的坐标，称为参考

点，可以看到

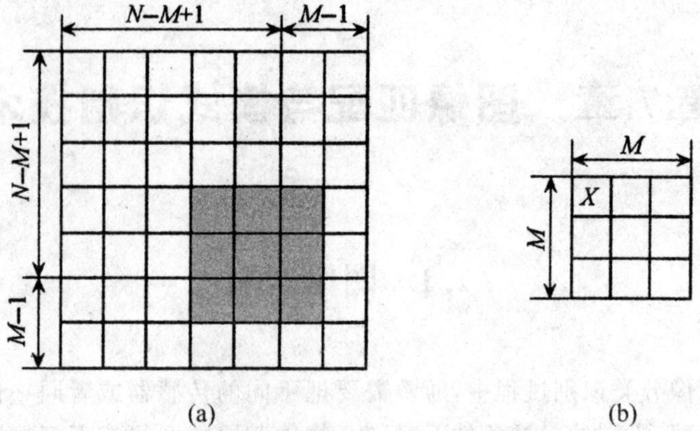

图 7-2　搜索图(a)及模板(b)

$$1 \leqslant i,j \leqslant N-M+1$$

比较 T 和 $S^{i,j}$ 的内容，若两者一致，则 T 和 $S^{i,j}$ 的差值为零。但实际应用中并非如此，一般可用下面的公式来描述 T 和 $S^{i,j}$ 的相似程度(相似性)：

$$D(i,j)=\sum_{m=1}^{M}\sum_{n=1}^{M}\left[S^{i,j}(m,n)-T(m,n)\right]^2 \tag{7-1}$$

或

$$D(i,j)=\sum_{m=1}^{M}\sum_{n=1}^{M}\left|\, S^{i,j}(m,n)-T(m,n)\,\right|$$

展开式(7-1)则有

$$D(i,j)=\sum_{m}\sum_{n}\left[S^{i,j}(m,n)\right]^2-2\sum_{m}\sum_{n}S^{i,j}(m,n)\cdot T(m,n)+\sum_{m}\sum_{n}\left[T(m,n)\right]^2 \tag{7-2}$$

式(7-2)右边第一项是覆盖区域的子图能量，它随坐标(i,j)的变化而缓慢变化；第二项是子图和模板的互相关系函数，随坐标(i,j)的变化而变化，当 T 和 $S^{i,j}$ 达到匹配时，互相关系数值取最大；第三项是常数，表示模板的总能量，它的取值与坐标(i,j)无关。因此，可以用下列的相关系数作为相似性量度

$$R(i,j)=\frac{D(i,j)\text{ 的第二}}{D(i,j)\text{ 的第一}}=\frac{\sum_{n}\sum_{n}S^{i,j}(m,n)\cdot T(m,n)}{\sum_{n}\sum_{n}\left[S^{i,j}(m,n)\right]^2}$$

或者归一化为

$$R(i,j)=\frac{\sum_{n}\sum_{n}S^{i,j}(m,n)\cdot T(m,n)}{\left(\sum_{n}\sum_{n}[S^{i,j}(m,n)]^{2}\right)^{\frac{1}{2}}\left(\sum_{n}\sum_{n}[T(m,n)]^{2}\right)^{\frac{1}{2}}}$$

上述就是模板匹配的基本原理。由于其需要逐点进行检测，所以计算量很大，要在$(N-M+1)^2$个参考位置上做相关计算，其中除了一点之外，其余的匹配过程都是在做无用功。对此，人们也提出了一些改进的快速算法，实际使用时可参考相关资料。

7.1.2　基于特征的匹配

图像匹配的计算量很大，匹配效率和精度也比较低。而在实际应用中的多数场合，我们关心的并不是目标物所在区域的所有像素，而是目标物的特征，即要在一幅图像中找到目标物，只要进行目标物特征（特征点）的匹配，就可达到目的。常用的匹配特征有特征点、字符串、形状数、惯量等效椭圆等。

特征匹配中最常用的特征点是图像中的一些特殊点，如边缘点、交界点和拐点等。特征点匹配主要步骤如下：

①选取特征点；

②特征点的匹配；

③对匹配结果进行插值。

特征匹配中的两种基本方法是字符串匹配和形状匹配。

1. 字符串匹配

字符串匹配是根据逐个符号完成的。首先将两个区域边界A和B进行分别编码，得到两个字符串。从起始点开始，如果在某个位置上编码位的数值相同，则认为这两个边界有一次匹配，设M为两字符串匹配的次数，则非匹配的次数为

$$Q=\max(\|A\|,\|B\|)-M$$

其中，$\|\mathrm{arg}\|$代表arg的字符串表达长度（符号个数），当且仅当两边界的字符串相等时，$Q=0$。

我们用一个相似性度量R来衡量两边界的近似程度，即

$$R=\frac{M}{Q}=\frac{M}{\max(\|A\|,\|B\|)-M}$$

则R越大说明两个边界的匹配程度越高。当完全匹配时R为无穷大。需要注意的是，起点的位置对计算量影响很大，因此通常需要对字符串进行归一化处理。

2. 形状匹配

形状匹配中常用的一种方法是形状数匹配法。该方法的基本原理是通过比较两个对象边界的形状数的相似程度来匹配对象。

首先定义两个区域边界的相似度为两形状数之间的最大公共形状数。设有闭合曲线 A 和 B，都用 4 链码表示，当 A 和 B 具有相同的相似度 k 时，则它们的相似度就是 k。

即 A 和 B 具有相似级别 k，当且仅当满足：

$$S_4(A)=S_4(B),S_6(A)=S_6(B),S_8(A)=S_8(B),\cdots,S_k(A)=S_k(B)$$

$$S_{k+2}(A)\neq S_{k+2}(B),S_{k+4}(A)\neq S_{k+4}(B),\cdots$$

这里 S 表示形状数，下标表示序号。

两个区域边界 A 和 B 形状数的距离 $D(A,B)$ 为其相似度的倒数，即

$$D(A,B)=\frac{1}{k}$$

则它必然满足：

①$D(A,B)\geqslant 0$；

②$D(A,B)=0$，当且仅当 $A=B$；

③$D(A,C)\leqslant \max[D(A,B),D(B,C)]$。

利用形状数匹配法进行匹配的步骤如下。

①用不同密度的网格划分边界区域，获得不同序数的形状数。

②利用相似级别 k 或相似距离 D 进行相似性判别：

a. 若使用相似级别 k，k 越大越相似；

b. 若使用相似距离 D，D 越小越相似。

7.2 统计模式识别

统计模式识别是研究每一个模式的各种测量数据的统计特性，按照统计决策理论来进行分类。统计模式识别的大致过程如图 7-3 所示。

图 7-3 中，上半部分是识别部分，即对未知类别的图像进行分类；下半部分是分析部分，即由已知类别的训练样本求出判别函数及判别规则，进而用来对未知类别的图像进行分类。图右下角部分是自适应处理（学习）部分，当用训练样本根据某些规则求出一些判别规则后，再对这些训练样本逐个进行检测，观察是否有误差。这样不断改进判别规则，直到满足要求为止。

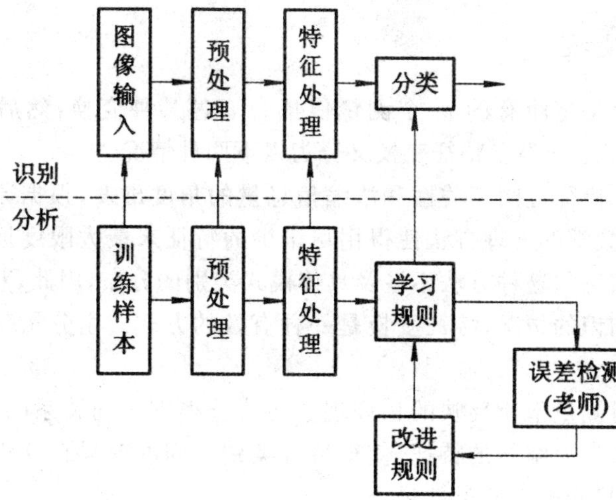

图 7-3　统计模式识别的过程

7.2.1　特征选择与特征变换

1. 特征选择

特征选择是指从原有的 m 个测量值集合中，按某一准则选择出一个 n 维（$n<m$）的子集作为分类特征。究竟选择哪些测量值作为分类特征进行分类，可使分类误差最小呢？显然应该选取区分性、可靠性、独立性好的少量特征。下面介绍两种选择法。

(1)穷举法

从 m 个原始的测量值中选出 n 个特征，一共有 C_m^n 种可能的选择。对每一种选法用已知类别属性的样本进行试分类，测出其正确分类率，分类误差最小的一组特征便是最好的选择。穷举法的优点是不仅能提供最优的特征子集，而且可以全面了解所有特征对各类别之间的可分性。但是，计算量太大，特别在特征维数高时，计算更繁。

(2)最大最小类对距离法

最大最小类对距离法的基本思想是：首先在 K 个类别中选出最难分离的一对类别，然后选择不同的特征子集，计算这一对类别的可分性，具有最大可分性的特征子集就是该方法所选择的最佳特征子集。

特征选择方法不改变原始测量值的物理意义，因此它不会影响分类器设计者对所用特征的认识，有利于分类器的设计，便于分类结果的进一步分析。

2. 特征变换

特征变换是将原有的 m 个测量值集合通过某种变换，然后产生 n 个 ($n<m$) 特征用于分类。特征变换又分为以下两种情况。

①从减少特征之间相关性和浓缩信息量的角度出发，根据原始数据的统计特性，用数学的处理方法使得用尽量少的特征来最大限度地包含所有原始数据的信息。这种方法不涉及具体模式类别的分布，因此，对于没有类别分布先验知识的情况，特征变换是一种有效的方式。主分量变换常用于这种情况。

②根据对测量值所反映的物理现象与待分类别之间关系的认识，通过数学运算来产生一组新的特征，使得待分类别之间的差异在这组特征中更明显，从而有利于改善分类效果。

7.2.2 特征测量

对图像中区域的表达有一些对应的描述参数，也常称为特征。对图像中区域描述参数的测量也常称为特征测量，并且可分为基于边界的方法和基于区域的方法。

1. 基于边界的方法

(1)轮廓的长度

轮廓的长度是一种简单的边界全局特征，它是边界所包围区域的轮廓的周长。区域 R 的轮廓 B 是由 R 的所有轮廓点按 4-方向或 8-方向连接组成的。每个轮廓点 P 应满足两个条件：

①P 本身属于区域 R；

②P 的邻域中有像素不属于区域 R。

需要注意的是，若区域 R 的内部点是用 8-方向连通来判定的，则得到的轮廓为 4-方向连通的。而如果区域 R 的内部点是用 4-方向连通来判定的，则得到的轮廓为 8-方向连通的。

可分别定义 4-方向连通轮廓 B_4 和 8-方向连通轮廓 B_8 如下：

$$B_4=\{(x,y)\in R \mid N_8(x,y)-R\neq 0\}$$

$$B_8=\{(x,y)\in R \mid N_4(x,y)-R\neq 0\}$$

若轮廓已用单位长链码表示，则水平和垂直码的个数加上$\sqrt{2}$乘以对角码的个数就是边界长度。

周长可以简单地通过计算物体边界上相邻像素的中心距的累加和得

到。也就是说，对物体周长的计算可以简单地通过轮廓线的像素数而得到。但由于在倾斜方向，会产生如图 7-4 所示的数字图像特有的误差，所以要乘以$\sqrt{2}$加以修正。

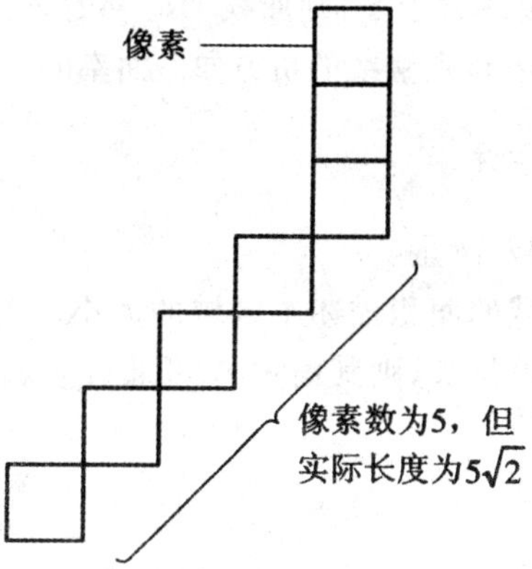

图 7-4　周长计算的修正

当然更为有效的办法是从图像的物体边界链码中计算得到周长。如图 7-5(a)所示是最小周长多边形轮廓，其 4-方向连通轮廓如图 7-5(b)所示，其 8-方向连通轮廓如图 7-5(c)所示。因为 4-方向连通轮廓上共有 18 个直线段，所以轮廓长度为 18。而 8-方向连通轮廓上共有 14 个直线段和 2 个对角线段，所以轮廓长度约为 16.8。

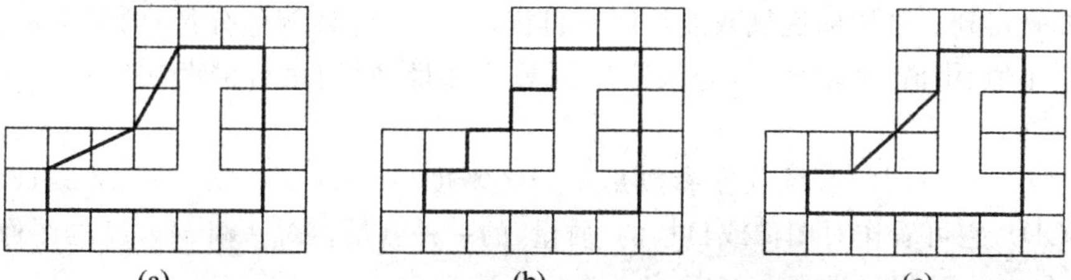

图 7-5　边界链码法计算物体边界周长

(2)边界的直径

边界的直径是边界上相隔最远的两点之间的距离，即这两点之间的直连线段长度。有时这条直线也称为边界的主轴或长轴(与此垂直且最长的与边界的两个交点之间的线段也叫边界的短轴)。边界 B 的直径$\mathrm{Dia}_d(B)$可由下式计算：

$$\mathrm{Dia}_d(B)=\max_{i,j}[D_d(b_i,b_j)]$$

式中，$b_i,b_j\in B$；$D_d(\cdot)$可以是任一中距离量度，如 $D_E(\cdot)$。

(3)斜率、曲率和角点

斜率能表示轮廓上各点的指向,曲率是斜率的改变率,它描述了轮廓上各点沿轮廓方向变化的情况。在一个给定的轮廓点,曲率的符号描述了轮廓在该点的凹凸性。若曲率大于零,则曲线凹向朝着该点法线的正向;若曲率小于零,则曲线凹向朝着该点法线的负方向。曲率的局部极值点称为角点。

2.基于区域的方法

(1)区域基本参数及测量

①区域面积。区域的面积描述了区域的大小。对一个区域 R 来说,设正方形像素的边长为单位长,则其面积 A 可通过对属于区域的像素个数进行计数得到,即

$$A=\sum_{(x,y)\in R}1$$

②区域重心。区域重心点的坐标是根据所有属于区域的点计算出来的,即

$$\bar{x}=\frac{1}{A}\sum_{(x,y)\in R}x$$

$$\bar{y}=\frac{1}{A}\sum_{(x,y)\in R}y$$

尽管区域各点的坐标总是整数,但区域重心的坐标常不为整数。

③区域灰度和积分光密度。目标的灰度特性要结合原始灰度图和分割图来得到。常用的区域灰度特征有目标灰度(或各种颜色分量)的最大值、最小值、中值、平均值、方差及高阶矩等统计量,它们也可借助灰度直方图得到。

一种常用的区域灰度参数是积分光密度(Integrated Optical Density, IOD),它可看作对图像或目标的"质量"的一种测量。对一幅 $M\times N$ 的图像 $f(x,y)$,其积分光密度 IOD 定义为

$$\mathrm{IOD}=\sum_{x=0}^{M-1}\sum_{y=0}^{N-1}f(x,y)$$

若设图像的直方图为 $H(\cdot)$,图像的灰度级数为 G,则根据直方图的定义,有

$$\mathrm{IOD}=\sum_{k=0}^{G-1}kH(k)$$

即积分光密度时直方图的灰度加权和。

④拓扑描述符合欧拉数。欧拉数是一种区域的拓扑描述符。拓扑学是研究图形不受畸变变形(不包括撕裂或粘贴)影响的性质。区域的拓扑性质

既不依赖距离，也不依赖基于距离测量的其他特性。

欧拉数描述的是区域的连通性。对一个给定的平面区域来说，区域内的孔数 H 和区域内的连通组元(其中任意两点可用完全在内部的曲线相连接的点的集合)的个数 C 可被进一步用来定义欧拉数 E，即

$$E=C-H$$

(2)区域形状参数及测量

①形状参数。形状参数 F 是根据周长和面积计算出来的，即

$$F=\frac{\|B\|^2}{4\pi A}$$

由上式可见，一个连续区域为原形时 $F=1$，而当区域为其他形状时 $F>1$。

形状参数在一定程度上描述了一个区域的紧凑性，它没有量纲，所以对区域尺度的变化不敏感。除掉由于离散区域旋转带来的误差，它对旋转也不敏感。

在有些情况下，仅靠形状参数 F 并不能把不同形状的区域分开。如图 7-6 所示给出了一个例子。

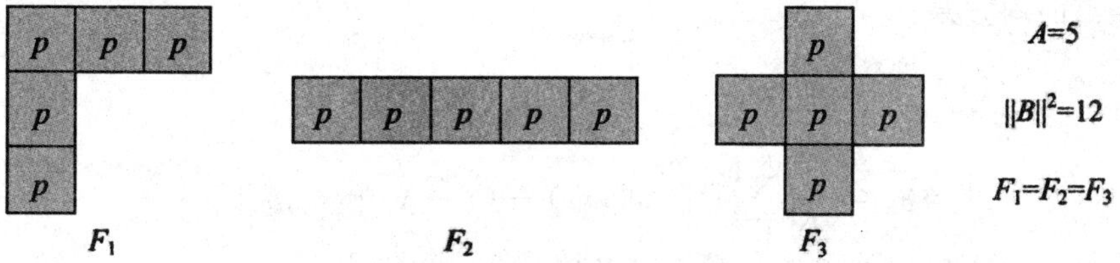

图 7-6　区域形状参数 F 相同而形状不同的实例

②偏心率。偏心率 E 也叫作伸长度，它也在一定程度上描述了区域的紧凑性。设目标区域放在 XY 平面上，区域像素点绕 X 轴的转动惯量为 A，绕 Y 轴的转动惯量为 B，惯性积为 C。目标区域长短主轴的长度分别是 p 和 q，它们的计算公式为

$$p=\sqrt{\frac{2}{(A+B)+\sqrt{(A-B)^2+4C^2}}}$$

$$q=\sqrt{\frac{2}{(A+B)-\sqrt{(A-B)^2+4C^2}}}$$

区域的偏心率可由 p 和 q 的比值得到。

③球状性。球状性 S 的定义为

$$S=\frac{r_i}{r_c}$$

式中，r_i 代表区域内切圆的半径，r_c 代表区域外接圆的半径。两个圆的圆心

都在区域的重心上，如图 7-7 所示。

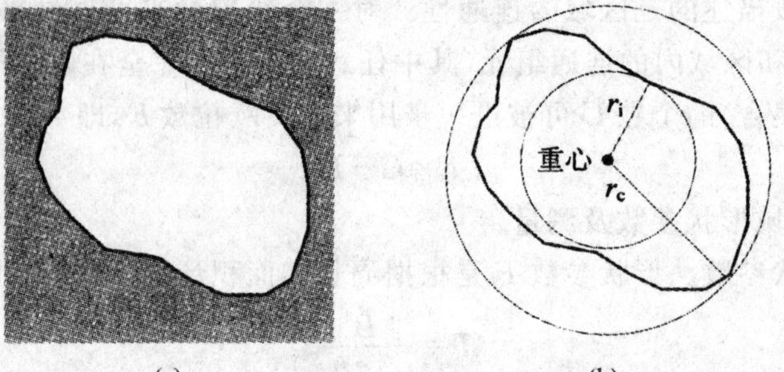

图 7-7　球状性示意图

球状性的值在区域为圆时达到最大($S=1$)，而当区域为其他形状时则 $S<1$。

④圆形性。圆形性 C 是一个用区域 R 的所有边界点定义的特征量，即

$$C=\frac{\mu_R}{\sigma_R}$$

式中，μ_R 为从区域重心到边界点的平均距离；σ_R 为从区域重心到边界点的距离的均方差。

$$\mu_R=\frac{1}{K}\sum_{k=0}^{K-1}\|(x_k,y_k)-(\bar{x},\bar{y})\|$$

$$\sigma_R^2=\frac{1}{K}\sum_{k=0}^{K-1}\left[\|(x_k,y_k)-(\bar{x}-\bar{y})\|-\mu_R\right]^2$$

特征量 C 在区域 R 趋向圆形时是单增且趋向无穷的。

表 7-1 给出了一些简单几何形状区域描述符的数值。

表 7-1　简单几何形状区域描述符的数值

物体	F	E	S	C
正方形(边长为 1)	$4/\pi(\approx1.273)$	1	$\sqrt{2}/2(\approx0.707)$	9.102
正六边形(边长为 1)	1.103	1.010	0.866	22.613
正八边形(边长为 1)	1.055	1	0.924	41.616
长为 2、宽为 1 的长方形	1.432	2	0.447	3.965
长轴为 2、短轴为 1 的椭圆	1.190	2	0.500	4.412

(3)区域纹理参数及测量

从直观来说，纹理描述可提供区域的平滑、稀疏、规则性等特性。常用的三种纹理描述方法是统计法、结构法和频谱法。下面仅讨论统计法。

统计法描述纹理常借助区域灰度的共生矩阵来进行。设 S 为目标区域 R 中具有特定空间联系的像素对的集合，则共生矩阵 $\boldsymbol{P}$ 可定义为

$$\boldsymbol{P}(g_1,g_2)=\frac{\#\{[(x_1,y_1),(x_2,y_2)]\in S \mid f(x_1,y_1)=g_1 \,\&\, f(x_2,y_2)=g_2\}}{\#S}$$

式中，等号右边的分子是具有某种空间关系、灰度值且分别为 g_1 和 g_2 像素对的个数，分母为像素对的总个数(#代表数量)。这样得到的 $\boldsymbol{P}$ 是归一化的。

7.2.3　统计分类法

统计分类法可以分为监督分类法和非监督分类法。

1. 监督分类法

如图 7-8 所示，监督分类法就是根据预先已知类别的训练样本，求出各类在特征空间的分布，然后利用它对未知数据进行分类的方法。

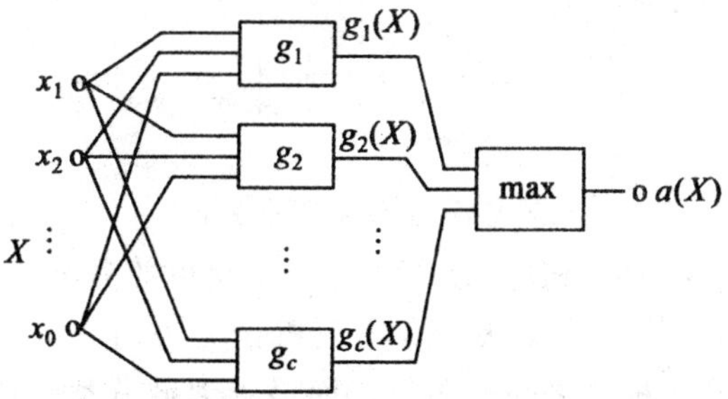

图 7-8　监督分类法

分类如下：

①根据类别名选定训练样本，求各类特征矢量分布的判别函数 $g_1 \sim g_c$ (c 为类别数)，这一过程称为学习；

②对于待分类的特征矢量(或称模式) $X=(x_1,x_2,\cdots,x_n)$，计算各判别函数的值 $g_1(X) \sim g_c(X)$；

③在 $g_1(X) \sim g_c(X)$ 中选择最大者，把模式 X 分到这一类中。

换句话说，监督分类法就是根据训练样本把特征空间分割成对应于各类的区域，如图 7-9 所示，输入未知模式，研究这一特征矢量进到哪一个区域，就将区域的类别名赋予该种模式。一般类别 i 和 j 的区域间的边界以

$g_i(X)=g_j(X)$表示。在类别 i 的区域内，$g_i(X)>g_j(X)$；在类别 j 的区域内，$g_i(X)<g_j(X)$。

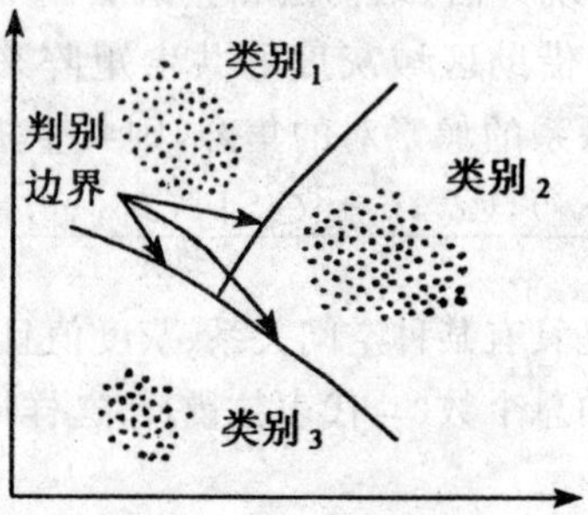

图 7-9 特征空间分割

常用的判别函数如下所示。

(1)距离函数

使用的距离判别函数有：

$$\left|\sum_{i=1}^{n}(x_i-y_i)^2\right|^{\frac{1}{2}}$$

L 距离：

$$\sum_{i=1}^{n}|x_i-y_i|$$

相似度：

$$X\cdot Y/\|X\|\cdot\|Y\|$$

采用距离作为判别函数的分类法是一类简单的分类法，常用的有最小距离分类法和最近邻域分类法。最小距离分类法用一个标准模式代表一类，所求距离是两个模式之间的距离。而最近邻域分类法用一组标准模式代表一类，所求距离是一个模式同一组模式间的距离。如图 7-10 所示，求出与模式 X 最近的训练样本或者各类的平均值，并把 X 分到这一类中。

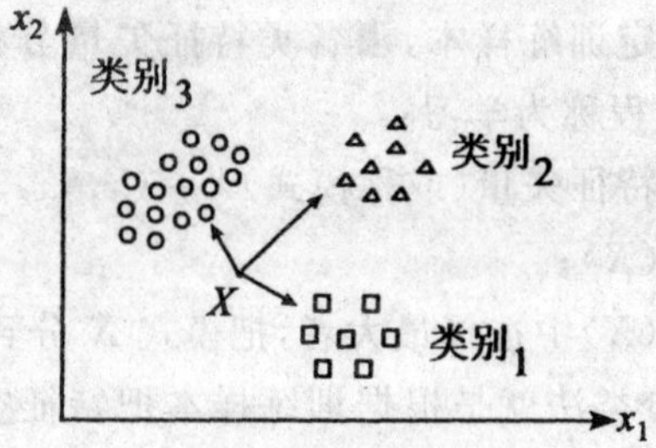

图 7-10 最近邻域分类

如图 7-11(a)和图 7-11(b)所示分别表示使用与类别的平均值和与各个训练样本的距离的场合,可见二者判别边界的不同之处在于前者判别边界为直线,而后者则为复杂的曲线。

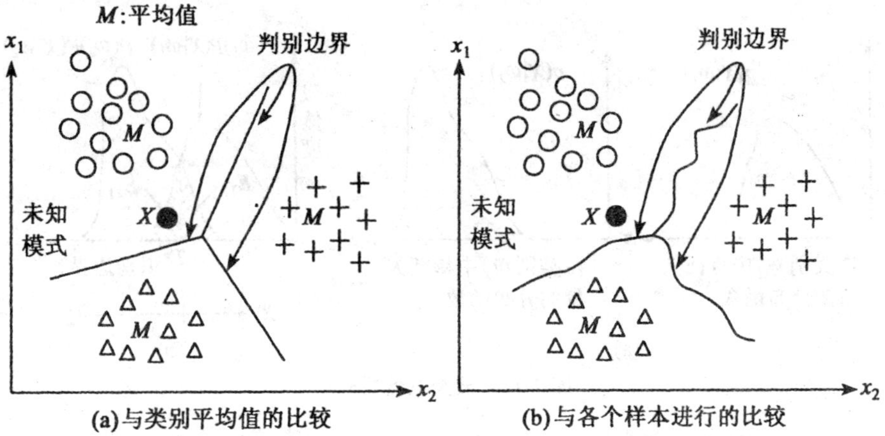

图 7-11　最近邻域分类

(2)线性判别函数

线性判别函数是应用较广的一种判别函数,它是图像所有特征量的线性组合。即

$$g(X)=a\cdot X+b$$

采用线性判别函数进行分类时,一般将 m 类问题分解成 $(m-1)$ 个两类识别问题。方法是先把特征空间分为一类和其他类,如此进行下去即可。而两类线性分类是最简单、最基本的。其中,线性判别函数的系数可通过样本试验来确定。

(3)统计决策理论

设 $p(X|\omega_i)$ 为在某一类别 ω_i 的特征矢量分布的函数,它是把模式 X 分类到最大的类别中的分类方法。即

$$g_i(X)=p(\omega_i|X)=p(X|\omega_i)P(\omega_i)$$

式中,$P(\omega_i)$ 表示类别 ω_i 的模式以多大的概率被观测到的情况,称为先验概率;$p(X|\omega_i)$ 表示条件概率密度函数,$p(\omega_i|X)$ 表示在观测模式 X 的时候,这个模式属于类别 ω_i 的确定度(似然度)。这一方法叫作最大似然法。理论上为误差最小的分类法。

例如,在一维特征空间的场合,如图 7-12 所示,用某一值 T 把特征空间分割成两个区域(类别)时,产生的误会分类概率可由图 7-12(b)中画有斜线的部分的面积来表示。即

$$P_E = E_{12} + E_{21} = \int_{-\infty}^{T} P(\omega_2)p(X \mid \omega_2)\mathrm{d}x + \int_{T}^{+\infty} P(\omega_1)p(X \mid \omega_1)\mathrm{d}x$$

这里，E_{12} 表示类别 ω_2 的模式误分类到类别 ω_1 的概率。E_{21} 则表示类别 ω_1 的模式误分类到类别 ω_2 的概率。

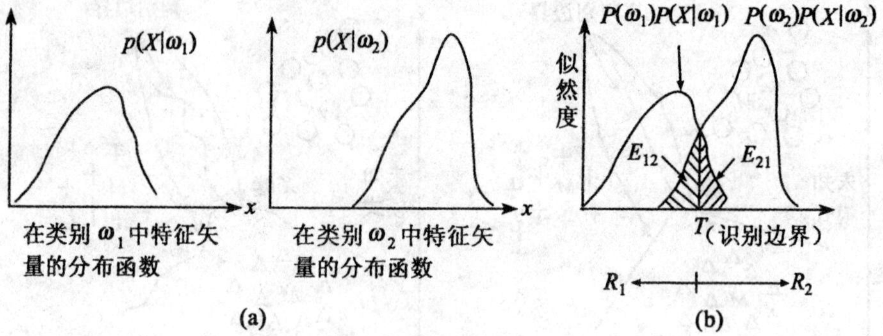

图 7-12　最大似然法分类

这一误分类概率随 T 的位置而发生变化，在 $P(\omega_1)p(X|\omega_1)=P(\omega_2)p(X|\omega_2)$ 的位置上确定 T 时，P_E 为最小。也就是说，如果 $P(\omega_1)p(X|\omega_1)>P(\omega_2)p(X|\omega_2)$，则把 X 分类到类别 ω_1 中，否则分类到 ω_2 中，误分率为最小。

为了使用最大似然法，必须预先求出 $P(\omega_i)$ 和 $p(X|\omega_i)$。$P(\omega_i)$ 是类别 ω_i 被观测的概率，所以是可以预测的。另外，$p(X|\omega_i)$ 表示在类别 ω_i 的特征矢量分布的函数，是不易求得的。因此，通常假定它为如下正态分布：

$$p(X \mid \omega_i) = (2\pi)^{-\frac{n}{2}} \left|\Sigma_i\right|^{-\frac{1}{2}} \exp\left[-\frac{1}{2}(X-U_i)^T\Sigma_i^{-1}(X-U_i)\right]$$

式中，平均值 U_i 和协方差矩阵 Σ_i 可从训练样本计算得到。从 n 个训练样本 $\{X_1,X_2,\cdots,X_n\}$ 计算平均值 U 和协方差矩阵 Σ 的表达式为

$$U = \frac{1}{n}\sum_{i=1}^{n} X_i = [\mu_1,\mu_2,\cdots,\mu_n]^{\mathrm{T}}$$

$$\Sigma = \begin{bmatrix} \sigma_{11} & \sigma_{12} & \cdots & \sigma_{1m} \\ \sigma_{21} & \sigma_{22} & \cdots & \sigma_{2m} \\ \vdots & \vdots & & \vdots \\ \sigma_{m1} & \sigma_{m2} & \cdots & \sigma_{mm} \end{bmatrix}$$

$$\sigma_{ij} = \frac{1}{n-1}\sum_{n-1}^{n}(x_{ki}-\mu i)(x_{kj}-\mu_j)(i,j=1,2,\cdots,m)$$

在假设特征矢量为正态分布的前提下，为了使最大似然法计算简化，常把似然度函数 $P(\omega_i)p(X|\omega_i)$ 用其对数 $\log P(\omega_i)+\log p(X|\omega_i)$ 来代替。

因为对数函数是单调函数,所以采用对数似然函数分类并不影响分类结果。

使用最大似然法分类,在特征空间的判别边界为二次曲面。但若不对各种类别的特征矢量是否形成正态分布进行检查,最大似然分类法多半会产生误分类,甚至出现不能使用的情况。

2. 非监督分类法

在监督分类法中,类别名已知的训练样本是预先给定的。而非监督分类方法是在无法获得类别先验知识的情况下,根据模式之间的相似度进行分类,将相似性强的模式归为同一类别。正因为利用这种“物以类聚”的思想,非监督分类方法又称为聚类分析。由于这种方法完全按模式本身的统计规律分类,所以显得格外有用。

此外,聚类分析还有可能揭示一些尚未察觉的模式类别及其内在硅铝层。对于模式不服从多维正态分布或者概率密度函数具有多重模态(即不止一个最大值的情况)时,聚类分析也表现出独到的价值。

7.3 结构模式识别

结构(句法)模式识别注重模式结构,采用形式语言理论来分析和理解,对复杂图像的识别有独到之处。

7.3.1 结构模式识别的原理

结构模式识别也称为句法模式识别。句法是描述语言规则的一种法则。一个完整的句子一定由主语+谓语或主语+谓语+宾语(或表语)的基本结构构成;一种特定的语言,一定类型的句子,应有一定的结构顺序。无规则的任意组合,必然达不到正确的思想交流。形容词、副词、冠词等可以与名词、动词构成“短语”,丰富句子要表达的思想内容。而这短语的构成也是有特定规律的。用一个树状结构来描述一个句子,如图7-13所示。

只有按照上述层状结构规则(或称为写作规则)才能组合成一定规则的句子,读者或听众才能正确理解你所表达的思想。

自然句法规则的思想怎样用于模式识别呢?自然界的景物组合是千变万化的,但仔细分析某一对象的结构,也存在一些不变的规则。分析图7-14 (a)所示的一座房子。

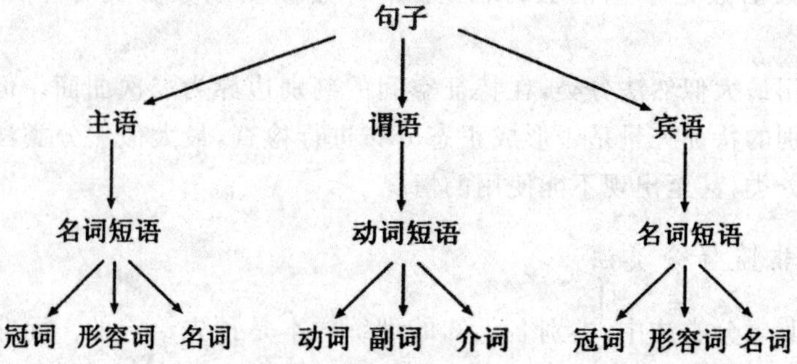

图 7-13 句子的层状结构

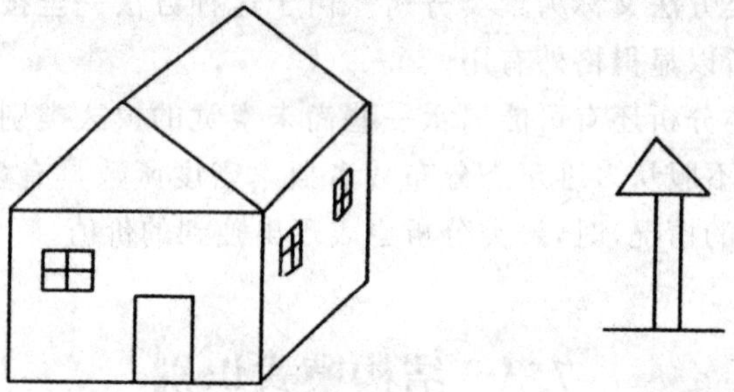

(a)房子 (b)树

图 7-14 房子和树

这座房子一定是由屋顶和墙面构成的，组成屋顶的几何图像，可以是三角形、梯形、四边形、圆形等，组成墙平面的几何图像也是由矩形、平行四边形(透视效果)等构成，至少有一个墙面应该有门，而窗在高度上不低于门。此外，还可以进一步提出一些用来刻画构成一栋房子的规则，如屋顶一定在墙面之上，且由墙面支承等。

一栋房子的这些规则就像构成一个句子的句法规则一样，是不能改变的。若将描述房子的规则(构成一栋房子的模式)存于计算机，如果我们的任务是要在一张风景照照片上去识别有无房子，则可按照照片上所有景物的外形匹配是否符合房子的模式(房子构成规则)。符合房子模式的就输出为“有房子”；否则，输出“无房子”。

若风景照片上有一棵树，如图 7-14 (b)所示，尽管顶部有三角形存在，也能寻找到一个支撑的矩形，但却找不到有“门”存在，这不符合一栋房子的结构规则，因而不会把它当作一栋房子。

可见，结构模式识别是以形式语言为理论基础的。它将一个复杂的模式分解成一系列更简单的模式(子模式)，对子模式继续分解，最后分解成最简单的子模式(或称基元),借助于一种形式语言对模式的结构进行描述,从而识别图像。模式、子模式、基元类似于英文句子的短语、单词、字母,这种识别方法类似于语言的句法结构分析,因此称为句法模式识别。

句法模式识别系统框图如图 7-15 所示,它由识别和分析两部分组成。

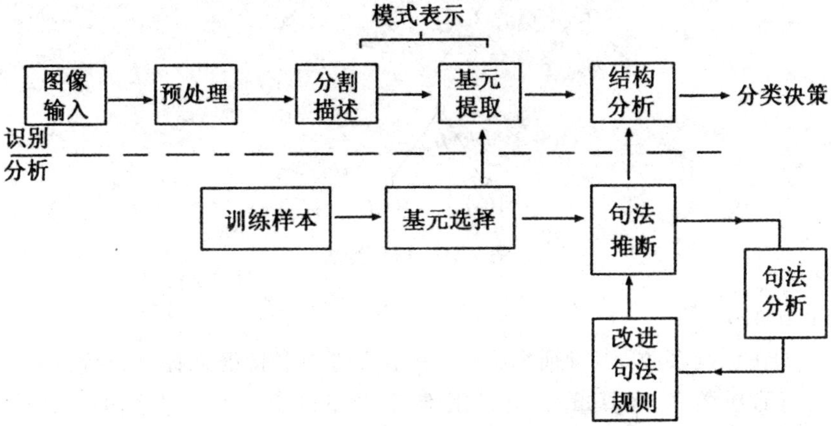

图 7-15　结构模式识别系统框图

识别部分包括图像输入预处理、分割描述、基元提取和结构分析。预处理主要包括编码、增强等系列操作。结构分析是用学习所得的句法规则对未知结构信息的图像所表示的句子进行句法分析。若能够被抑制结构信息的句法分析出来,则这个未知图像就有这种结构信息,否则,就不具有这种结构。

分析部分包括基元的选择和句法推断。分析部分是用一些已知结构信息的图像作为训练样本,构造出一些句法规则。它类似于统计分类法中的"学习"过程。

7.3.2　树分类法

树分类法根据树形分层理论,将未知数据归属于某一类的分类方法,如图 7-16 所示是一个 n 类问题的树分类器。

首先,把集合$\{C_1, C_2, \cdots, C_n\}$根据特征 f_1 分成两组:$\{C_1, C_2, \cdots, C_{n_1}\}$和$\{C_{n_1+1}, C_{n_1+2}, \cdots, C_n\}$。其次,用特征 f_2 进一步将$\{C_1, C_2, \cdots, C_{n_1}\}$分成两组,用特征 f_3 将$\{C_{n_1+1}, C_{n_1+2}, \cdots, C_n\}$分成两组。如此不断地进行二分法处理,最终分别达到唯一的种类为止。这是基于二叉树的分类法。

树分类器对识别多类、多特征的图像的优点更为明显,主要体现在以下

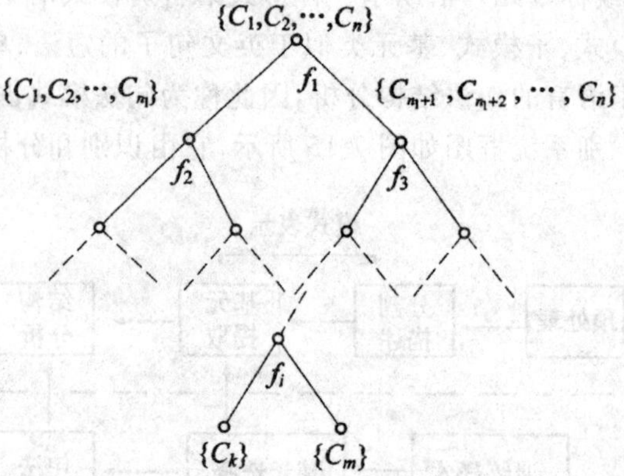

图 7-16　树分类法

几个方面。

①在识别多类、多特征图像时，总是希望用多特征来提高正确分类率。这样导致维数高、运算量大、处理困难，甚至不可能实现。但是，若用树分类器，每次判定只选用少量的特征，而不同的特征又可在不同的判定中发挥作用，维数的问题就显得不突出了。

②树分类器每次判定比较简单，尽管判定次数增多，但判定一个样本所属类别的总计算量并不一定增加。

设计树分类器时，必须考虑树的结构，使之用最少的特征和尽可能少的段数达到最终的判决。对出现非常多的类别，要尽可能缩短判决的段数，而出现很少的类别，判决段数可长些。但平均起来，希望判决段数最小。可是，问题的关键在于能否找到一个特征 f_n，作为分类树最终阶段区别 C_n 和 C_{n-1} 的特征。在整个分类树中能否发现这样的特征，只有根据所给定的情况试验决定。

树分类器虽然判决简单，容易用机器实现，但是，若从"树根"就产生判决错误，则以后将无法纠正这个错误判决。它不能像统计决策理论那样，平等使用全部特征进行最佳判断。所以，在靠近树根处必须选择抗噪声的、稳定可靠的特征。

分类树做出后，便可以在序贯决策的图像识别上使用，即使用沃尔德（Wald）序贯概率比检定法。该法是图像识别中一个很有用的方法。它对图像的特征不是一次全部使用完，而是逐步地使用。每用一些特征时，就判断某一图像是属于哪一类。当判断出它属于哪一类时，判断就停止。若在此阶段用这些特征不能做出判断，即不能判断它属于哪一类，则必须增加一些特征，再进行判断。这样不断地重复下去，一直到能做出判决为止。使用这种方法能尽量减少使用特征的个数，从而减少计算量而增加速度。

7.4　模糊模式识别

7.4.1　模糊子集

1965 年 Zadeh 提出了如下模糊子集的定义：给定论域 U 上的一个模糊子集 A，是指对于任意 $u \in U$，都确定了一个数 $\mu_A(u)$，称 $\mu_A(u)$ 为 u 对 A 的隶属度，且 $\mu_A(u) \in [0,1]$。

映射：$\mu_A : U \rightarrow [0,1]$

$u \rightarrow \mu_A(u)$ 叫作 A 的隶属函数。

模糊子集完全由其隶属函数所刻画。

当 μ_A 的值域为 $\{0,1\}$ 时，μ_A 蜕化为一个普通子集的特征函数，A 便蜕化成一个普通子集。普通子集是模糊子集的特殊形态。

如果把论域 U 上全部模糊子集所组成的集合记作 $F(U)$，则有 $F(U) \supseteq P(U)$。其中，$P(U)$ 是 U 的幂集。

当 $A \subseteq F(U) - P(U)$ 时，A 叫作真模糊子集。此时，至少存在一元素 u_0，使 $\mu_A(u_0) \notin \{0,1\}$。

例 7.1　如图 7-17 所示，$U = \{a,b,c,d\}$，对 U 的每一元素指定一个它对“圆形”的隶属度，设为

$$\mu_A(a) = 1, \mu_A(b) = 0.9$$

$$\mu_A(c) = 0.5, \mu_A(d) = 0.2$$

这样便分别表征了它们对于“圆形”的隶属程度。

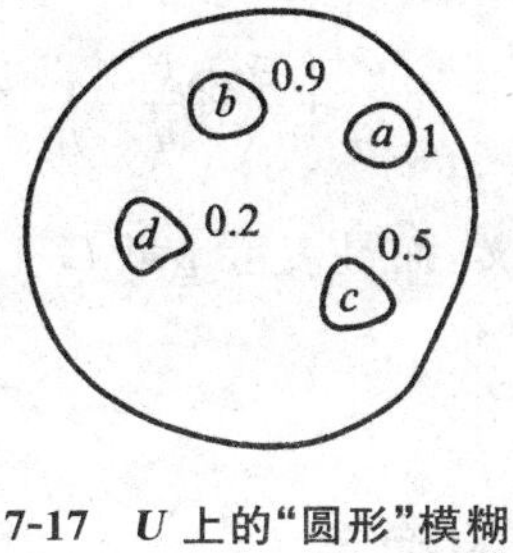

图 7-17　U 上的“圆形”模糊集

当论域 U 是有限集时，可用向量来表示模糊子集 A，对于上例可写成 $A = (1, 0.9, 0.5, 0.2)$。

也可以采用 Zadeh 的表示法，即

$$A=\frac{1}{a}+\frac{0.9}{b}+\frac{0.5}{c}+\frac{0.2}{d}$$

上式右端并不是分式求和，而是一种标记法。分母位置放的是论域 U 中的元素，分子位置放相应元素的隶属度。当某一元素的隶度为 0 时，这一项可以不记入。

也可以采用另一种标记法，即

$$A=\{(1,a),(0.9,b),(0.5,c),(0.2,d)\}$$

例 7.2 以年龄作论域，取 $U=[0,200]$，Zadeh 给出了“年老”与“年轻”这两个模糊集 O,Y 的隶属函数如下：

$$\mu_O(u)=\begin{cases}0, 当\ 0\leqslant u<50\\ \left[1+\left(\dfrac{u-50}{5}\right)^{-2}\right]^{-1}, 当\ 50\leqslant u\leqslant 200\end{cases}$$

$$\mu_Y(u)=\begin{cases}1, 当\ 0\leqslant u<25\\ \left[1+\left(\dfrac{u-2.5}{5}\right)^{-2}\right]^{-1}, 当\ 25\leqslant u\leqslant 200\end{cases}$$

隶属函数曲线如图 7-18 所示。

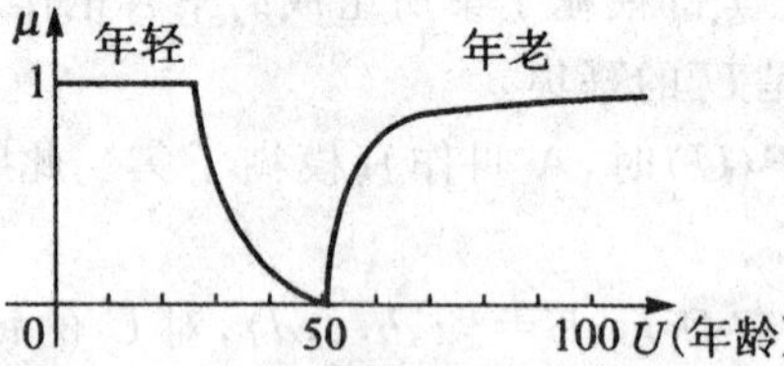

图 7-18 “年轻”“年老”的隶属函数曲线

在这个例子中，U 是一个连续的实数区间，U 的模糊子集便可用普通的实函数来表示，当 U 从有限论域推广到一般时，可采用 Zadeh 的标记法，即

$$A=\int_U\left(\frac{\mu_A(u)}{u}\right)$$

这里“$\int$”已没有积分的意义，而是表示论域 U 上的各元素 u 与其对应的隶属度 $\mu_A(u)$ 的总体。

7.4.2 隶属函数的确定

隶属度是模糊集合赖以建立的基石，要确定恰当的隶属函数并不容易，迄今仍无一个“放之四海而皆准”的法则可遵循。这需要对被描述的概念有足够的了解，一定的数学技巧，而且还包括心理测试的进行与结果的运用。

随机性是因果律的一种破缺。在那里事件本身具有明确的含义，只是由于条件不完全，使得在条件与事件间不能出现决定性的因果关系。概率论的运用，得以从随机性中把握广义的因果律——概率规律。

模糊性则是排中律的一种破缺，在这里由于概念本身没有明确的外延，故而某一对象是否符合这一概念的划分，就有不确定性，模糊数学正是从这一不确定性（模糊性）中确立广义的排中律——隶属规律。

下面讨论一下模糊统计法和二元对比排序法。

1.模糊统计法

在某些场合下，隶属度可用模糊统计的方法来确定。读者对于概率统计当然是熟悉的，建议在阅读下面介绍的模糊统计时，将它与概率统计的异同作一比较，以加深理解。

模糊统计试验，有四个要素：

①论域 U，如人的集合；

② U 中的一个元素，如李平；

③ U 中一个边界可变的普通集合 A^*，如“高个子”，A^* 联系于一个模糊集 A 及相应的模糊概念 α；

④条件 s，它联系着按概念 α 所进行的划分过程的全部主客观因素，它制约着 A^* 边界的改变，例如，不同试验者对“高个子”的理解。

模糊性产生的根本原因是：s 对按概念 α 所做的划分引起 A^* 的变异，它可能覆盖了 u_0，也可能不覆盖 u_0，这就导致 u_0 对 A^* 的隶属关系不确定。例如，有的试验者认为李平是“高个子”，但有的试验者认为他不是。

模糊统计试验的基本要求是在每一次试验下，要对 u_0 是否属于 A^* 做一个确切的判断，做 n 次试验（即让 n 位试验者对李平是否属于“高个子”做判断），就可算出 u_0 对 A 的隶属频率，即

$$u_0 \text{ 对 } A \text{ 的隶属频率} \triangleq \frac{u_0 \in A}{n}(\text{次数})$$

式中，$\triangleq$ 这一记号表示“记作”“定义为”。

许多试验证明，随着 n 的增大，隶属频率呈现稳定性，被称为隶属频率稳定性，频率稳定所在的数值叫 u_0 对 A 的隶属度。即有

$$\mu_A(u_0) = \lim_{n \to \infty} \frac{u_0 \in A}{n}(\text{次数})$$

上例中如果在100位试验者中有90位认为李平是“高个子”，则可认为

$\mu_{高个子}$(李平)＝0.9,即李平对于“高个子”的隶属度为0.9。

用模糊统计这一方法,对“青年人”这一概念是适宜的年龄做抽样试验,得到很好的结果,如图7-19所示。

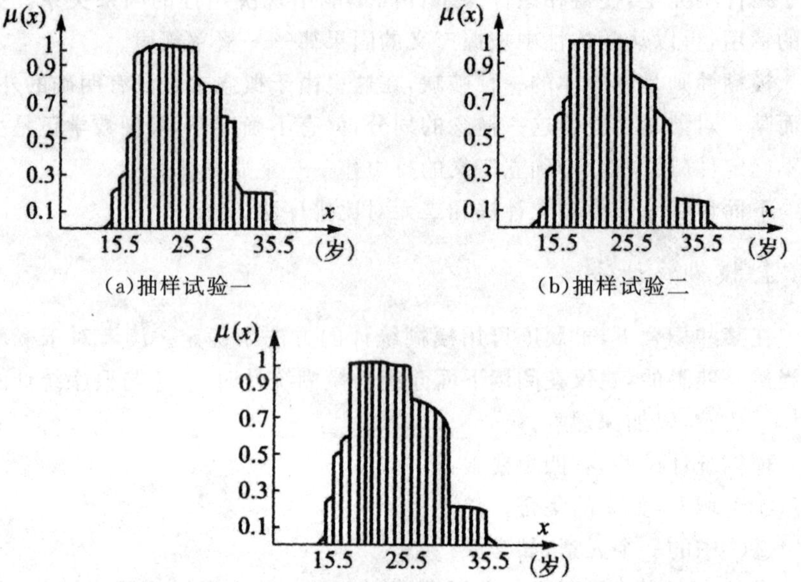

(a)抽样试验一　(b)抽样试验二　(c)抽样试验三

图7-19　“青年人”的年龄隶属函数曲线

2.二元对比排序法

人们习惯于从两事物的对比中,做出它们对某一概念符合程度的判断,例如,说茶花比月季花好看。可惜这种判断往往不满足数学上对“序”的要求,往往不具有传递性,而出现循环的现象。例如,今天认为甲花比乙花好看,乙花比丙花好看,但当明天单独将甲、丙两种花放在一起时,很可能认为丙花比甲花好看。问题恰恰是因为“好看”这一模糊概念引起的,影响“好看”与否的因素太多。

但二元对比毕竟是区别事物的重要方法,下面介绍据此建立隶属函数的途径。

(1)择优比较法

此法可以通过下例说明。

例7.3　求茶花、月季、牡丹、梅花、荷花对“好看的花”的隶属度。

选10名试验者,令他们逐次对两种花做对比,并赋予优胜者1分,失败者0分,故每一试验者需做C_5^2＝10次对比,设某一试验者的对比结果如表

7-2 所示，则累计 10 位试验者的结果便可求出该种花的总得分，从而得到该种花对“好看的花”的隶属度，如表 7-3 所示。

表 7-2　一位试验者的二元对比结果

优胜＼失败	茶花	月季	牡丹	梅花	荷花	得分
茶花		1	0	1	0	2
月季	0		0	1	0	1
牡丹	1	1		1	0	3
梅花	0	0	0		0	0
荷花	1	1	1	1		4

表 7-3　5 种花对“好看的花”的隶属度

名称	总得分	隶属度
茶花	23	0.23
月季	18	0.18
牡丹	20	0.20
梅花	15	0.15
荷花	24	0.24

(2)相对比较法

设欲对论域 U 中的元素 $x,y,\cdots$ 按某种特性排序，先在两两元素的对比中建立比较值，例如，取元素 x、y 做比较，则得到比较值 $f_y(x)$、$f_x(y)$，其意义为：如果 x 与 y 对比，x 具有某特性的程度具有值 $f_y(x)$；则 y 与 x 对比，y 具有该特性的程度具有值 $f_x(y)$。

例如，长子与次子相比较，如果把长子具有与父亲的相似程度 $f_y(x)$ 定为 0.8，则可把次子具有与父亲相似的程度 $f_x(y)=0.5$，这里 0.8、0.5 均不是他们与父亲相似程度的绝对度量，而是说如果长子像父亲八分的话，则次子像父亲仅五分。当然如果把长子像父亲定为九分，则次子像父亲也可能有六分。

在这种两元素相对比较取值基础上，可通过一定算法得到总体排序。

例 7.4　某人有长、次、幼三子(分别记作 x、y、z)，且有与父亲的相对相似程度为

$$[f_y(x),f_x(y)]=(0.8,0.5)$$
$$[f_z(y),f_y(z)]=(0.4,0.7)$$
$$[f_x(z),f_z(x)]=(0.3,0.5)$$
$$f_x(x)=f_y(y)=f_z(z)=1$$

求它们的总体排序

为此令

$$f(x/y)=\begin{cases}f_y(x)/f_x(y), & f_y(x)\leqslant f_x(y)\\ 1, & f_y(x)>f_x(y)\end{cases}$$

则可得相及矩阵

$$\begin{bmatrix}1 & 1 & 1\\ 5/8 & 1 & 4/7\\ 3/5 & 1 & 1\end{bmatrix}$$

在相及矩阵每行中取最小值，得向量

$$\begin{bmatrix}1\\ 4/7\\ 3/5\end{bmatrix}$$

则其排序为长、幼、次（按与父亲的相似程度递减排序）。

(3)推理法

在某些应用场合下，隶属度函数可作为一种推理的产物出现。例如，评价一封闭曲线的圆度，可根据该封闭曲线的周长相对于内切圆周长的裕度来评价。又如，根据某一线段与水平线的交角来分辨横、竖、撇、捺等。

设计者在不同的应用场合，可根据不同的数学物理知识，设计出隶属度函数，然后在实践中检验调整之。但在很多应用课题上，很难用推理法获得隶属度函数，对此必须有清醒的估计。

下面提供一些实例，以供设计隶属函数时借鉴。

例 7.5 三角形的隶属函数。

在染色体自动识别或白细胞分类等课题中，常常把问题归结为几何图形的识别，而几何图形总可近似为若干凸多边形，而凸多边形总可近似为若干三角形的合成。故有必要判断一个三角形属于等腰三角形(I)、直角三角形(R)、等腰直角三角形(IR)、正三角形(E)，或不是上述三角形(T)。

设三角形三内角分别为 A、B、C 且 $A\geqslant B\geqslant C\geqslant 0$，则可规定

$$\mu_I(A,B,C)=1-\frac{1}{60}\min(A-B,B-C)$$

因为当 $A=B$ 或 $B=C$ 时，该三角形为等腰三角形，$\mu_I=1$；而当 $A=120$，$B=60$，$C=0$（最不等腰），$\mu_I=0$。

$$\mu_R(A,B,C)=1-\frac{1}{90}(A-90)$$

因为当 $A=90$ 时，$\mu_R=1$；而当 $A=180, B=C=0$ 时，$\mu_R=0$。

$$\mu_E(A,B,C)=1-\frac{1}{180}(A-C)$$

因为当 $A=B=C$，$\mu_E=1$；而当 $A=180, B=C=0$ 时，$\mu_E=0$。

因为 $\mathrm{IR}=\mathrm{I}\cap\mathrm{R}$，故

$$\mu_{IR}(A,B,C)=\min\left[1-\frac{1}{60}\min(A-B,B-C),1-\frac{1}{90}|A-90|\right]$$

因为 $\mathrm{T}=\bar{\mathrm{I}}\cap\bar{\mathrm{E}}\cap\bar{\mathrm{R}}$，故

$$\mu_T(A,B,C)=\min[1-\mu_I(A,B,C),1-\mu_E(A,B,C),1-\mu_R(A,B,C)]$$

例 7.6　笔画类型的隶属函数。

汉字中横、竖、撇、捺等线段的区分是根据它们与水平线的交角确定的。设 A 为一线段，H、V、S、BS 分别为横、竖、撇、捺四模糊集，则

$$\mu_H(A)=1-\min\left(\frac{|\theta|}{45},1\right)$$

$$\mu_V(A)=1-\min\left(\frac{|90-\theta|}{45},1\right)$$

$$\mu_S(A)=1-\min\left(\frac{|45-\theta|}{45},1\right)$$

$$\mu_{BS}(A)=1-\min\left(\frac{|135-\theta|}{45},1\right)$$

7.4.3　模糊识别原则

1. 最大隶属原则

设论域 U 上有 n 个模糊集合

$$A_i(i=1,\cdots,n)$$

分别描述 n 个模式类 $\omega_1,\omega_2,\cdots,\omega_n$，而模糊集合 A_i 又完全由其隶属函数 $\mu_{A_i}(u)$ 所刻画。记 $u_i(u\in U)$ 对模糊集合 A_j 的隶属度 $\mu_{A_j}(u_i)$ 为 b_{ij}，即

$$b_{ij}=\mu_{A_j}(u_i)$$

于是，u_i 对 n 个模糊集合的隶属向量为 B_i，即

$$B_i=(b_{i1},b_{i2},\cdots,b_{in})^T$$

最大隶属原则指出：

如果有 $s\in(1,2,\cdots,n)$，使

$$b_{is}=\max[b_{i1},b_{i2},\cdots,b_{in}]$$

那么认为 u_i 隶属于 A_s，即未知模式 u_i 隶属于 ω_s 类。

最大隶属原则是最简单、最常用的模糊识别原则。

例 7.7 癌细胞识别。对癌细胞的识别是一个比较复杂的问题，因为不仅涉及细胞本身，还与组织中周围的情况有关，这里所介绍的只是对细胞本身若干物理参数的量度。这些参数构成一个集合 U，即

$$U=\{x|x=(NA,NL,A,L,NI,MI,ME)\}$$

其中，NA 为核（拍照）面积；NL 为核周长；A 为细胞面积；L 为细胞周长；NI 为核内总光密度；MI 为核内平均光密度；ME 为核内平均透过率。

根据某些临床经验，不正常的细胞大致有下列 6 种，它们是 U 上的模糊子集，其隶属函数如下。

核增大：

$$\mu_A=\left(\frac{1+a_1\ (NA_0)^2}{(NA)^2}\right)^{-1}$$

核增深：

$$\mu_B=\left(\frac{1+a_2}{(NI)^2}\right)^{-1}$$

核浆比倒置：

$$\mu_C=\left(\frac{1+a_3}{(NA)^2}\right)^{-1}$$

染色质不均：

$$\mu_D=\left(\frac{1+a_4ME}{(ME+\lg MI)}\right)^{-1}$$

核畸形：

$$\mu_E=\left(\frac{1+a_5}{(NL^2/NA-4\pi)^2}\right)^{-1}$$

细胞畸形：

$$\mu_F=\left(\frac{1+a_6}{(L^2/A-L_0^2/A_0)^2}\right)^{-1}$$

式中，NA_0 为正常核面积；A_0、L_0 为正常值；$a_1,\cdots,a_6$ 为调整参数。

有人将上述各种不正常情况通过运算构成如下的模糊子集。

癌 $\mu_M=[(\mu_A\wedge\mu_B)\wedge\mu_C\wedge(\mu_D\vee\mu_E)]\vee\mu_F$

正常 $\mu_K=\bar{\mu}_M\wedge\bar{\mu}_N\wedge\bar{\mu}_R$

重度核异质 $\mu_N=\mu_A\wedge\mu_B\wedge\mu_C\wedge\bar{\mu}_M$

轻度核异质 $\mu_R=\mu_A^{1/2}\wedge\mu_B^{1/2}\wedge\mu_C^{1/2}\wedge\bar{\mu}_M\wedge\bar{\mu}_N$

给出一个具体细胞，测出其各参数值，代入上述各隶属函数公式进行计算，按最大隶属原则取 μ_M、μ_K、μ_N、μ_R 中最大的一类，即为识别结果。

需要指出的是，由于最大隶属原则只考虑隶属向量 B_i 中的最大分量，即最大隶属度，其他分量均置之不理，这样丢失的信息较多。也就是说，最大隶属原则对隶属向量 B_i 中的非最大分量的信息没有充分利用，因此，在实际应用中可能会出现较大的误差，甚至得到反常的结论。为此，我们提出了最大关联隶属原则识别法。

2.最大关联隶属原则

设 F_1 为离散函数集，r 为映射，则

$$r: F_I \times F_I \to [0,1]$$

如果有如下三条成立：

①规范性，对任意 $f \in F_I$，有 $r(f,f)=1$；

②对称性，对任意 $f,g \in F_I$，有 $r(f,g)=r(g,f)$；

③传递性，对任意 $f,g,h \in F_I$，若 $r(f,f_0) \geqslant r(g,f_0)$，$r(g,f_0) \geqslant r(h,f_0)$，则必有

$$r(f,f_0) \geqslant r(h,f_0)$$

则称 r 的值为关联度。

关联度是离散函数（或数列、向量）之间的接近测度。

设在论域 U 上有 n 个模糊集合，即

$$A_1, A_2, \cdots, A_n$$

$u_i \in U$，$(i=1,\cdots,t)$，u_i 对于这些模糊集合的隶属向量为 B_i，则

$$B_i = (b_{i1}, b_{i2}, \cdots, b_{in})^{\mathrm{T}} (i=1,\cdots,t)$$

式中，b_{ik} 为 u_i 对模糊集合 A_k 的隶属度，即

$$b_{ik} = \mu_{A_k}(u_i) (i=1,\cdots,t; k=1,\cdots,n)$$

同时，不妨假设论域 U 中存在 n 个这样的元素 $u_j^0 (j=1,\cdots,n)$，使得其隶属向量 B_j^0 如下：

$$B_j^0 = (b_{j1}^0, b_{j2}^0, \cdots, b_{jn}^0)^{\mathrm{T}} (j=1,\cdots,n)$$

式中，

$$b_{jk}^0 = \begin{cases} 1, j=k \\ 0, j \neq k \end{cases}$$

也就是说，u_j^0 对模糊集合 A_j 的隶属度为1，对其余模糊集合的隶属度为0。显然，可确定地（即毫不含糊地）认为 u_j^0 完全隶属于 A_j。

为了确定 $u_i (i=1,\cdots,t)$ 的归属，先计算其隶属向量 $B_i (i=1,\cdots,t)$ 与 $B_j^0 (j=1,\cdots,n)$ 之间的关联度 r_{ij}，即

$$r_{ij} = \frac{1}{n} \sum_{k=1}^{n} \xi_{ij}(k) (i=1,\cdots,t; j=1,\cdots,n)$$

式中，$\xi_{ij}(k)$为 B_i 与 B_j^0 在第 k 分量的关联系数，且

$$\xi_{ij}(k)=\frac{\min_i\min_k\Delta_{ij}(k)+\rho\max_i\max_k\Delta_{ij}(k)}{\Delta_{ij}(k)+\rho\max_i\max_k\Delta_{ij}(k)}$$

$\Delta_{ij}(k)$为 B_i 与 B_j^0 在第 k 分量的绝对差，且

$$\Delta_{ij}(k)=|b_{ik}-b_{jk}^0|$$

ρ 为分辨系数，是 0 与 1 之间的数，一般取 $\rho=0.5$。

需要指出的是，上述关联度 r_{ij} 的计算式只是目前常用的一种形式。在实际使用过程中，设计者完全可以根据待解决问题的性质自行定义合适的关联度计算公式，只要满足关联度定义中的规范性、对称性和传递性即可。

最大关联隶属原则指出：

如果有 $s\in\{1,2,\cdots,n\}$，使

$$r_{is}=\max\{r_{i1},r_{i2},\cdots,r_{in}\}$$

则认为 u_i 相对隶属于 A_s。

按最大关联隶属原则，若元素 u_i 的隶属向量 B_i 与完全隶属于 A_s 的元素 u_s^0 的隶属向量 B_s^0 的关联度 r_{is} 最大，则认为 u_i 相对隶属于 A_s。

与最大隶属原则相比，最大关联隶属原则有如下特点。

①在最大关联隶属原则下，隶属向量中非最大分量所提供的信息在判别过程中起着一定的作用，各非最大分量的大小对判别结果有影响。而在最大隶属原则下，一旦比较出最大隶属度，各非最大分量的大小对判别结果毫无影响。

②最大关联隶属原则通过计算元素 u_i 的隶属向量 B_i 与 n 个分别完全隶属于 n 个类别的参考元素的隶属向量 $B_j^0(j=1,\cdots,n)$的关联度，并根据最大关联度来确定元素 u_i 的归属，因而充分利用该元素隶属向量中各分量所提供的信息，避免出现不完全正确甚至错误的结论。

下面简要说明最大关联隶属原则识别法。

设论域 U 上有 n 个模糊子集，即

$$A_1,A_2,\cdots,A_n$$

分别代表 n 个模式类 $\omega_1,\omega_2,\cdots,\omega_n$。如果对每一个 A_i 都根据训练样本集建立起了隶属函数 $\mu_{Ai}(u)$，则对于任一未知模式 $u_i\in U$ 都可以根据最大关联隶属原则来确定其类别。

设 r_{ij} 为样本 u_i 的隶属向量 B_i 与 $B_j^0(j=1,\cdots,n)$的关联度，如果有

$$r_{is}=\max\{r_{i1},r_{i2},\cdots,r_{in}\}$$

则认为 u_i 隶属于 A_s，即样本 u_i 应属于模式类 ω_s。

3. 择近原则

在实际的图像识别问题中，被识别的对象有时不是论域 U 中的一个确定元素，而是 U 上的一个子集。这时所讨论的对象不是一个元素对集合的隶属程度，而是两个模糊子集之间的贴近程度。

设 A、B、$C\in F(U)$，如果映射

$$\sigma: F(U)\times F(U)\rightarrow[0,1]$$

满足下列条件：

①$\sigma(A,A)=1$；

②$\sigma(A,B)=\sigma(B,A)$；

③对于 $\forall u\in U$ 恒有 $\mu_A(v)\leqslant\mu_B(v)\leqslant\mu_C(v)$ 或 $\mu_A(v)\geqslant\mu_B(v)\geqslant\mu_C(v)$ 时，就有

$$\sigma(A,C)\leqslant\sigma(B,C)$$

则称 $\sigma(A,B)$ 为 A 与 B 的贴近度。

设在论域 U 上有 n 个模糊子集，即

$$A_1,A_2,\cdots,A_n$$

如果有 $s\in\{1,2,\cdots,n\}$，使

$$\sigma(B,A_s)=\max[\sigma(B,A_1),\sigma(B,A_2),\cdots,\sigma(B,A_s)]$$

则称 B 与 A_s 最贴近。其中，$\sigma(B,A_s)$ 为模糊子集 B 与模糊子集 A_s 的贴近度，即

如果 $A_1,A_2,\cdots,A_n$ 代表 n 个已知模式，B 代表未知模式，当 B 与 A_s 最贴近时，则可断言模式 B 应归入模式 A_s 所在的类别，这个原理称为择近原则。

需要指出的是，不同的贴近度计算式适用于不同的模式识别情况，在运用时应根据具体问题做出不同的选择。

7.4.4 模糊关系

当论域有限时，模糊关系可用矩阵表示，这就导致讨论过程模糊矩阵的理论及其在模式分类中的应用。

1. 模糊关系的性质

设 U、V 是两论域，记

$$U\times V=\{(x,y)\mid x\in U,y\in V\}$$

为 U 与 V 的笛卡尔乘积集。

笛卡尔乘积集时两集合元素间的无约束搭配。如果给搭配以约束，便

体现了一种特殊关系，接受此种约束的元素对构成笛卡尔乘积集的一个子集，该子集便表现出了一种关系。因此在普通集合论中，所谓U到V的一个关系，乃是被定义为$U\times V$的一个子集R，即

$$R\in F(U\times V)\text{记作}U\xrightarrow{R}V$$

定义 7.1 称$U\times V$的一个模糊子集R为从U到V的一个模糊关系，记作$U\xrightarrow{R}V$。

模糊关系R的隶属函数

$$\mu_R:U\times V\rightarrow[0,1]$$

$\mu_R(x_0,y_0)$叫作(x_0,y_0)具有关系R的程度。

当论域U、V都是有限论域，此时模糊关系R可以用矩阵$\boldsymbol{R}$表示，即

$$\boldsymbol{R}=(r_{ij}) \tag{7-3}$$

式中，

$$r_{ij}=\mu_R(x_i,y_j)$$

显然有

$$0\leqslant r_{ij}\leqslant 1(1\leqslant i,j\leqslant n) \tag{7-4}$$

满足式(7-3)和式(7-4)的矩阵，称为模糊矩阵。特别地，当

$$r_{ij}\in\{0,1\}(1\leqslant i,j\leqslant n)$$

则矩阵$\boldsymbol{R}$退化为布尔矩阵。布尔矩阵可以表达一种普通关系。

例 7.8 用模糊关系表示苹果、乒乓球、书、足球、桃子、气球、四棱锥的相似关系，设用专家评分的办法给出它们的相似程度如表 7-4 所示，显示，其相似矩阵为

$$\boldsymbol{R}=\begin{bmatrix}1&0.7&0&0.7&0.5&0.6&0\\0.7&1&0&0.9&0.4&0.5&0\\0&0&1&0&0&0&0.1\\0.7&0.9&0&1&0.4&0.5&0\\0.5&0.4&0&0.4&1&0.4&0\\0.6&0.5&0&0.5&0.4&1&0\\0&0&0.1&0&0&0&1\end{bmatrix}$$

表 7-4 苹果、乒乓球等七种物品的相似程度

相似度	苹果	乒乓球	书	足球	桃子	气球	四棱锥
苹果	1	0.7	0	0.7	0.5	0.6	0
乒乓球	0.7	1	0	0.9	0.4	0.5	0
书	0	0	1	0	0	0	0.1

续表

相似度	苹果	乒乓球	书	足球	桃子	气球	四棱锥
足球	0.7	0.9	0	1	0.4	0.5	0
桃子	0.5	0.4	0	0.4	1	0.4	0
气球	0.6	0.5	0	0.5	0.4	1	0
四棱锥	0	0	0.1	0	0	0	1

模糊关系也可用有向图表示，如苹果、乒乓球等七种物品的相似关系可用图 7-20 表示。

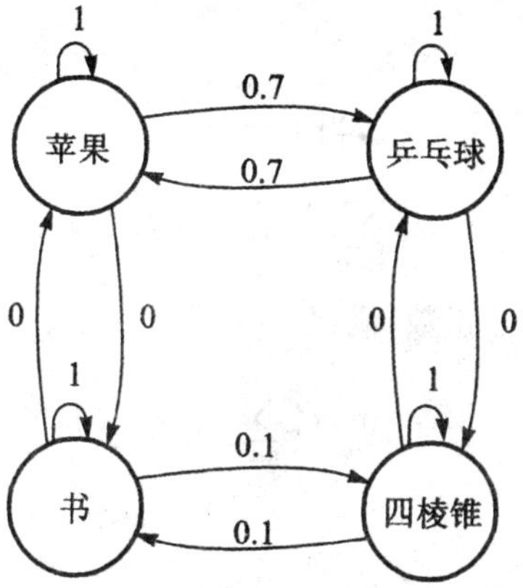

图 7-20　模糊关系图

2. 模糊关系的建立

模糊关系建立的关键是选择合理的统计指标，即被选中的指标应有明显的实际意义，有较强的分辨力和代表性。在统计指标选定后即可按下述步骤建立模糊关系。

①把各代表点的统计指标的数据标准化，以便分析和比较。这一步也称正规化。

为把标准化数据压缩为[0,1]闭区间，可用极值标准化公式，即

$$x=\frac{x'-x'_{\min}}{x'_{\max}-x'_{\min}}$$

当 $x'=x'_{\max}$ 时，$x=1$；当 $x'=x'_{\min}$ 时，$x=0$；否则取[0,1]之间。

②算出被分类对象间具有此种关系的程度 r_{ij}（最通常是 i 与 j 的相似程度），其中，$i,j=1,2,\cdots,n$（n 为对象个数）。从而确定论域 U 上的模糊关系 $\boldsymbol{R}$

$$
\boldsymbol{R}=\begin{bmatrix} r_{11} & r_{12} & \cdots & r_{1n} \\ r_{21} & r_{22} & \cdots & r_{2n} \\ \vdots & \vdots & & \vdots \\ r_{n1} & r_{n2} & \cdots & r_{nn} \end{bmatrix}
$$

计算 r_{ij} 的常用方法如下所示。

a. 欧氏距离法。

$$
r_{ij} = \sqrt{\frac{1}{m}\sum_{k=1}^{m}(x_{ik}-x_{jk})^2}
$$

式中，x_{ik} 为第 i 个对象第 k 个因子的值；x_{jk} 为第 j 个对象的第 k 个因子的值。

b. 数量积。

$$
r_{ij} = \begin{cases} 1, 当\ i = j \\ \sum\limits_{k=1}^{m} \dfrac{x_{ik} \cdot x_{ij}}{M}, 当\ i \neq j \end{cases}
$$

式中，M 为一适当选择之正数，满足

$$
M \geqslant \max_{ij}\left(\sum_{k=1}^{m} x_{ik} \cdot x_{jk}\right)
$$

c. 相关系数。

$$
r_{ij} = \frac{\sum\limits_{k=1}^{m} |x_{ik}-\overline{x}_i|\,|x_{jk}-\overline{x}_j|}{\sqrt{\sum\limits_{k=1}^{m}(x_{ik}-\overline{x}_i)^2} \cdot \sqrt{\sum\limits_{k=1}^{m}(x_{jk}-\overline{x}_j)^2}}
$$

式中，$\overline{x}_i = \frac{1}{m}\sum\limits_{k=1}^{m} x_{ik}$；$\overline{x}_j = \frac{1}{m}\sum\limits_{k=1}^{m} x_{ij}$。

d. 指数相似系数。

$$
r_{ij} = \frac{1}{m}\sum_{k=1}^{m}\exp\left(-\frac{3}{4}\frac{(x_{ik}-x_{jk})^2}{S_k^2}\right)
$$

式中，S_k 为适当选择之正数。

e. 非参数法。令

$$
x'_{ik} = x_{ik} - \overline{x}_i
$$

$$
n^+ = \{x'_{i1}, x'_{j1}, x'_{i2}, x'_{j2}, \cdots, x'_{im}, x'_{jm}\}\ 中大于\ 0\ 的个数
$$

$$
n^- = \{x'_{i1}, x'_{j1}, x'_{i2}, x'_{j2}, \cdots, x'_{im}, x'_{jm}\}\ 中小于\ 0\ 的个数
$$

$$
r_{ij} = \frac{|n^+ - n^-|}{n^+ + n^-}
$$

f. 最大最小法。

$$r_{ij}=\frac{\sum_{k=1}^{m}\min(x_{ik},x_{jk})}{\sum_{k=1}^{m}\max(x_{ik},x_{jk})}$$

g. 算术平均最小法。

$$r_{ij}=\frac{\sum_{k=1}^{m}\min(x_{ik},x_{jk})}{\frac{1}{2}\sum_{k=1}^{m}(x_{ik}+x_{jk})}$$

h. 几何平均最小法。

$$r_{ij}=\frac{\sum_{k=1}^{m}\min(x_{ik},x_{jk})}{\sum_{k=1}^{m}\sqrt{x_{ik}\cdot x_{jk}}}$$

i. 绝对值指数法。

$$r_{ij}=\exp\left(-\sum_{k=1}^{m}|x_{ik}-x_{jk}|\right)$$

j. 绝对值倒数法。

$$r_{ij}=\begin{cases}1, 当\ i=j\\ \dfrac{M}{\sum_{k=1}^{m}|x_{ik}-x_{jk}|}, 当\ i\neq j\end{cases}$$

式中，M 适当选取，使 $0\leqslant r_{ij}\leqslant 1$。

3. 基于模糊等价关系的模式分类

在模糊矩阵的运算中提出了模糊关系的自反性、对称性、传递性，并指出同时满足这三种性质的关系才是模糊等价关系。

例 7.9 设有 5 种矿石，按其颜色、密度等性质得出描述其“相似程度”的模糊关系矩阵如下：

$$\boldsymbol{R}=\begin{matrix} & x_1 & x_2 & x_3 & x_4 & x_5 \\ x_1 & 1 & 0.8 & 0 & 0.1 & 0.2 \\ x_2 & 0.8 & 1 & 0.4 & 0 & 0.9 \\ x_3 & 0 & 0.4 & 1 & 0 & 0 \\ x_4 & 0.1 & 0 & 0 & 1 & 0.5 \\ x_5 & 0.2 & 0.9 & 0 & 0.5 & 1 \end{matrix}$$

此矩阵的自反性与对称性是明显的，下面的计算也可以证明它不具有传递性，即它仅是相似矩阵，先不加改造即用来分类。

如果认为彼此“相似程度”大于 0.8 的为一类，则 x_1、x_2 为一类，x_2、x_5 为一类，但 x_1、x_5 的“相似程度”仅 0.2，故 x_1、x_5 不属于一类，这样就得到矛盾，说明模糊相似矩阵不能直接用来分类。

为了得到模糊等价关系，可用 $\boldsymbol{R}$ 自乘得 $\boldsymbol{R}^2$。即 $\boldsymbol{R}\cdot\boldsymbol{R}=\boldsymbol{R}^2$，$\boldsymbol{R}^2\cdot\boldsymbol{R}^2=\boldsymbol{R}^4$，…，直到 $\boldsymbol{R}^{2k}=\boldsymbol{R}^k$。至此，$\boldsymbol{R}^k$ 便是一模糊等价关系。此方法是由“传递闭包”而来的，此处不作证明。

在本例中 $\boldsymbol{R}^2\neq\boldsymbol{R}$，故 $\boldsymbol{R}$ 不是模糊等价矩阵，因

$$\boldsymbol{R}^2=\boldsymbol{R}\cdot\boldsymbol{R}=\begin{bmatrix}1 & 0.8 & 0.4 & 0.2 & 0.8\\ 0.8 & 1 & 0.4 & 0.5 & 0.9\\ 0.4 & 0.4 & 1 & 0 & 0.4\\ 0.2 & 0.5 & 0 & 1 & 0.5\\ 0.8 & 0.9 & 0.4 & 0.5 & 1\end{bmatrix}$$

类似地，还可求出 $\boldsymbol{R}^4$ 与 $\boldsymbol{R}^8$，并且它们是相等的，故 $\boldsymbol{R}^4$ 就满足模糊等价关系的性质。

定理 7.1 $\boldsymbol{R}\in M_{n\times n}$ 是等价矩阵，当且仅当任意 $\lambda\in[0,1]$，$\boldsymbol{R}_\lambda$ 都是等价的布尔矩阵。

根据定理 7.1 可知，如果 $\boldsymbol{R}$ 为模糊等价关系，则对于给定的 $\lambda\in[0,1]$ 便可得到相应的普通等价关系 $\boldsymbol{R}_\lambda$，这意味着得到了一个 λ 水平的分类。

定理 7.2 如果 $0\leqslant\lambda\leqslant\mu\leqslant1$，则 $\boldsymbol{R}_\mu$ 所分出的每一类必是 $\boldsymbol{R}_\lambda$ 所分出的某一类的子类，或称 $\boldsymbol{R}_\mu$ 的分类法是 $\boldsymbol{R}_\lambda$ 分类法的“加细”。

证明：

$$\begin{aligned} r_{ij}^{\mu}=1 &\Leftrightarrow r_{ij}\geqslant\mu\\ &\Rightarrow r_{ij}>\lambda\\ &\Leftrightarrow r_{ij}^{\lambda}=1\end{aligned}$$

也即 $r_{ij}^{\mu}=1\Rightarrow r_{ij}^{\lambda}=1(\lambda<\mu)$

这说明，如果 i、j 按 $\boldsymbol{R}_\mu$ 能被归为一类，则按 $\boldsymbol{R}_\lambda$ 必被归为一类。

当 λ 自 1 逐渐降为 0，则其决定的分类逐渐变粗，逐步归并，形成一动态的聚类图。

例 7.10 设论域

$$U=\{x_1,x_2,x_3,x_4,x_5\}$$

给定模糊关系矩阵

$$
\boldsymbol{R}=\begin{bmatrix}1 & 0.48 & 0.62 & 0.41 & 0.47\\ 0.48 & 1 & 0.48 & 0.41 & 0.47\\ 0.62 & 0.48 & 1 & 0.41 & 0.47\\ 0.41 & 0.41 & 0.41 & 1 & 0.41\\ 0.47 & 0.47 & 0.47 & 0.41 & 1\end{bmatrix}
$$

其自反性与对称性是显然的，经验可知 $\boldsymbol{R}\cdot\boldsymbol{R}\subseteq\boldsymbol{R}$，故 $\boldsymbol{R}$ 为一模糊等价关系。

现根据不同的 λ 水平分类如下。

①当 $0.62<\lambda\leqslant 1$ 时。

$$
\boldsymbol{R}_{\lambda}=\begin{bmatrix}1 & 0 & 0 & 0 & 0\\ 0 & 1 & 0 & 0 & 0\\ 0 & 0 & 1 & 0 & 0\\ 0 & 0 & 0 & 1 & 0\\ 0 & 0 & 0 & 0 & 1\end{bmatrix}
$$

此时共分为 5 类：$\{x_1\}$，$\{x_2\}$，$\{x_3\}$，$\{x_4\}$，$\{x_5\}$，即每个元素为一类，这是“最细”的分类。

②当 $0.48<\lambda\leqslant 0.62$ 时。

$$
\boldsymbol{R}_{\lambda}=\begin{bmatrix}1 & 0 & 0 & 0 & 0\\ 0 & 1 & 0 & 0 & 0\\ 1 & 0 & 1 & 0 & 0\\ 0 & 0 & 0 & 1 & 0\\ 0 & 0 & 0 & 0 & 1\end{bmatrix}
$$

此时共分为 4 类：$\{x_1,x_3\}$，$\{x_2\}$，$\{x_4\}$，$\{x_5\}$。

③当 $0.47<\lambda\leqslant 0.48$ 时。

$$
\boldsymbol{R}_{\lambda}=\begin{bmatrix}1 & 1 & 1 & 0 & 0\\ 1 & 1 & 1 & 0 & 0\\ 1 & 1 & 1 & 0 & 0\\ 0 & 0 & 0 & 1 & 0\\ 0 & 0 & 0 & 0 & 1\end{bmatrix}
$$

此时共分为 3 类：$\{x_1,x_2,x_3\}$，$\{x_4\}$，$\{x_5\}$。

④当 $0.41<\lambda\leqslant 0.47$ 时。

$$
\boldsymbol{R}_{\lambda}=\begin{bmatrix}1 & 1 & 1 & 0 & 1\\ 1 & 1 & 1 & 0 & 1\\ 1 & 1 & 1 & 0 & 1\\ 0 & 0 & 0 & 1 & 0\\ 1 & 1 & 1 & 0 & 1\end{bmatrix}
$$

此时共分为 2 类：$\{x_1, x_2, x_3, x_5\}, \{x_4\}$。

⑤当 $0 \leqslant \lambda \leqslant 0.41$ 时，$\boldsymbol{R}_\lambda$ 的元素全为 1，故 5 个元素合为一类，即是"最粗"的分类。

综合上述结果，可画出动态聚类图（图 7-21），这也是一个基于模糊等价关系完成聚类分析的实例。

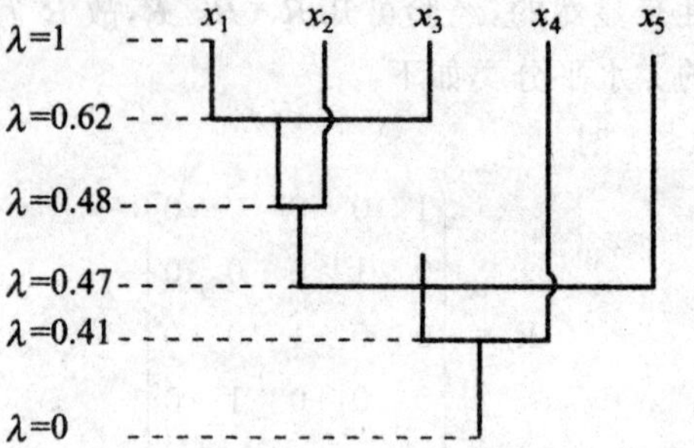

图 7-21 按 λ 的不同水平进行聚类

4. 基于模糊相似关系的模式分类

下面以一反例表明，对于仅有自反性与对称性的模糊相似关系，需改造成为模糊等价关系，才能进行正确分类。但由于多次合成操作，消耗即使很多，特别当元素个数很多时，这一问题变得更严重，为此众多学者纷纷寻找由模糊相似矩阵直接进行聚类的方法，如最大树法编网法。

现将最大树法介绍如下：先画出被分类的元素集，从矩阵 $\boldsymbol{R}$ 中按 r_{ij} 从大到小的顺序依次连边，标上权重。若在某一步会出现回路，便不画那一步，直到所有元素连通为止，这样就得到一棵"最大树"（可以不唯一）。取定 λ，砍去权重低于 λ 的边，便可将元素分类，互相连通的元素归为同类。

下面以日本学者 Tamura 的例子来说明。

例 7.11 设有三个家庭，每家 4～7 人，选每个人的一张照片，共 16 张混放在一起，请中学生对照片两两比较，按相似程度聚类，希望能把三个家庭区分开。

16 张照片的相似矩阵如表 7-5 所示，现以此例来构造最大树：设先选顶点 $i=1$，依次连"13"标 $r_{ij}=0.8$ 于其边侧，再连"16"，$r_{ij}=0.6$，由"16"连接"6"，$r_{ij}=0.8$，…，依次下去得到一棵连通 16 个顶点的最大树，如图 7-22 所示。

表 7-5　16 张图片的相似矩阵

r_{ij}	1	2	3	4	5	6	7	8	9	10	11	12	13	14	15	16
1	1															
2	0	1														
3	0	0	1													
4	0	0	0.4	1												
5	0	0.8	0	0	1											
6	0.5	0	0.2	0.2	0	1										
7	0	0.8	0	0	0.4	0	1									
8	0.4	0.2	0.2	0.5	0	0.8	0	1								
9	0	0.4	0	0.8	0.4	0.2	0.4	0	1							
10	0	0	0.2	0.2	0	0	0.2	0	0.2	1						
11	0	0.5	0.2	0.2	0	0	0.8	0	0.4	0.2	1					
12	0	0	0.2	0.8	0	0	0	0	0.4	0.8	0	1				
13	0.8	0	0.2	0.4	0	0.4	0	0.4	0	0	0	0	1			
14	0	0.8	0	0.2	0.4	0	0.8	0	0.2	0.2	0.6	0	0	1		
15	0	0	0.4	0.8	0	0.2	0	0	0.2	0	0	0.2	0.2	0	1	
16	0.6	0	0	0.2	0.2	0.8	0	0.4	0	0	0	0	0.4	0.2	0.4	1

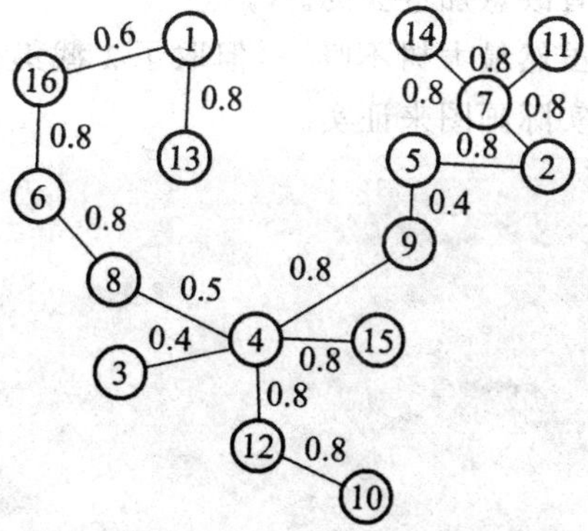

图 7-22　16 个顶点的最大树

然后对最大树取 λ 截集，即去掉那些 $r_{ij}<\lambda$ 的边，这样就可将它截成互不连通的几棵子树。

现取 $\lambda=0.5$，可得 3 棵树，其顶点集为

$$V_1=\{13,1,16,6,8,4,9,15,12,10\}$$
$$V_2=\{3\}$$
$$V_3=\{5,2,7,11,14\}$$

由于 V_1 有 10 个元素，不合题意，再选 $\lambda=0.6$，这时截得 4 棵子树，如图 7-23 所示。

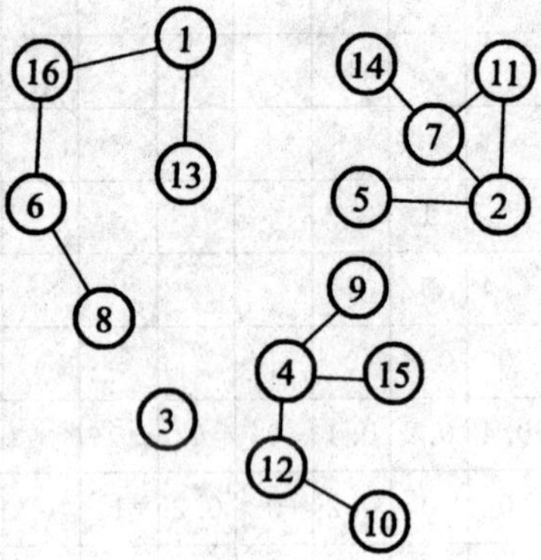

图 7-23　以 $\lambda=0.6$ 切割图 7-22 后的结果

$$V_1=\{13,1,16,6,8\}$$
$$V_2=\{9,4,15,12,10\}$$
$$V_3=\{3\}$$
$$V_4=\{11,7,14,2,5\}$$

显然 V_1、V_2、V_4 符合每家 4～7 人的要求，而“3”不是这三个家庭的成员，实际上也是试验者故意加进去的。

需要指出的是，虽然最大树不唯一，但取了 λ 截集合，所得的子树是相同的，这一点可通过实际画图来证实。

第 8 章　数字图像处理技术在遥感领域的应用

8.1　概述

遥感技术是及时获取地理信息的一个重要手段，遥感信息准确客观地记录地表地物的电磁波信息特征，是地理分析的一个重要数据源。遥感图像包括由航空、航天或接近地面等手段所获取的光谱资料，其记录形式有CCT 数据磁带、磁盘、光盘、相片、胶片等，均可以通过图像处理设备进行处理。从遥感图像处理手段上，有光学处理和计算机图像数字处理。

遥感图像数字处理就是将遥感图像的模拟或数字形式的信息输入计算机中，利用某种遥感图像处理软件，按照一定的数学模型，进行变换、加工，产生可为专业人员判读的图像或资料。

目前遥感技术面临着以下两大问题：

①定性向定量方向发展；

②遥感资料的及时处理，以提高处理速度。

图像数字处理快速、准确、客观，为遥感图像的信息提取及遥感的定量分析提供了基础，并为 GIS 及时更新和补充信息，提供了条件。它是 GIS 的重要数据源，扩展了 GIS 的应用范围。GIS 又是遥感图像处理系统的扩大和延伸，非遥感信息的输入可大大提高遥感数据的处理速度。因此，GIS 与快速遥感图像数字处理的结合，已是技术发展的必然。

8.2　遥感图像的复原处理

遥感图像复原处理的主要目的是对遥感图像成像过程中造成的信息衰减进行复原或补偿。

8.2.1 几何校正

遥感图像的几何校正就是要校正成像过程中所造成的各种几何变形。几何校正分为两种：几何粗校正和几何精校正。

几何粗校正仅作系统误差改正，由于系统误差在成像过程中较为简单而且固定，因此比较容易校正，在进行校正时只需将传感器的校准数据、卫星运行姿态参数、传感器的位置等代入理论校正公式即可。经几何粗校正之后的遥感图像还存在着随机误差和某些未知的系统误差，这就需要进行几何精校正。

几何精校正是指消除图像中的几何变形，产生一幅符合某种地图投影或图形表达要求的新图像的过程。几何精校正需要利用地面控制点和适当的数学模型进行。

目前，许多商用遥感数据都已经消除了大多数系统误差，所以用户在应用前所要进行的几何校正只是第二阶段的几何精校正处理。

1. 几何精校正的过程

几何精校正可以说是定量地确定图像上的像元坐标（图像坐标）与地理坐标（地图坐标）的对应关系（坐标变换式），即把数据投影到平面上，使之符合投影系统的过程。为了将所获取的数据投影到理想的空间平面上产生精确的换算模型，需要借助一组地面控制点 GCP(Ground Control Point)来进行几何校正。遥感图像几何校正的一般步骤如图 8-1 所示。

（1）确定校正方法

根据遥感图像几何畸变的性质和可用于校正的数据确定几何校正的方法。

（2）确定校正公式

确定原始输入图像上的像点和几何校正后的图像上的像点之间的变换公式，并根据控制点等数据确定变换公式中的未知参数。

（3）验证校正方法、校正公式的有效性

检查几何畸变能否得到充分的校正，探讨校正公式的有效性。当判断为无效时，分析其原因，对新的校正公式（校正方法）进行探讨，或对校正中所用的数据进行修改。

（4）重采样、内插

对原始输入图像进行重采样，在重采样中，由于所计算的对应位置的坐标不是整数值，所以必须通过对周围的像元值进行内插来求出新的像元值，得到消除几何畸变的图像。

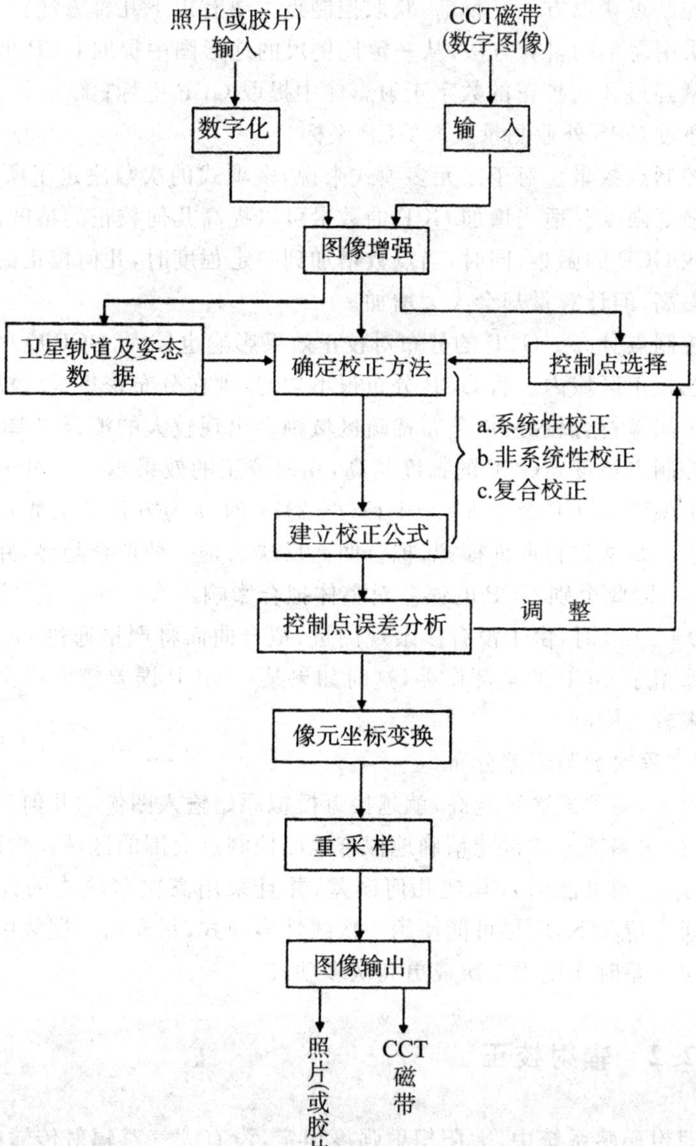

图 8-1　几何校正的步骤

2. 几何校正中的问题

(1)控制点

良好的地面控制点应选取道路或者清晰的海岸线交点，控制点要有一定的数量，并且分布应比较均匀。

①控制点获取方法。目前，获取控制点主要有以下几种方法：

a. 采用简单的量算方法，从一定比例尺的地形图中提取 GCP 坐标；

b. 从经过几何校正的数字正射影像中提取 GCP 坐标；

c. 通过 GPS 外业测量获取 GCP 坐标。

②控制点数量。对于二元多项式来说，多项式的次数决定了所需 GCP 数量的最低限度。适当增加 GCP 的数量可以提高几何校正的精度，但却带来了寻找 GCP 的困难，同时，当点数增加到一定程度时，几何校正的精度不会显著提高，但计算量却会大大增加。

③控制点分布。GCP 的分布对校正效果影响也较大，GCP 应尽可能均匀分布在校正区域内。若 GCP 分布很不均匀，则在分布密集区域校正后图像与实际图像符合较好，而分布稀疏区域则会出现较大的拟合误差。

④控制点精度。GCP 的精度越高，几何校正的效果越好。对于多项式校正法来说，当 GCP 个数 $n>(t+1)(t+2)/2$ 时（t 为方程的次数），由于是采用最小二乘法进行曲面模拟，拟合曲面反映的是一种拟合趋势，并不严格通过 GCP，因此个别 GCP 的误差对整体拟合影响不大。而当条件限制 $n=(t+1)(t+2)/2$ 时，由于没有多余观测量，拟合曲面将严格通过 GCP，校正多项式保留了 GCP 的全部误差，这时如果某一 GCP 误差较大将会对整个校正带来较大影响。

(2)方程次数与误差分布

理论上，多项式次数越高，就越接近模拟原始输入图像的几何误差的应得参数，高次多项式常常能精确地拟合地面控制点周围的区域。然而，在远离 GCP 的区域可能引入其他几何误差，并且采用高次多项式的计算量较大。在通常情况下，应尽可能使用一次线性多项式，只有当数据集中存在严重的几何误差时才使用二次或更高次多项式。

8.2.2 辐射校正

在理想遥感系统中，太阳辐射强度恒定，没有大气对辐射传输的影响，不存在地形因素的影响，也不考虑传感器本身的误差，传感器所接收到的辐射值直接取决于地物目标反射率的差异，即遥感图像的辐射亮度直接反映地物目标的差异。但是这种理想的情况现实中并不存在，除了地物目标差异外，还有许多因素会对传感器接收到的辐射值产生影响，例如，日地距离和太阳入射光的几何条件、太阳辐射在上行和下行过程中大气的吸收和散射作用、地形因素、传感器误差，等等。在利用遥感图像进行地表的遥感监测时，需要对这些干扰的因素进行辐射校正，使得遥感图像尽可能地反映并且只反映地物目标的差异。

1. 传感器端的辐射校正

在使用透镜的光学系统中，由于镜头光学特性的非均匀性，在其成像平面上存在着边缘部分比中间部分暗的现象，即边缘减光。若以光轴到摄像面边缘的视场角为 θ，理想的光学系统中某点的光量与 $\cos^n\theta$ 成正比，利用这一性质可以进行边缘减光的校正。

在扫描方式的传感器中，传感器收集到的电磁波信号经过光电转换系统转变成电信号记录下来。传感器将每个波段探测到的辐射转换为电子信号，然后生成量化的辐射值级别的离散整数图像，即 DN 值图像。传感器端的辐射校正就是把只具有相对意义的离散亮度值转换为具有物理意义的辐亮度或反射率的过程。

在卫星遥感中，经过传感器端辐射校正的反射率也称为行星反射率或大气顶层反射率。在遥感应用中，特别是定量遥感中，一般需要把 DN 值图像转换为具有物理意义的辐亮度图像，计算方式如下：

$$L_t=\frac{L_{\max}-L_{\min}}{DN_{\max}-DN_{\min}}\times(DN-DN_{\min})+L_{\min}$$

式中，L_t 为图像的辐亮度，单位为 $\mathrm{W\cdot m^{-2}\cdot sr^{-1}}$；$L_{\min}$ 为最小 DN 值 $DN_{\min}$ 对应的辐亮度，单位为 $\mathrm{W\cdot m^{-2}\cdot sr^{-1}}$；$L_{\max}$ 为最大 DN 值 $DN_{\max}$ 对应的辐亮度，单位为 $\mathrm{W\cdot m^{-2}\cdot sr^{-1}}$；$DN_{\min}$ 为最小辐亮度 $L_{\min}$ 对应的像元 DN 值，无单位，一般为 0 或 1；$DN_{\max}$ 为最大辐亮度 $L_{\max}$ 对应的像元 DN 值，无单位，与图像位数(N)有关，$DN_{\max}=2^N-1$，N 越大，说明传感器的辐射分辨率越高。

针对陆地卫星的 TM 传感器，辐亮度图像也可以通过式(8-1)直接计算：

$$L_t=Gain\times DN+Bias \tag{8-1}$$

式中，$Gain$ 为增益；$Bias$ 为偏置，单位为 $\mathrm{W\cdot m^{-2}\cdot sr^{-1}\cdot \mu m^{-1}}$，从 TM 遥感图像的头文件中获得。

针对特定传感器的辐射校正参数也不是固定不变的，它们会随着传感器的使用逐渐产生变化。为了获得最新的辐射校正参数，需要定期对传感器进行辐射定标。辐射定标是在卫星飞越实验场上空时，同步测量选定像元的地物反射率和大气光学参数，根据大气辐射传输模型，正演出到达传感器的辐亮度 L_t。然后根据正演得到的 L_t 和相应像元的 DN 值反算出用于传感器端辐射校正的参数。

对于朗伯体：

$$L_t=\rho\times E\times t^{\uparrow}/\pi+L_p \tag{8-2}$$

式中，ρ 为实测的地物反射率；E 是太阳直射光与天空散射光在地面上的辐照度；$t^{\uparrow}$ 为大气上行透射率；L_p 为大气程辐射。

对于非朗伯体，式(8-2)可修改成

$$L_t = BRF \times E \times t^{\uparrow} / \pi + L_p$$

式中，BRF 为双向反射比因子。

通过传感器端的辐射校正，把 DN 值图像转换为辐亮度图像之后，通过式(8-3)可获得行星反射率图像，即

$$\rho_p = \frac{\pi \times L_t}{E_0} = \frac{\pi \times L_t \times d^2}{E_{0S} \times \cos\theta_s} \tag{8-3}$$

式中，ρ_p 为行星反射率，无单位；E_0 为经过日地距离和太阳高度角校正的大气顶层太阳辐照度，单位为 $W \cdot m^{-2}$。

2. 日地距离校正和太阳高度角校正

在定量遥感中，往往需要精确计算成像时的太阳入射辐射强度。在遥感数据的辅助文件中，一般只给出针对特定传感器的某一波段的标准太阳辐照度，即日地平均距离时到达大气顶层的太阳辐照度。日地距离和太阳天顶角对大气顶层太阳辐照度的影响，可以表达为

$$E_0(\lambda) = \frac{E_{0S}(\lambda)\cos\theta_0}{d^2}$$

式中，$E_0(\lambda)$为成像时大气顶层太阳辐照度，单位为 $W \cdot m^{-2}$；$E_{0S}(\lambda)$为平均日地距离时的标准太阳辐照度，单位为 $W \cdot m^{-2}$；θ_0 为太阳天顶角，无单位；d 为日地距离，天文单位。

标准太阳辐照度 $E_{0S}(\lambda)$和太阳天顶角 θ_0 一般可以从遥感数据的辅助文件中获取；日地距离用天文单位来表示，一个天文单位就是日地平均距离，约为 149.6×10^2 km，日地距离 d 按下式计算得到：

$$d = 1 + 0.167\cos[2\pi(J-3)/365]$$

式中，J 为儒略日，根据遥感图像成像日期换算得到。

在遥感图像的目视解译中，可以直接通过式(8-4)来消除日地距离和太阳天顶角对遥感图像的影响。即

$$RS_c = RS \times d^2 / \cos\theta_0 \tag{8-4}$$

式中，RS_c 为经过日地距离和太阳天顶角校正的遥感图像；RS 为原始遥感亮度图像。

3. 地形辐射校正

地形要素对遥感的影响主要表现在，不同地形下地表所接收到的辐照度不同。地面全辐照度 $E_g(\lambda)$由两个部分构成：太阳光直射辐照度 $E_b(\lambda)$与

天空光辐照度 $E_d(\lambda)$，即

$$E_g(\lambda)=E_b(\lambda)+E_d(\lambda)$$

当地形高低起伏时，不同坡度、坡向的地表所接收到的太阳光直射辐照度是不同的，即

$$E_b(\lambda)=E_0(\lambda)\cos(\gamma)t^{\downarrow}(\lambda)$$

式中，$E_0(\lambda)$为经过日地距离校正的太阳辐照度；γ 为太阳光线与地面法线的夹角；$\cos(\gamma)$可以由下式计算：

$$\cos(\gamma)=\cos\theta_0\cos\theta_n+\sin\theta_0\sin\theta_n\cos(\varphi_0-\varphi_n)$$

式中，θ_0 为太阳天顶角；φ_0 为太阳方位角；θ_n 和 φ_n 分别为每个像元的坡度和坡向，根据 DEM 计算获得。$\cos(\gamma)$计算值为负时取零值。

忽略地表和天空光的二次散射，天空光辐照度可以表达为瑞利散射和气溶胶散射的漫反射之和，即

$$\begin{aligned}E_d(\lambda)=&\left(\frac{1}{2}\right)E_0\cos\theta_0\left[1-t_r^{\downarrow}(\lambda)\right]t_a^{\downarrow}(\lambda)t_{OZ}^{\downarrow}(\lambda)\\&+F_C(\theta_0)E_0\cos\theta_0\left[1-t_a^{\downarrow}(\lambda)\right]t_r^{\downarrow}(\lambda)t_{OZ}^{\downarrow}(\lambda)\omega_0\end{aligned}\tag{8-5}$$

式中，$E_0\cos\theta_0$ 表示经过日地距离和太阳天顶角校正的太阳辐照度；$t_r^{\downarrow}(\lambda)$、$t_a^{\downarrow}(\lambda)$、$t_{OZ}^{\downarrow}(\lambda)$分别表示瑞利散射、气溶胶散射和臭氧吸收的下行透射率；ω_0 为气溶胶单次散射的反照率。

式(8-5)前半部分为瑞利散射漫反射，瑞利散射各向同性，前向散射和后向散射各占一半，所以用$\frac{1}{2}$，后半部分为气溶胶散射漫反射，气溶胶散射各向异性，$F_C(\theta_0)$表示前向散射占总散射之比，通过插值获取。

4. 大气校正

太阳光在到达地面目标之前，大气会对其产生吸收和散射作用。同样，来自目标物的反射光和散射光在到达传感器之前也会被吸收和散射。入射到传感器的电磁波能量，除了地物本身的辐射以外还有大气引起的散射光。

从辐射数据处理的角度看，进入传感器的辐射畸变成分包括大气的消光（吸收和散射）、天空光（大气散射的太阳光）照射、路径辐射。大气的影响中主要研究大气散射的影响。散射是大气中的分子和颗粒对光波多次作用的结果，散射效应随电磁波波长和散射体的大小不同而不同。按大气中颗粒对电磁波波长选择的不同，散射分为选择性散射和非选择性散射。波长越短，散射越大。按大气中颗粒大小不同而分为瑞利（Rayleigh）散射和米氏（Mie）散射。散射作用降低遥感影像的反差比。反差比定义为

$$C_r=\frac{B_{\max}}{B_{\min}}$$

式中，B_{max}和 B_{min}是影像的最大亮度值和最小亮度值。

反差比降低则使影像的分辨率降低。散射作用所增加的亮度值不含有任何地面信息，但却降低了反差比，因此必须进行大气散射的校正。

(1)利用辐射传输方程进行大气校正

如果地面目标的辐射能量为 E_0，它通过高度为 H 的大气层后，传感器接收系统所能收集到的电磁波能量为 E，则由辐射传输方程可得

$$E=E_0 \cdot e^{-T(0,H)}$$

式中，$e^{-T(0,H)}$ 为大气的衰减系数。

若对上式能够给出适当的近似解，则可求出地面目标的真实辐射能量 E_0。在可见光和近红外区，大气的影响主要是由气溶胶引起的散射造成的。在热红外区，大气的影响主要是由水蒸气的吸收造成的。为了消除大气的影响，需要测定可见光和近红外区的气溶胶的密度及热红外区的水蒸气浓度。但是仅从图像数据中很难正确测定这些数据，因此在利用辐射传输方程时，通常只能得到近似解。

(2)利用地面实况数据进行大气校正

在采集图像数据时，预先在地面设置反射率已知的标志，或事先测出若干地面目标的反射率，把由此得到的地面实况数据和图像数据进行比较，以消除大气的影响。

通常选用同类仪器测量，将地面测量结果与卫星影像对应的像元亮度值进行回归分析。在进行比较时，应将图像像元亮度值转换为辐射率。回归方程为

$$L=a+bR$$

式中，a 为常数；b 为回归系数；R 为地面反射率。

设 $bR=L_G$，则 $L=a+L_G$，L_G 表示地面实际的辐射率，即不受大气影响的值，而 a 即为大气影响的附加部分，L 为卫星观测结果，故 a 值为

$$a=L-L_G$$

校正公式为

$$L_G=L-a$$

图像中的每一像元值都必须扣除 a 的影响，以获得具体地区像场的大气校正图像。

在卫星扫描地面时，如果能同时获得大气路径辐射等参数，则可按照卫星垂直观测的模型计算出大气干扰值，例如，陆地卫星垂直观测的辐射率简单表达式为

$$L_i=\frac{S_{ic}T_{ic}H_{ic}\cos\alpha}{\pi} \cdot R_{ic}+S_{ic}L_{ic} \tag{8-6}$$

式中，i 为波段序号，$i=1,2,\cdots,n$；S_{ic} 为系统增益系数；T_{ic} 为大气透射率；H_{ic} 为太阳辐照度；$\cos\alpha$ 为太阳天顶角函数；R_{ic} 为地面反射率；L_{ic} 为大气路径辐射率。

令式(8-6)中

$$\frac{S_{ic}T_{ic}H_{ic}\cos\alpha}{\pi}=b_i,S_{ic}L_{ic}=a_i$$

则

$$L_i=a_i+b_iR_{ic}$$

式中，a_i 为大气引起的附加部分，校正公式为

$$L'=b_iR_{ic}=L_i-a_i$$

式中，L'为校正后的辐射率值。

由于遥感过程是动态的，在地面特定地区、特定条件和一定时间段内测定的地面目标反射率不具有普遍性，所以该方法仅适用于包含地面实况数据的图像。

(3)利用辅助数据进行大气校正

在获取地面目标图像的同时，利用搭载在同一平台上测量气溶胶和水蒸气浓度的传感器获取气溶胶和水蒸气的浓度数据，利用这些数据可以进行大气校正。

在 Landsat-4(5)的 MSS 数据处理中，采用了一种简单的大气散射补偿方法：从全部图像像元亮度值中减去一个辐射偏置量，辐射偏置量等于图像直方图中最小的亮度值。这种偏置量随不同景的图像而有所差异，同一景的不同波段也很可能具有不同的偏置量，因为一景图像辐射中的大气散射成分与波长成反比，第 1 波段的偏置量最大，第 4 波段的偏置量最小。

在 SPOT 的数据处理中，由于瑞利散射(分子散射)在 0.89μm 处比在可见光的 0.5μm 处要低 10 倍，所以由瑞利散射引起的辐射校正只涉及 SPOT HRV 的多光谱数据中的第 1、第 2 波段和全色波段的一部分，多数情况下分子散射的影响可以得到满意的改正。

米氏散射(悬浮微粒散射)只随波长逐渐变化，因此所有成像的光谱段都受到微粒散射的影响。要想正确校正米氏散射对辐射量的影响，需要知道米氏散射的三个特征，即视觉上的微粒密度、微粒类型和米氏散射的相位函数。

米氏散射的影响比瑞利散射的影响要更难改正些。大气吸收对辐射量的影响只发生在第 3 波段(主要是由水蒸气的吸收造成的)和第 1 波段(由臭氧的吸收造成的)，而水蒸气和臭氧含量可从与观测地区的季节和地理位置有关的统计资料中估算出来，水蒸气的含量也可以通过查阅气象资料来估算，利用这些数据可按辐射传输方程改正大气吸收对辐射量的影响。

8.3 遥感图像的增强处理

遥感图像的增强处理主要是指对遥感图像成像过程中所造成的某些信息衰减或降质图像所做的一些间接的复原或补偿处理，其目的主要在于提高降像力。

8.3.1 对比度增强

人们对于图像的识别主要是通过图像中各个像元之间的亮度(灰度)差异来实现的，受生理条件的限制，只有灰度差异达到一定程度时，人眼才能识别地物在图像上的差别。因此，扩大图像的灰度动态范围，也就是说，加大图像的对比度，达到使图像信息增强的目的，这就是对比度增强的基本原理。

遥感图像对比度增强方法如下。

1. 线性扩展

遥感图像的量化级一般为256(TM与SPOT为256，MSS为128)，然而实际遥感图像数据很少能利用到256个灰度级，用线性变换方式来扩展图像灰度动态范围可以加大图像的对比度。

线性扩展的变换函数$T(r)$是一元线性函数，线性扩展将原始图像的各亮度值按照线性关系进行扩展，使图像数据的动态范围与方差变大，增加图像的可解译性，亮度范围可以扩展到任意范围(遥感图像处理中不能超过0～255)。假定原始图像的灰度范围为$[a,b]$，将原始图像灰度范围扩展为$[c,d]$($c<a,d>b$)的计算公式为

$$x_1=\frac{(d-c)}{(b-a)}(x-a)+c$$

式中，x为原始图像的亮度值；x_1为线性扩展增强后的亮度值。

按照上式对图像进行扩展是对原图像中的灰度动态范围不加区别地扩展到整个图像灰度的动态范围。在实际的遥感图像数字处理工作中，有时需要把图像的低亮度值和高亮度值像元的灰度级进行适当地合并，例如，仅对原图像整个灰度范围中的一部分$[a,b]$进行线性扩展，这种线性扩展又称为“去头去尾”线性扩展。扩展计算公式为

$$x=\begin{cases}c, x\leqslant a\\ \dfrac{(d-c)}{(b-a)}(x-a)+c, a<x<b\\ d, x\geqslant b\end{cases}$$

有时根据有用信息可能包含在整个动态范围的几个不连续区域内这一特点，将整个灰度范围划分为几个区间，分区间进行线性扩展。这种方法在图像处理中被称为分段线性扩展或称为分段线性拉伸处理。分段线性扩展的每一区域都有自己的变换函数 $T(r)$，计算公式的推导与前面介绍的线性扩展类似。

2. 非线性扩展

非线性扩展对于要进行扩展的灰度范围是有选择性的。常用的非线性扩展方法有指数变换法、对数变换法、高斯变换法、正切变换法等。例如，在比较潮湿的地区或山体阴影区内的目标，对数变换是比较有利的。

把原始图像灰度区间 $[a,b]$ 扩展为 $[c,d]$ 的指数扩展公式为

$$x_1=\frac{(d-c)}{(e^b-e^a)}(e^x-e^a)+c$$

式中，x 为变换前的灰度值；x_1 为变换后的灰度值。

把原始遥感图像的灰度区间 $[a,b]$ 用对数扩展方法扩展为 $[c,d]$ 的计算公式为

$$x_1=\frac{(d-c)}{(\log b-\log a)}(\log x-\log a)+c$$

把原始图像的灰度区间 $[a,b]$ 用正切变换方法扩展为 $[c,d]$ 的计算公式为

$$x_1=\begin{cases}c, x=a\\ \dfrac{d-c}{f(b-0.5)-f(a+0.5)}[f(x)-f(a+0.5)+c], a<x<b\\ d, x=b\end{cases}$$

式中，$f(a+0.5)$、$f(b-0.5)$、$f(x)$ 按照下式计算

$$f(y)=\mathrm{tg}\left(\frac{y-a}{b-a}\pi\right)-\frac{\pi}{2}$$

3. 直方图均衡化处理

直方图均衡化是将原图像的直方图，经过某种变换，变成一幅具有近似均匀直方图的图像。直方图均衡化使得原图像直方图上亮度值分布密集的部分被拉伸，较稀疏的部分被压缩，从而使图像的对比度得到了增强。下面先讨论连续函数的情况，然后推广到离散的数字图像上。

设 r 为原图像归一化处理后的亮度值，取值范围为 $0 \leqslant r \leqslant l$，$s$ 为新图像归一化后的亮度值，取值范围为 $0 \leqslant s \leqslant L$；$p_r(r)$ 为原图像亮度分布的概率密度函数，$p_s(s)$ 为新图像亮度分布的概率密度函数。在原图像直方图中取一小亮度值范围 Δr，经变换后对应于新图像直方图的 Δs，显然 Δr 和 Δs 区间所具有的像元数相等，可表达为

$$\Delta r p_r(r) = \Delta s p_s(s)$$

当 $\Delta r \to 0, \Delta s \to 0$ 时，

$$p_s(s) = p_r(r)\frac{\mathrm{d}r}{\mathrm{d}s} \tag{8-7}$$

在直方图均衡化后，$p_s(s) = \frac{1}{L}$，归一化时 $L=1$，则 $p_s(s)=1$。式(8-7)可化简为

$$\mathrm{d}s = p_r(r)\mathrm{d}r$$

两边积分得

$$s = \int_0^r p_r(r)\mathrm{d}r \tag{8-8}$$

式(8-8)即为原图像亮度值 r 到均衡化后图像亮度值 s 的变换函数，即为原图像归一化后的累积密度函数。如果原图像未进行归一化处理，图像灰度级(亮度级)为 L，则变换函数公式变为

$$s = (L-1) \cdot \int_0^r p_r(r)\mathrm{d}r \tag{8-9}$$

将式(8-9)推广到离散情况。设一幅图像总像元数为 n，亮度级为 L，n_k 表示第 k 亮度级 r_k 出现的频数，则第 k 亮度级出现的概率为

$$p_r(r_k) = \frac{n_k}{n}(k=0,1,\cdots,L-1)$$

则变换函数可表示为

$$S_k = (L-1)\sum_{j=0}^{k} p_r(r_j) = (L-1)\sum_{j=0}^{k}\frac{n_j}{n}(k=0,1,\cdots,L-1)$$

4. 直方图匹配处理

直方图匹配是指将一幅图像的直方图变成指定形状的直方图，从而对原始图像进行增强处理的一种方法。指定的直方图可以是一幅参考图像的直方图，也可以是特定函数形式的直方图。

直方图匹配的过程是对原始图像和参考图像的直方图都做均衡化，变成相同的均匀直方图，以均匀直方图为媒介，再以参考图像的均衡化变换函数对原始图像作均衡化的逆运算，使原始图像的直方图和参考图像的直方

图近似。

下面从连续函数的角度来分析直方图匹配方法。设 $p_r(r)$为原图像亮度分布的概率密度函数，$T(r)$为原图像直方图均衡化的变换函数，$p_m(m)$为参考图像亮度分布的概率密度函数，$G(m)$为参考图像直方图均衡化的变换函数。首先对原始图像进行直方图均衡化处理，即

$$s = T(r) = \int_0^r p_r(r)\mathrm{d}r$$

对参考图像也做直方图均衡化处理：

$$v = G(m) = \int_0^m p_m(m)\mathrm{d}m$$

由于对原始图像和参考图像均做了直方图均衡化处理，所以 $p_s(s)$和 $p_v(v)$具有相同的概率密度。如果想得到直方图匹配后的亮度级 m，应对函数 v 求逆运算，即

$$m=G^{-1}(v)=G^{-1}(s)=G^{-1}[T(r)] \tag{8-10}$$

式(8-10)即为直方图匹配的变换函数。可以看出，在连续函数的情况下，涉及求反变换函数的问题，通常情况下较为困难。在数字图像处理时，通常是以均衡化的变换函数为桥梁，建立原始图像亮度级和匹配后亮度级间的映射来绕过这个问题。

8.3.2 空间域滤波

对数字图像来说，空间域滤波是通过局部性的积和运算(也叫作卷积)而进行的，通常采用 $n\times n$ 的矩阵算子(也叫作算子)作为卷积函数。

卷积滤波是一个在影像中平均化一个小像元集合的过程，用于改变一个像元的空间频率特性。卷积核是一个数值矩阵，用于以特定方法用周围像元的值平均化每个像元的值。矩阵中数值用于对特定像元的值作权重。卷积滤波是空间滤波的方法之一。

卷积公式为

$$V = \left[\frac{\sum_{i=1}^{q}\left(\sum_{j=1}^{q} f_{ij}\cdot d_{ij}\right)}{F}\right]$$

式中，V 为输出像元值；f_{ij} 为卷积核系数；d_{ij} 为对应像元的值；q 为卷积核维数；F 为卷积核中各元素的和。

卷积计算就是卷积核的每个值乘以与之对应的影像像元值的总和再除以卷积核中所有值的总和，最后取整。要理解一个像元是怎样卷积的，想象一下卷积核叠加在影像(一个波段)的数据文件值上，而要卷积的像元在窗

口的中心。

典型的算子和图像增强的目的如表 8-1 所示。通常来说，因为图像数据量很大，所以经常采用 3×3 的算子，但有时也采用 5×5 及 7×7 的算子。

表 8-1　3×3 的空间滤波

空间滤波	3×3 的算子	效果
Sobel	$\lvert\boldsymbol{A}\rvert+\lvert\boldsymbol{B}\rvert$ 或 $\sqrt{\boldsymbol{A}^2+\boldsymbol{B}^2}$ $\boldsymbol{A}=\begin{bmatrix}-1 & 0 & -1\\ -2 & 0 & 2\\ -1 & 0 & 1\end{bmatrix},\boldsymbol{B}=\begin{bmatrix}-1 & -2 & -1\\ 0 & 0 & 0\\ 1 & 2 & 1\end{bmatrix}$	梯度（差分）
Prewitt	$\lvert\boldsymbol{A}\rvert+\lvert\boldsymbol{B}\rvert$ 或 $\sqrt{\boldsymbol{A}^2+\boldsymbol{B}^2}$ $\boldsymbol{A}=\begin{bmatrix}-1 & 0 & 1\\ -1 & 0 & 1\\ -1 & 0 & 1\end{bmatrix},\boldsymbol{B}=\begin{bmatrix}-1 & -1 & -1\\ 0 & 0 & 0\\ 1 & 1 & 1\end{bmatrix}$	梯度（差分）
拉普拉斯算子	$\begin{bmatrix}0 & 1 & 0\\ 1 & -4 & 1\\ 0 & 1 & 0\end{bmatrix}$ 或 $\begin{bmatrix}1 & 1 & 1\\ 1 & -8 & 1\\ 1 & 1 & 1\end{bmatrix}$	微分
平滑化	$\begin{bmatrix}\frac{1}{9} & \frac{1}{9} & \frac{1}{9}\\ \frac{1}{9} & \frac{1}{9} & \frac{1}{9}\\ \frac{1}{9} & \frac{1}{9} & \frac{1}{9}\end{bmatrix}$ 或 $\begin{bmatrix}0 & \frac{1}{5} & 0\\ \frac{1}{5} & \frac{1}{5} & \frac{1}{5}\\ 0 & \frac{1}{5} & 0\end{bmatrix}$	平滑化
中值滤波	用 3×3 的直方图的中间值置换	噪声消除
高通滤波	$\begin{bmatrix}0 & -1 & 0\\ -1 & 5 & -1\\ 0 & -1 & 0\end{bmatrix}$ 或 $\begin{bmatrix}-\frac{1}{9} & \frac{1}{9} & -\frac{1}{9}\\ -\frac{1}{9} & \frac{8}{9} & -\frac{1}{9}\\ -\frac{1}{9} & -\frac{1}{9} & -\frac{1}{9}\end{bmatrix}$	边缘增强
清晰化	$\begin{bmatrix}0 & -1 & 0\\ -1 & 5 & -1\\ 0 & -1 & 0\end{bmatrix}$ 或 $\begin{bmatrix}\frac{1}{9} & -\frac{8}{9} & -\frac{1}{9}\\ -\frac{8}{9} & \frac{37}{9} & -\frac{8}{9}\\ \frac{1}{9} & -\frac{8}{9} & \frac{1}{9}\end{bmatrix}$	鲜明的图像

高频核或者高通核，具有提高遥感图像空间频率的效果。高通核用作边缘加强，因为它产生同质像元组之间的边缘。需要指出的是，高通核使相对较低的像元值变得更低，较高的像元值变得更高，从而提高了影像的空间频率。

和为零的卷积核即卷积核中所有系数的和为零。和为零时，卷积公式中的分母为零，此时分母设为1。此核通常使输出值为：在所有输入值相等的区域（无边缘）输出值为0；在空间频率低的区域输出值更低；在空间频率高的区域输出值走向极端，即低值变得更低，高值变得更高。因此，和为零的卷积核是一个边缘检测器，通常能消除或归零出低空间频率的区域，以及在高空间频率区产生鲜明对比，结果影像仅包括边缘和零值。和为零的卷积核有助于特定方向检测边缘。

8.3.3　频率域滤波

频率域的滤波是用傅里叶变换之积的形式表示，如下式：

$$G(\xi,\eta)=F(\xi,\eta)\times H(\xi,\eta)$$

式中，F 为原图像的傅里叶变换；H 为滤波函数；G 为输出图像的傅里叶变换。

对 G 进行逆变换就可以得到滤波后的图像。

滤波函数有低通滤波、高通滤波、带通滤波等。

低通滤波用于仅让低频的空间频率成分通过而消除高频成分的场合，由于图像的噪声成分多数包含在高频成分中，所以可用于噪声的消除。

高通滤波仅让高频成分通过，可应用于目标物轮廓等的增强。

带通滤波由于仅保留一定的频率成分，所以可用于提取、消除每隔一定间隔出现的干涉条纹的噪声。

8.3.4　波谱增强

遥感多光谱图像通常波段较多，信息量大，利于图像信息的解译，但需耗费大量的处理时间和存储空间。同时，多光谱图像的各波段间具有一定的相关性，存在着数据的冗余。波谱增强的方法就是通过空间变换的方法，使波段间的信息得以分离或归并，从而突出主干信息，压缩部分冗余，以便于后续的分析和解译。波谱增强主要有两种变换：K-L变换和K-T变换。空间变换的本质是对遥感图像实行线性变换，使多光谱空间的坐标系按要求进行旋转。

1. K-L 变换

K-L 变换也称为主成分变换(Principal Component Analysis,PCA),是在统计特征基础上的多维正交线性变换,也是多波段图像应用处理中常用的一种变换技术。

由于遥感图像的波段间往往存在着较高的相关性,从信息提取的角度来说,存在着数据的冗余和重复。K-L 变换的主要目的就是把原始多波段图像的信息变换成互不相关的主成分,简言之,K-L 变换是去相关、进行特征提取和数据压缩的有效方法。

K-L 变换的原理如下:对 n 个波段的多光谱图像进行线性变换,即对该多光谱图像组成的光谱空间 $\boldsymbol{X}$ 乘以线性变换矩阵 $\boldsymbol{A}$,产生一个新的光谱空间 $\boldsymbol{Y}$,其表达式为

$$\boldsymbol{Y}=\boldsymbol{A}\boldsymbol{X} \tag{8-11}$$

K-L 变换的步骤如下:

①根据原始图像矩阵 $\boldsymbol{X}$ 计算其协方差矩阵 $\boldsymbol{C}$,如果波段间存在相关关系,则进行 K-L 变换,否则不需要进行变换。

②由特征方程

$$|\boldsymbol{C}-\lambda\boldsymbol{E}|=0 \tag{8-12}$$

求出协方差矩阵的特征值 $\lambda_i(i=1,2,\cdots,n)$,并按 λ_i 的大小进行排列。式(8-12)中 λ 为特征值,$\boldsymbol{E}$ 为单位矩阵。

③求出排序后各特征值对应的协方差矩阵特征向量 $\boldsymbol{u}_i(i=1,2,\cdots,n)$:

$$\boldsymbol{u}_i=[u_{i1},u_{i2},u_{i3},\cdots,u_{in}]^{\mathrm{T}}$$

按特征值大小顺序排列特征向量则组成特征向量矩阵 $\boldsymbol{U}$:

$$\boldsymbol{U}=\begin{bmatrix} u_{11} & u_{21} & \cdots & u_{n1} \\ u_{12} & u_{21} & \cdots & u_{n2} \\ \vdots & \vdots & & \vdots \\ u_{1n} & u_{2n} & \cdots & u_{nn} \end{bmatrix}$$

特征向量矩阵 $\boldsymbol{U}$ 的转置则是 K-L 变换所需要的变换矩阵 $\boldsymbol{A}$,即

$$\boldsymbol{A}=\boldsymbol{U}^{\mathrm{T}}$$

④利用式(8-11)即可获得变换后的多光谱空间,即

$$\boldsymbol{Y}=\boldsymbol{A}\boldsymbol{X}=\boldsymbol{U}^{\mathrm{T}}\boldsymbol{X}$$

经过 K-L 变换后,得到一组新的变量,即 $\boldsymbol{Y}$ 的各个行向量,从上至下,依次被称为第一主成分,第二主成分,…,第 n 主成分。

从 K-L 变换的计算过程可以看出,K-L 变换实际上是以原始图像协方差矩阵的特征向量为权重值,对原始图像所做的线性变换。每一主成分均

包括原始图像信息，而不是简单的取舍，这使得新的 n 维随机向量 $\boldsymbol{Y}$ 能很好地反映原有图像的特征。

2. K-T 变换

K-T 变换又称为缨帽变换，是 Kauth 和 Thomass 通过分析陆地卫星 MSS 影像反映农作物生长过程的特点，于 1976 年提出的一种经验性线性变换，变换后将波谱空间变换到具有物理意义的空间中，变换公式为

$$\boldsymbol{Y}=\boldsymbol{AX}+a$$

式中，$\boldsymbol{Y}$ 为变换后的特征空间矩阵；$\boldsymbol{X}$ 为变换前多光谱空间矩阵；$\boldsymbol{A}$ 为变换矩阵；a 为补偿向量，以避免 $\boldsymbol{Y}$ 有负值出现。

K-T 变换的研究主要集中于 MSS 和 TM 数据的应用分析，由于 MSS 数据现已不常用，因此，在此仅介绍 TM 数据的 K-T 变换。

Crist 和 Cicone 根据三个地区 TM 图像(不包括热红外波段)的研究，在 1984 年给出了对 TM 图像 6 个波段(第 1 至第 5 波段，第 7 波段)的变换矩阵为

$$\boldsymbol{A}_{TM}=\begin{bmatrix} 0.3037 & 0.2793 & 0.4743 & 0.5585 & 0.5082 & 0.1863 \\ -0.2848 & -0.2435 & -0.5436 & 0.7243 & 0.0840 & -0.1800 \\ 0.1509 & 0.1973 & 0.3279 & 0.3406 & -0.7112 & -0.4572 \\ -0.8242 & -0.0849 & 0.4392 & -0.0580 & 0.2012 & -0.2768 \\ -0.3280 & -0.0549 & 0.1075 & 0.1855 & -0.4357 & 0.8085 \\ 0.1084 & -0.9022 & 0.4120 & 0.0573 & -0.0251 & 0.0238 \end{bmatrix}$$

TM 图像 K-T 变换后的 $\boldsymbol{Y}=[y_1,y_2,y_3,y_4,y_5,y_6]^{\mathrm{T}}$ 中的 6 个分量相互垂直，前 3 个分量具有明确的物理意义。

y_1 为亮度，是 TM 图像 6 个波段的加权和，反映图像总体的反射值。

y_2 为绿度，从第 2 行系数可以看出，加权后此分量基本是近红外波段与可见光波段的差值，主要用于突出植被信息。

y_3 为湿度，从第 3 行系数可以看出，分量是可见光和近红外 4 个波段与中红外 2 个波段的差值，而中红外两个波段对植被和土壤的含水量敏感，易于反映“湿度”特征，但其值并不完全代表含水量的多少。

其他 3 个分量未发现与地表地物特征的对应关系，因此在应用中一般只取前 3 个分量，从而实现特征信息的增强和数据的压缩。

随着高分辨率遥感图像的出现，相应的 K-T 变换也得到了发展。Horne(2003)通过分析近 200 幅 IKONOS 图像得出了 IKONOS 图像的变换矩阵为

$$
\mathbf{A}_{IKONOS}=\begin{bmatrix}0.326 & -0.311 & -0.612 & -0.650\\ 0.509 & -0.356 & -0.312 & 0.719\\ 0.560 & -0.325 & 0.722 & -0.243\\ 0.567 & 0.819 & -0.081 & -0.031\end{bmatrix}
$$

经过K-T变换后的IKONOS图像有利于区分不同类型的植被，如树木、灌木、草地和农业植被，也有利于从人工地物中识别植被。

与K-L变换相比，K-T变换的变换矩阵是相对固定的，仅随遥感器的不同而不同，而不随同一遥感器产生图像的不同而变化。K-T变换产生的分量具有物理意义，不同图像产生的特征信息可以相互比较，而K-L变换的主成分信息则无法比较。

8.4 遥感图像的分类处理

遥感图像的分类处理主要是利用遥感图像像元间的相关性或在特征空间的不同聚集位置，找一种对图像像元的归并或在特征空间的划分方法，实现对图像像元的类别划分，达到对图像像元分类的目的。

8.4.1 监督分类

为了设定分类基准，必须知道分类类别的总体的光谱及纹理等特征，虽然光谱特征也可以在地面用光谱辐射计测量，但对于遥感图像来说，由于图像数据中包含大气的影响，所以往往不能把地面的光谱辐射计测量值直接应用于分类。因此，可从图像中已知类别的有代表性的训练区中采样，提取训练数据，使计算机在训练区图像上训练，取得统计特征参数，建立判别函数，并以这些统计特征参数作为识别分类的统计度量，计算机利用这些来自训练区的统计标准，按照选定的判别规则将像元进行总体特征的测定，然后把图像中各个像元点归化到给定类中的分类处理，这种分类方法叫作监督分类。

在监督分类中，必须事先提取出代表总体特征的训练数据及事先知道目标物中有哪几种类别。事先已经知道类别的有关信息，在这种情况下对未知类别的样本进行分类。类别的先验知识用若干已知类别的样本通过学习的方法来获得。物体的光谱特性可以是通过实地调查获得的资料。为了精确有效地分类，对某一种地物类别，可以选择多个训练区。

从训练数据中测定总体的统计量多采用最大似然比测定法。最大似然比测定法是假定特征空间中总体的概率密度函数的形式，在此基础上把训练数据被提取的概率（似然性）为最高的分布密度函数的统计量（平均值及方差等）作为总体的统计量。通常，总体的概率密度函数多假设为多维正态分布。于是，平均值矢量 μ 的最大似然度估计值 μ_e 用训练数据群 $\{x_1, x_2, \cdots, x_m\}$（$x$ 为特征量的列矢量）的平均值给出，方差、协方差矩阵的最大似然度测定值的各要素 $\xi_e(k,1)$ 用下式给出：

$$\xi_e(k,1) = \frac{1}{m}\sum_{i=1}^{m}(x_i^k - u_e^k)(x_i^1 - u_e^1)^t$$

式中，x_i^k、x_i^1 分别为第 i 个像元的第 k 个及第 1 个特征量；u_e^k、u_e^1 分别为第 k 个及第 1 个平均值。

在应用中，必须观察特征空间中训练数据的分布形状，确认假设的分布密度函数的有效性。

8.4.2　非监督分类

非监督分类也称为聚类分析或点群分析，即在多光谱图像中搜寻、定义其自然相似光谱集群组的过程。

非监督分类的理论依据是：遥感图像上的同类地物在相同的表面结构特征、植被覆盖、光照等条件下，应当具有相同或相近的光谱特征，具有某种内在的相似性，理论上应归属于同一个光谱空间区域；不同的地物，其光谱信息特征不同，应归属于不同的光谱空间区域。

非监督分类的基本原理如下：在事先不知道类别特征，也就是在没有先验类别作为样本的条件下，主要根据图像数据本身的统计特征及点群的分布情况，即像元间相似度，从纯统计学的角度对图像数据进行归类合并的方法。因此，非监督分类不需要人工选择训练样本，仅需极少的人工初始输入，计算机按照一定规则自动地根据像元或空间等特征组成集群组，然后将每个集群组和参考数据比较，将其划分到某一类别中。

非监督分类与监督分类的最大区别在于，监督分类首先要给定类别，而非监督分类由图像数据的统计特征来决定，不需要事先给定类别。

非监督分类的目的使得属于同一类别的像元之间的距离尽可能地小而不同类别像元间的距离尽可能地大。具体分析时，首先要假定基准类别的参数，通过预分类处理形成集群。再由集群的统计参数来调整预设的参数，然后再聚类、再调整，不断迭代，直到有关参数达到许可的范围。其基本过程如图 8-2 所示。

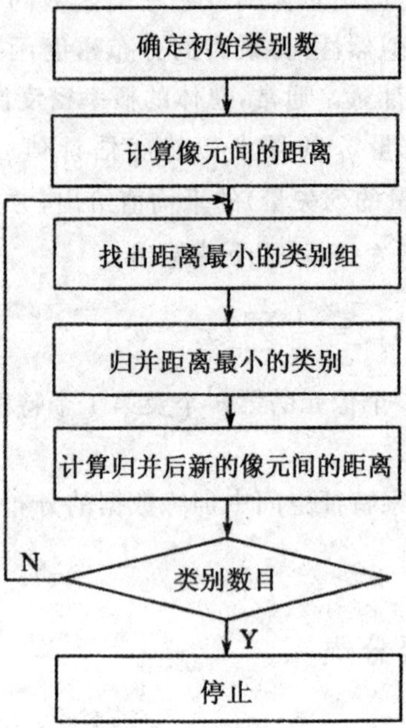

图 8-2　非监督分类的过程

①确定初始类别数。根据专题要求与所掌握的工作区实际地物类型数等资料,设定分类的类别数。

②计算像元间的距离。计算两两像元间的距离。

③找出距离最小的类别组。根据距离最小的原则,对个体进行归并处理。

④计算归并后新的像元间的距离。即将③的结果当作个体并计算它们之间的距离。

⑤判别。计算归并后的类别数,如果满足给定的类别数,则分类结束;如果不满足,则重复上述③～⑤,直到满足给定的类别数为止。

非监督分类方法可分为:简单集群分类方法、K-Means 分类方法、Cluster 分类方法和 ISODATA 分类方法。

第 9 章　数字图像处理技术在其他领域的应用

9.1　指纹识别

由于指纹具有终身的稳定性和惊人的特殊性，很早以来在身份鉴别方面就得到了应用，且被尊为“物证之首”。

9.1.1　指纹识别系统的工作原理

通常来说，自动指纹识别算法体系由指纹图像采集、指纹图像预处理、指纹图像特征提取、指纹分类和指纹比对等几个部分组成。

1. 指纹图像采集

现有的指纹图像获取设备包括光学取像设备、晶体传感器和超声波扫描。

(1)光学取像设备

光学取像设备依据的是光的全反射原理。光线照到压有指纹的玻璃表面，反射光线由 CCD、CMOS 等图像传感器获得，反射光的量依赖于压在玻璃表面上指纹的脊和谷的深度及皮肤与玻璃间的油脂和水分。经玻璃射到谷的光线在玻璃与空气的界面发生全反射，光线被反射到图像传感器，而射向脊的光线不发生全反射，而是被脊与玻璃的接触面吸收或漫反射，这样就在图像传感器上形成了指纹的图像。

(2)晶体传感器

晶体传感器有多种类型，最常见的硅电容传感器通过电子度量计来捕捉指纹。另一种晶体传感器是压感式的，其表面的顶层是具有弹性的压感介质材料，它们依照指纹的外表形状(凹凸)转化为相应的电子信号。其他的晶体传感器还有温度感应传感器，它通过感应压在设备上的脊和远离设备的谷的温度的不同获得指纹图像。

晶体传感器技术最主要的弱点是它容易受到静电的影响，这使得晶体传感器有时取不到图像，甚至会被损坏。另外，它并不像玻璃一样耐磨损，从而影响了使用寿命。

(3)超声波扫描

超声波扫描被认为是指纹取像技术中非常好的一种技术。超声波首先扫描指纹的表面，紧接着接收设备获取其反射信号，最后测量它的范围，得到谷的深度。

与光学扫描不同，积累在皮肤上的脏物和油脂对超声波获得的图像影响不大，所以这样的图像是实际指纹凹凸表面的真实反映，应用起来更加方便。

2. 指纹图像预处理

通常情况下，指纹采集器采集到的指纹是低质量的，存在的噪声较多。通过预处理，将采集到的指纹灰度图像通过预滤波、方向图计算、基于方向图的滤波、二值化、细化等操作转化为单像素宽的脊线线条二值图像，基于此二值图像对指纹的中心参考点，以及细节特征点等进行提取。

指纹图像预处理是自动指纹识别系统基础，是进行指纹特征提取和指纹识别不可缺少的重要步骤。好的预处理方法可以使得到的单像素宽脊线线条二值图像更接近被提取者的指纹，更准确地反映被提取指纹的特征。因此可以使后续处理中提取的指纹特征更准确，特征提取更迅速。指纹图像预处理的一般过程如图 9-1 所示。

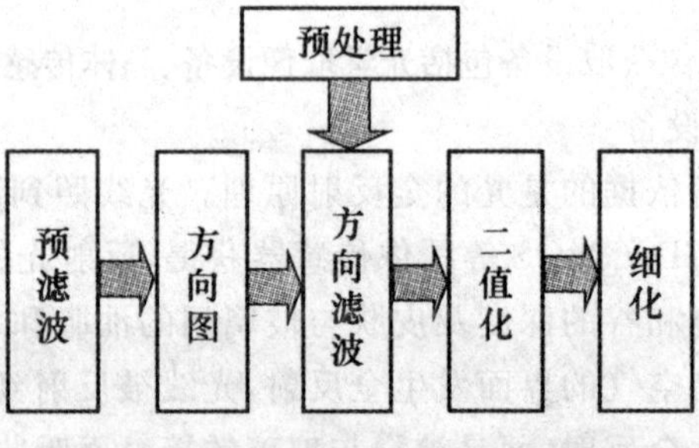

图 9-1　指纹图像预处理的一般过程

指纹图像的预处理一般采用图像增强、二值化和细化的方法抽取脊的骨架。这类方法受指纹图像质量的影响比较大，难以得到令人满意的结果。很多研究者提出了不同的预处理方法，这些方法是用局部脊方向和局部自适应阈值增强指纹图像，但各自都有一些局限性。例如，用分块的方法实现局部自适应阈值并得到该块内的脊方向等，这些方法通常是分别得到骨架和方向流结构，缺乏相关性。

3. 指纹图像特征提取

指纹的特征点分为全局特征和局部特征。

(1)全局特征

全局特征描述的是指纹的总体纹路结构，具体包括纹形、模型区、核心点、三角点和纹数。

①纹形。纹形可分为箕形、弓形和斗形 3 种基本类型，如图 9-2 所示，其他的指纹图案都基于这 3 种基本图案。

箕形　　弓形　　斗形

图 9-2　指纹的基本纹形

②模式区。模式区是指指纹上包括了总体特征的区域，即从模式区就能够分辨出指纹属于哪一种类型，如图 9-3(a)所示。有的指纹识别算法只使用模式区的数据，而有的指纹识别算法则需使用完整指纹而不仅仅是模式去进行分析和识别。

③核心区。核心区在指纹纹路的渐进中心，在读取指纹和比对指纹时作为参考点，如图 9-3(b)所示，许多算法是基于核心点的，即只能处理和识别具有核心点的指纹。

④三角点。三角点在从核心点开始的第一个分叉点或者断点，或者两条纹路会聚处、孤立点、折转处，或者指向这些奇异点，如图 9-3(c)所示。三角点提供了指纹纹路计数跟踪的起始位置。

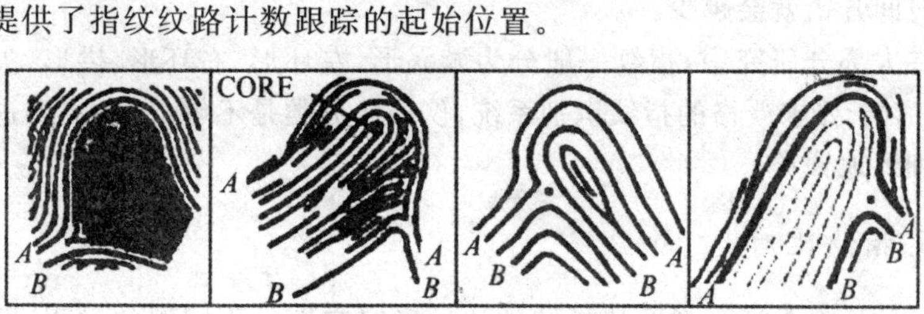

(a)　(b)　(c)　(d)

图 9-3　指纹的全局特征

⑤纹数。纹数是指模式区内指纹纹路的数量，如图 9-3(d)所示，在计算指纹的纹数时，一般先连接核心点和三角点，这条连线与指纹纹路相交的数量即可认为是指纹的纹数。

(2)局部特征

局部特征是指指纹纹路上的节点特征。这些特征提供了指纹唯一性的确认信息。人们根据纹路的局部结构特征共定义了大概 150 多种细节特征，即分叉点和端点，其他细节特征都可以用它们的组合来表示。如图 9-4 所示给出了 9 种特征的示意图(圈为端点，叉为分叉)。

①起点。一条纹路的开始位置。

②终点。一条纹路的终结位置。

③短纹。一段较短但不至于成为一点的纹路，也称为小棒。

④分叉点。一条纹路分开成为两条或更多条纹路的位置。

⑤结合点。两条或更多条纹路合并成为一条纹路的位置。

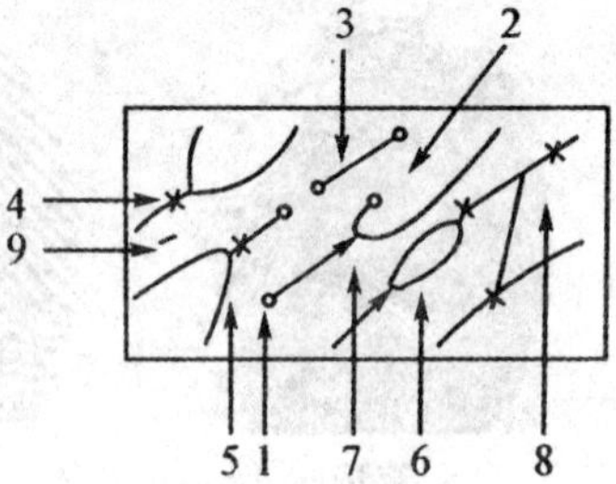

图 9-4　指纹的局部特征

⑥环。一条纹路分开成为两条之后，又合并成为一条，这样形成的一个小环也称为小眼。

⑦小勾。一条纹路打折改变方向。

⑧小桥。连接两个纹路的短纹。

⑨孤立点。一条特别短的纹路，以至于成为一点。

4. 指纹分类

指纹分类的主要目的是方便大容量指纹库的管理，减小搜索空间，加速指纹匹配过程。指纹分类技术越完善，能够划分的类型越细，样本数据库每个类别中所包含的样本数量就会越少，对一次识别任务来讲，需要比对的次数和时间开销就会越少。

在大部分研究中，指纹一般分为漩涡形、左环形、右环形、拱形、尖拱形 5 类。对于要求严格的指纹识别系统，仅按此分类是不够的，还需要进一步更加细致地分类。

5. 指纹比对

指纹比对是通过对两枚指纹的比较确定它们是否同源的过程，即两枚指纹是否来源于同一手指。指纹比对主要是依靠比较两枚指纹的局部纹线特征和相互关系决定指纹的唯一性。指纹的局部纹线特征和相互关系通过细节特征点的数量、位置和所在区域的纹线方向等参数度量。

细节特征的集合形成一个拓扑结构，指纹比对的过程实际就是两个拓扑结构的匹配问题。由于采集过程中的变形、特征点定位的偏差、真正特征点的缺失和伪特征点的存在等问题，即使是两枚同源的指纹，所获得的特征信息也不可能完全一样，指纹比对的过程必然是一个模糊匹配问题。

6. 可靠性问题

计算机处理指纹图像时，只是涉及指纹有限的信息，而且比对算法不是精确的匹配，因此其结果不能保证 100％准确。指纹识别系统的重要衡量标志是识别率，它主要由误判率（FAR）和拒判率（FRR）两部分组成。可以根据不同的用途调整这两个值，FRR 和 FAR 是成反比的，可以用 0～1 的数或百分比来表示。如图 9-5 所示的 ROC 曲线给出了 FAR 和 FRR 之间的关系。

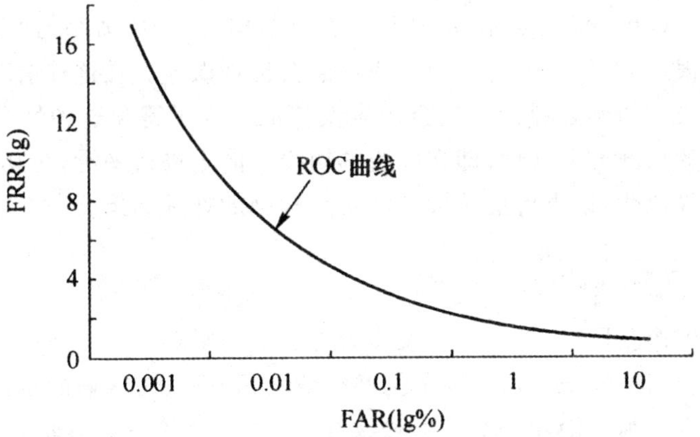

图 9-5　FAR 和 FRR 之间的 ROC 关系曲线

尽管指纹识别系统存在可靠性问题，但其安全性也比相同可靠性级别的“用户 ID＋密码”方案的安全性高得多。例如，采用 4 位数字密码的系统，不安全概率为 0.01％，若同采用误判率为 0.01％指纹识别系统相比，由于不诚实的人可以在一段时间内试用所有可能的密码，所以 4 位数密码并不安全，但是他绝对不可能找到 1 000 个人为他把所有的手指（10 个手指）都试一遍。正因为如此，权威机构认为在应用中 1％的误判率就可以接受。

FRR 实际上也是系统易用性的重要指标。由于 FRR 和 FAR 是相互矛盾的，这就使得在实际应用系统的设计中，要权衡易用性和安全性。一个有效的办法是比对两个或更多的指纹，从而在不损失易用性的同时，最大限度地提高系统的安全性。

9.1.2 指纹识别模块算法

1. 预处理

指纹的特征是指指纹脊线的某种构型，如端点、分叉等。为了提取这些特征，必须先把灰度的指纹图处理为二值线型图，此过程即指纹图像预处理。

图像预处理是指纹自动识别过程的第一步，它的好坏直接影响指纹识别的效果。图像预处理通常包括增强、分割、细化等几个步骤。增强是通过平滑、锐化、灰度修正等手段，改善图像的视觉效果；分割则是把图像划分为若干个区域，分别对应不同的物理实体；细化则是把分割后的图像转为只有一个像素点宽度的线型图，以便提取特征。

在预处理过程中，必须保证尽可能不出现伪特征，并尽量保持其真实特征不受损失。由于在指纹摄取时手指用力不均匀，在用力小的区域可能会出现纹线误断，在用力大的区域纹线可能会出现误连。在这种情况下，用通常的基于灰度的预处理方法就会产生误特征。为了避免这种情况，可以利用指纹图的局部方向特性，即在纹线的切线方向上进行平滑，在其法线方向上进行边缘锐化，以求得最接近指纹实际构型的处理结果。

2. 方向滤波算法

指纹图像获取时，由于噪声及压力等的不同影响，将会导致断裂及叉连两种破坏纹线的情况。这两种干扰必须清除，否则会造成假的特征点，影响指纹的识别。为了消除干扰及增强纹线，针对指纹纹线具有较强方向性的特点，可以采用方向滤波算法对其进行增强，因此必须利用指纹图上各个像素点上的局部方向性。

(1)方向图的获取

方向图是用每个像素点的方向来表示指纹图像。像素点的方向是指其灰度值保持连续性的方向，可以根据像素点邻域中的灰度分布判断，反映了指纹图上纹线的方向。在图 9-6 中设定 8 个方向，各方向之间夹角为$\frac{\pi}{8}$，用 1～8 表示。每个像素点上方向值的判定是在其 $N\times N$ 邻域窗口中得到的。邻域窗口的尺寸并无严格限定，但其取值与图像的分辨率直接相关。若邻

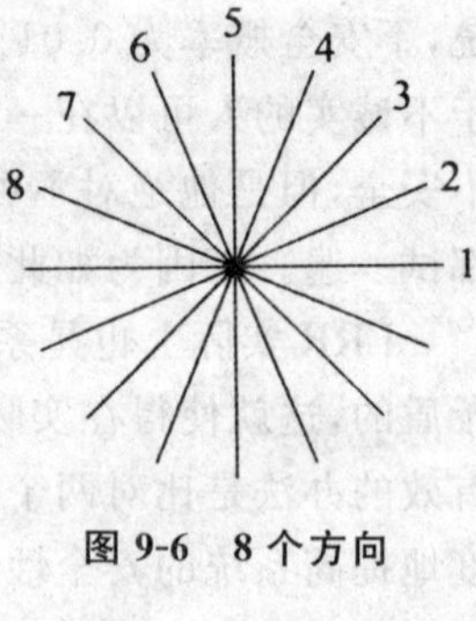

图 9-6 8 个方向

域取得过小，则难以从其中的灰度分布得出正确的方向性；若取得过大，则在纹线曲率较大的区域窗口内纹线方向不一致，会对以后的滤波操作造成不良影响。一般可取 N 为 1～2 个纹线周期。实验中取 $N=9$，该 9×9 邻域窗口如图 9-7 所示。

p_{71}		p_{61}		p_{51}		p_{41}		p_{31}
p_{81}		p_{72}	p_{62}	p_{52}	p_{42}	p_{32}		p_{21}
		p_{82}				p_{11}		
p_{14}		p_{13}				p_{12}		p_{22}
		p_{23}				p_{83}		
p_{24}		p_{33}	p_{43}	p_{53}	p_{63}	p_{73}		p_{84}
p_{34}		p_{44}		p_{54}		p_{64}		p_{74}

图 9-7　9×9 邻域窗口

分别求出沿各个方向的灰度变化，即

$$S_d = \sum_{k=1}^{4} \mid f(i,j) - f_{dk}(i_k, j_k) \mid \quad (d = 1,2,3,\cdots,8)$$

$$S_d{}' = \sum_{k=1}^{4} \mid f(i,j) - f_{d'k}(i_k, j_k) \mid$$

式中，d'代表与 d 垂直的方向，即 $d'=(d+4)\bmod 8$；$f(i,j)$为点 $p(i,j)$的灰度值；i_k 为 d 方向上的 k 点；$f_{dk}(i_k,j_k)$、$f_{d'k}(i_k,j_k)$分别为点 p_{dk} 与 $p_{d'k}$ 的灰度值。

点 $p(i,j)$的方向应该是 S_d 取值最小、$S_d{}'$ 取值最大的方向。这不仅考虑了指纹纹线的切线方向灰度变化最小，同时考虑了它的法线方向应是灰度变化最大的方向。当 $d=1,2,3,\cdots,8$ 时分别求出 $S_d/S_d{}'$，进一步得到其最小值 $S=\min(S_d/S_d{}')$，$p(i,j)$的方向取与 S 对应的 d。

按如上算法对指纹图中的每一像素都操作，可以得到指纹的方向图。将方向图中各像素点的方向值乘以 30，并作为该点的灰度值，根据各点的亮暗可判断其方向值。

(2)方向图的平滑算法

方向图求出后，由于背景中的细小污点、纹线中的毛刺等影响，会存在一定的噪声，需要对其进行平滑。方向图平滑的基本思想如下：指纹纹线的走向是连续变化的，邻近像点上的方向不应该有突然的大角度转折。平滑也是在窗口中进行的，窗口中心像点上的平滑结果由窗口中各像素点方向值及其分布确定。

设 $N(d)$ 是某一像素在 8 邻域中方向为 d 的像素个数，$N(d)$ 的最大值定义为 $N(D_1)$，次大值定义为 $N(D_2)$，其对应的方向值分别是 D_1 和 D_2，$C(i,j)$ 是点 (i,j) 校正后的方向代码，按如下算法平滑：

$$C(i,j)=\begin{cases} D_1, 5\leqslant N(D_1)\leqslant 8 \\ (D_1+D_2)/2, 3\leqslant N(D_1)\leqslant 5 \text{ 且 } N(D_2)\geqslant 2 \text{ 且 } N(D_1)-N(D_2)\leqslant 2 \\ D(i,j), \text{其他} \end{cases} \tag{9-1}$$

式(9-1)中的各界值由实验确定。经过以上处理后，方向图得到了平滑。

(3)方向滤波器的设计

在得到指纹的方向图后，可以根据每个像素点的方向值利用方向滤波器对指纹进行滤波，以增强纹线，消除噪声，提高脊和谷之间的反差。通常情况下，处理图像只需一个滤波器，而方向滤波器是一系列与像素点方向有关的滤波器，使用时根据某一块区域的方向特征，从一系列滤波器中选择一个相应的滤波器对这一块进行滤波。由于其应用的特殊性，决定其特殊的设计方法。

滤波器设计原则如下。

①模板边长为奇数，模板关于其朝向轴及朝向垂直方向轴均为对称。

②滤波器模板的尺寸要合适。模板过小难以达到良好的去噪声、清晰化效果；模板过大则可能在纹线曲率较大处破坏纹线构型。一般取模板边长为 1～1.5 个纹线周期。

③为提高脊、谷之间的灰度反差，达到边缘锐化的效果，模板应设计为在垂直于朝向方向上，中央部分系数为正，两边系数为负。

④滤波结果应与原图的平均灰度无关，因此模板中所有系数的代数和应为 0。

根据以上设计原则，先求水平方向的滤波器，其他方向的滤波器可以通过旋转得到。

3. 局域自适应二值化算法

以上所得的是增强后的 256 级灰度图像，还需要将其进一步二值化。

二值化指纹图像是将灰度图像变成 0、1 两个灰度级的图像，前景点(指纹脊线)取 1，背景点取 0，以把指纹脊线提取出来，便于后续处理。

根据指纹图中脊线与谷线宽度大致相等的特点，即二值化后黑白像素的个数应大致相同，采用局部域值自适应算法。把指纹图分成 $w\times w$(w 为一个纹线周期)的子块，在每一子块内计算灰度均值，即

$$A_v=\frac{1}{w\times w}\sum_i\sum_j f(i,j) \tag{12-4}$$

式中，$f(i,j)$为子块内(i,j)的灰度值。在该块内若某一点的灰度值 $f(i,j)>A_v$，则 $f(i,j)=1$；若 $f(i,j)\leqslant A_v$，则 $f(i,j)=0$。对每一块都进行这样的处理，可得到指纹的二值图像。

4. 二值化后的去噪

二值化后的指纹图像还需要进行一次二值滤波去噪，因为灰度去噪的不完全及二值化过程又可能引入噪声。二值滤波去噪可以去除或减弱图像中的噪声，增强图像中有意义的部分。这一过程可以填补二值化后纹线上的孔洞，或者删除模式上的“毛刺”和孤立的值为 1 的像素，即包括填充算法和删除算法。

(1)填充算法

填充算法把同时满足以下条件的像素 p 值取为 1。

①p 为 0 像素。

②p 的 4 邻域中有 3 个以上的邻点为 1 的像素。

如图 9-8 所示是填充算法的实例。

1	1	1
1	0	1
0	0	0

1	1	1
1	1	1
0	0	0

图 9-8　填充算法的实例

(2)删除算法

删除算法把同时满足以下条件的像素 p 值取为 0。

①p 为 1 像素。

②$(p_1+p_2+p_3)(p_5+p_6+p_7)+(p_3+p_4+p_5)(p_7+p_8+p_1)=0$。

③p 不是端点。

如图 9-9 所示是删除算法的实例。

1	1	1
0	1	0
0	0	0

1	1	1
0	0	0
0	0	0

图 9-9　删除算法的实例

图中 $p_1 \sim p_8$（值为 0 或 1）定义如图 9-10 所示。经过去噪后，有效地清除了原二值图中的大部分孔洞和“毛刺”。

p_4	p_3	p_2
p_5	p	p_1
p_6	p_7	p_8

图 9-10　模板

5. 细化及细化后的去噪处理

细化是图像分析、信息压缩、特征提取和模式识别常用的基本技术，它使图像的每条约线都变为单像素宽的“点线”，且细化后的纹线近似处于原图的“中轴”。二值指纹图在指纹的自动识别过程中进行细化，可以大大减少冗余的信息，突出指纹纹线的主要特征，从而便于后面的特征提取。

细化过程中，在判断是否删除一个前景像素点时，需要考虑其 3×3 邻域中除其自身外的 8 个像素点中的连接成分数。如果此连接成分数为 1，则说明删除当前像素点不会改变原图的连通性；如果大于 1，则改变了原图的连通性。令 N_c 为 p 的 8 邻域中的连接成分数，则其由序列 $p_1 p_2 p_3 p_4 p_5 p_6 p_7 p_8 p_1$ 中 0→1 变化的次数可以得到。

这里采用逐层迭代算法。把一次迭代分作两次扫描，细化过程中由周边向中间逐层细化，使细化结果位于原图的“中轴”。

令 B_N 为 3×3 窗口内目标像素的个数，$B_N = \sum_{i=1}^{8} p_i$，两次扫描中需满足如下条件：

①$2 \leqslant B_N \leqslant 6$（排除 p 为端点和内部像点的情况）；

②如果已标记 p_i 视为 1 时，有 $N_c = 1$（保证删除当前像素不会改变原图的连通性）；

③p 的值是 1（保证 p 为前景点）；

④当 p_3 或 p_5 已标记时，若视 p_3、p_5 为 0，依然有 $N_c = 1$（保证宽度为 2 的线条只删除一层像点，避免其断开）。

9.2　OCR 文字识别

9.2.1　版面分析

OCR 的功能是先从文本中按行提取出文字序列，接下来再对其进行文字识别处理，最后按照文字的行序输出文字编码。在一般的文本中，除了文字行以外，还有图、表、公式等内容，要求各文字行从这些内容中分离出来。由于在文字行中包含有正文、注音文字、脚注、图表标题、题目、页码等属性不同的文字，所以根据文字的属性可得到正确的文字行。提取包含在文本中的各要素并进行解释的过程称为版面分析。

1. 图像的输入

文字图像一般可由图像扫描仪输入。分辨率可以按输入对象的不同进行调整，其通常范围为 200～400dpi，图像扫描仪都带有二值化功能，可以很方便进行二值化。

2. 文字区域的提取

输入的文本限定在输入图像中的一部分，所以需要去除其周围的非文字部分，限定文字区域。用边界跟踪法和贴标签法将包围黑色像素的矩形区域提取出来，检测输入的文本是否有倾斜。倾斜的检测方法是对于文本图像的某一局部区域，在某一角度方向上将黑色像素进行投影并统计其分布，则分布起伏的大小可用 $\sum[h(i)-h(i-1)]^2$ 或 $h(i)$ 的方差来衡量。按 1°的间隔在 ±5°的范围内观测该起伏量，将观察值进行插值处理后求其最大值。据此估计出该最大值对应的方向即为文字序列的正确方向。最后对图像旋转可实现倾斜的校正。将图像按顺时针方向旋转 θ 角度的计算公式如下：

$$\begin{bmatrix} x' \\ y' \end{bmatrix} = \begin{bmatrix} \cos\theta \\ \sin\theta \end{bmatrix}$$

这里以图像的左上角为原点，x 为横坐标方向，y 为纵坐标方向，$[x,y]^{\mathrm{T}}$ 为旋转前的坐标，$[x',y']^{\mathrm{T}}$ 为旋转后的坐标。

3. 区域分割

区域分割是指将文字图像分割为几个相对独立的部分。文本的构成要素中既有图表、照片这种占有较大面积的部分，也有由文字集合组成的文字行部分。

(1)图表、照片的提取

在文本图像中，先找出包围各连接成分的最小矩形区域，大面积矩形对应的部分是图表或照片区域。将这些大面积区域从图像中消除之后，剩下的便是由文字构成的矩形群。对提取出的大面积矩形进行图、表、照片的判断时，利用矩形内黑色像素所占面积的比率、连续的黑色像素的长度(黑线段)、白色像素的长度(白线段)的直方图等统计判别方法进行区分。

(2)文字行的提取

文字行的提取通常采用合并方式和分割方式。所谓合并方式，是当黑色像素块与块之间的空白部分(白线段长)小于某一指定阈值时，将这些白色像素用黑色像素来替代，将近邻的连接黑色像素块进行合并，由此生成文字行的方式。分割方式是利用格线或空白带求分割点，对文字反复进行二分割的方法。

对于提取出的各文字行，由行的起始位置、结束位置、行幅、行间距等行属性来确定出行属性集合，形成一个行块。由各行块的位置决定各个行的顺序。

另外，为了使文字行的提取更具有一般性，要求它也能处理纵排的文本、横排的文本及纵横混排的文本。纵排文本旋转 90°后，按横排文本处理定出各文字行。

4. 文字区域的分割与文字识别

求得文字行后，需要将其中的每个文字区域一个一个地分割提取出来并对其进行文字识别。通常，文字区域的提取与文字识别分别属于不同的处理，但是由于文字区域的提取处理本身很难判定其结果的正确性，所以通常是利用文字识别的评价值来判断单个文字区域分割的正确性。

5. 区域解释

区域解释是指利用生成的各对象的关系结构和文字识别的结果，对归为同一处理对象赋予属性的过程。例如，文本由标题、作者、所属、正文、图、页码等逻辑要素构成，把文本作为一个整体来看时，需要找出这些逻辑要素与各对象之间的对应关系。

该方法的设计思想如下：先将逻辑要素的特征作为知识存储起来，再将其与观测到的特性进行匹配比较。若一个对象区域与多个要素都有关系，则需要利用逻辑要素的关系结构来去除其中具有矛盾关系的部分。

9.2.2　文字识别

汉字是历史悠久的中华民族文化的重要结晶，闪烁着中国人民智慧的光芒。汉字数量众多，仅清朝编纂的《康熙字典》就包含了49000多个汉字，其数量之大，构思之精，为世界文明史所仅有。由于汉字为非字母化、非拼音化的文字，所以在信息技术及计算机技术日益普及的今天，如何将汉字方便、快速地输入到计算机中已成为关系到计算机技术能否在我国真正普及的关键问题。

1. 文字图像的预处理

在版面分析基础上，分割出的单个文字所构成的文字图像为二值图像。需对其进行尺寸规格化处理和细线化处理等预处理。尺寸规格化处理时，常将一个文字规格化为32×32～64×64的图像。细线化处理是为了提取构成文字线的像素特征。像素特征是指端点、文字线上的点、分支点、交叉点等，可根据像素的连接数来判断。另外，由细线化处理后的图像中也能提取出线段的方向。

2. 文字图像的特征提取

特征提取的目的是从图像中提取出有关文字种类的信息，滤掉不必要的信息。特征提取方法虽然很多，但常用的有网格特征提取、周边特征提取、方向特征提取三种方法。当手写文字作为识别对象时，有关于文字线方向特征、线密度特征等提取方法。另外，还有注重背景而不是文字线的构造集成特征的提取方法。

3. 识别

识别方法是整个系统的核心。识别汉字的方法可以大致分为结构模式识别、统计模式识别及两者的结合。

(1)结构模式识别

汉字是一种特殊的模式，其结构虽然比较复杂，但具有相当严格的规律性。换言之，汉字图形含有丰富的结构信息，可以设法提取结构特征及其组字规律，作为识别汉字的依据，这就是结构模式识别。

结构模式识别是早期汉字识别研究的主要方法。其主要出发点是依据汉字的组成结构。从汉字的构成来说，汉字是由笔画(点、横、竖、撇、捺等)、偏旁部首构成的；还可以认为汉字是由更小的结构基元构成的。由这些结构基元及其相互关系完全可以精确地对汉字加以描述，在理论上是比较恰当的。

结构模式识别的主要优点在于对字体变化的适应性强，区分相似字能力强。但抗干扰能力差，因为实际得到的文本图像中存在着各种干扰，如倾斜、扭曲、断裂、粘连、纸张上的污点和对比度差等。这些因素直接影响到结构基元的提取，假如结构基元不能准确地得到，后面的推理过程就成了无源之水。

此外，结构模式识别的描述比较复杂，匹配过程的复杂度因而也较高。所以在印刷体汉字识别领域中，纯结构模式识别方法已经逐渐衰落，方法正日益受到挑战。

(2)统计模式识别

统计决策论发展较早，理论也较成熟。其要点是提取待识别模式的一组统计特征，然后按照一定准则所确定的决策函数进行分类判决。常用于文字识别的统计模式识别方法如下所示。

①模板匹配。模板匹配以字符的图像作为特征，与字典中的模板相比，相似度最高的模板类即为识别结果。这种方法简单易行，可以并行处理。但是一个模板只能识别同样大小、同种字体的字符，对于倾斜、笔画变粗变细均无良好的适应能力。

②特征变换方法。对字符图像进行二进制变换或更复杂的变换，变换后特征的维数大大降低。但是这些变换不是旋转不变的，因此对于倾斜变形的字符的识别会有较大的偏差。二进制变换的计算虽然简单，但变换后的特征没有明显的物理意义。K-L 变换虽然从最小均方误差角度来说是最佳的，但是运算量太大，难以实用。总之，变换特征的运算复杂度较高。

③投影直方图法。利用字符图像在水平方向及垂直方向的投影作为特征进行文字识别。该方法对倾斜旋转非常敏感，细分能力差。

④几何矩特征。M. K. Hu 提出利用矩不变量作为特征的想法，引起了研究矩的热潮。研究人员又确定了数十个平移不变、比例不变的矩。我们总希望找到稳定可靠的、对各种干扰适应能力很强的特征，在几何矩方面的研究正反映了这一愿望。以上所涉及的几何矩均在线性变换下保持不变。但在实际环境中，很难保证线性变换这一前提条件。

⑤Spline 曲线近似与傅里叶描绘子法。两种方法都是针对字符图像轮廓的。Spline 曲线近似是在轮廓上找到曲率大的折点，利用 Spline 曲线来近似相邻折点之间的轮廓线。而傅里叶描绘子法则是利用傅里叶函数模拟封闭的轮廓线，将傅里叶级数的各个系数作为特征的。前者对于旋转很敏感，后者对于轮廓线不封闭的字符图像不适用，因此很难用于笔画断裂的字符的识别。

⑥笔画密度特征法。笔画密度的描述有许多种，这里采用如下定义：字符图像某一特定范围的笔画密度是在该范围内，扫描线沿水平、垂直或对角

线方向扫描时的穿透次数。这种特征描述了汉字的各部分笔画的疏密程度，提供了比较完整的信息。在图像质量可以保证的情况下，这种特征相当稳定。在脱机手写体的识别中也经常用到这种特征，但是在字符内部笔画粘连时误差较大。

⑦外围特征。汉字的轮廓包含了丰富的特征，即使在字符内部笔画粘连的情况下，轮廓部分的信息也还是比较完整的。这种特征非常适合于作为粗分类的特征。

⑧基于微结构特征的方法。这种方法的出发点在于：汉字是由笔画组成的，而笔画是由一定方向、一定位置关系与长宽比的矩形段组成的。这些矩形段则称为微结构。利用微结构及微结构之间的关系组成的特征对汉字进行识别，尤其是对于多体汉字的识别，获得了良好的效果。其不足之处是，在内部笔画粘连时，微结构的提取会遇到困难。

当然还有许多统计特征识别法，如图描述法、包含配选法、脱壳透视法、差笔画法等。

统计特征的特点是抗干扰性强，匹配与分类的算法简单，易于实现。不足之处在于细分能力较弱，区分相似字的能力差一些。

(3)结构模式识别与统计模式识别的结合

结构模式识别与统计模式识别各有优缺点，这两种方法正在逐渐融合。网格化特征就是这种结合的产物。字符图像被均匀地或非均匀地划分为若干区域，称为“网格”。在每一个网格内寻找各种特征，如笔画点与背景点的比例，交叉点、笔画端点的个数，细化后的笔画长度、网格部分的笔画密度等。特征的统计以网格为单位，即使个别点的统计有误差也不会造成大的影响，增强了特征的抗干扰性。这种方法正得到日益广泛的应用。

9.3 车辆牌照识别

近年来，汽车牌照智能识别的技术发展很快，基于图像的车牌识别系统的研究引起了许多学者的广泛兴趣。

车牌识别过程大体可分为四个步骤，即车牌图像预处理、车牌定位、车牌字符分割和车牌字符识别。

9.3.1 车牌图像的预处理

在车牌定位算法中，第一个步骤就是图像的预处理。一般车牌识别系统中为了使系统准确可靠运行，采集的图像都是 RGB 彩色高分辨率图像，而算法主要是对灰度图像或二值图像进行处理，因此首先要把原图像转化为灰度图像。

1. 彩色图像的灰度化

彩色图像的灰度化有几种转换公式。较早的图像灰度化处理比较简单，图像像素的灰度值一般通过直接取彩色图像三分量中最大值或三种色彩的平均值来得到。前者得到的灰度图通常会偏亮，而后者得到的图像则比较平滑，损失了原图像中的一些细节。一般较为常用的彩色图像灰度转换公式为

$$I=0.3R+0.59G+0.11B$$

式中，I 为灰度图的亮度值；R 为彩色图像红色分量值；G 为彩色图像绿色分量值；B 为彩色图像蓝色分量值。三分量前的系数为经验加权值。加权系数的选取是基于人眼的视觉模型：对人眼较为敏感的绿色取较大的权值；对人眼较为不敏感的蓝色则取较小的权值。通过该公式转换的灰度图能够比较好地反映原图像的亮度信息。

2. 滤除图像噪声

为了避免噪声对垂直边缘锐化的影响，在锐化之前需要进行滤波。这些噪声大多是随机的冲击噪声，属于高频分量。噪声消除的方法有很多，系统采用了邻域平均法和中值滤波法。

采用的中值滤波的窗口为 3×3 的矩形窗口，结果表明通过中值滤波可以很好地消除噪声点的干扰，更重要的是使用这种中值滤波还能有效地保护边界信息，如图 9-11 所示。

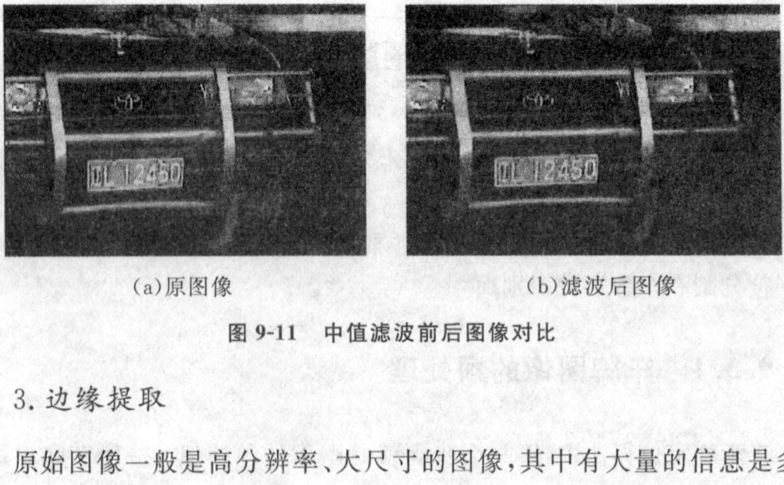

(a)原图像　　　　(b)滤波后图像

图 9-11　中值滤波前后图像对比

3. 边缘提取

原始图像一般是高分辨率、大尺寸的图像，其中有大量的信息是多余

的，需要从中抽取不变量，简化信息，这就意味着要去除一些不必要的信息而尽可能利用物体的不变性质。同时观察车牌图像发现，车牌的垂直边缘密集丰富，车身图像恰恰相反。而边缘又是最重要的不变性质：光线变化会影响一个区域的外观，但是不会改变边缘。于是，利用边缘提取来压缩信息量，简化图像分析。

常用的边缘检测方法主要有以下几种。

（1）检测梯度的最大值

由于边缘发生在图像灰度值变化比较大的地方，对应连续情形就是说梯度较大，所以利用比较好的求导算子求梯度场成为一种思路。Roberts 算子、Prewitt 算子和 Sobel 算子等就是比较简单而常用的例子。

（2）检测二阶导数的零交叉点

这是因为边缘处的梯度取得最大值，也就是二阶导数的零点。这类算法有 Laplace 算子。

（3）小波多尺度边缘检测

20 世纪 90 年代，随着小波分析的迅速发展，小波开始用于边缘检测。作为研究非平稳信号的有力工具，小波在边缘检测方面具有得天独厚的优势。

另外，还有 Canny 法求边缘、模糊数学的方法及最近提出来的边缘流检测新方法。

在本系统中，对边缘检测方法的选取有特殊的要求，首先就是提取垂直方向的边缘同时尽量消除水平方向的边缘；其次就是需要保证牌照定位系统的实时性，在算法的效率和效果上达到平衡，同时希望算法得到的边缘具有良好的连续性，得到的边缘和背景相差比较大，避免后期将较多背景算在车牌区域里，系统采用了一维 Prewitt 梯度算子。

令数字图像 $f(x,y)$，则其梯度场可定义为

$$\nabla f(x,y)=\left(\frac{\delta f}{\delta x},\frac{\delta f}{\delta y}\right)$$

由于系统只注重车牌的垂直纹理，所以只取垂直方向的梯度场，选取水平方向上的一维 Prewitt 算子[−1,0,1]（点 0 为窗口中心的像素）来对图像进行边缘检测。与二维算子相比，该微分算子计算更为简单快速，能较好地满足我们的实际要求。该微分算子对应的运算公式为

$$\nabla f=|f(x+1,y)-f(x-1,y)|$$

对前面预处理后的灰度图使用上述算子进行计算，得到的结果再进行阈值处理，得到二值化图像。阈值 TH 的选取如下：

$$\mathrm{TH}=\mathrm{scale}*\mathrm{mean}$$

式中，scale 为自适应的倍数；mean 为边缘图像的平均灰度值。scale 根据边缘图像的灰度来决定，如果整体灰度值较大，则 scale 提高；反之，scale 降低。

对灰度图像用本算法进行边缘提取二值化得到的图像如图 9-12 所示。

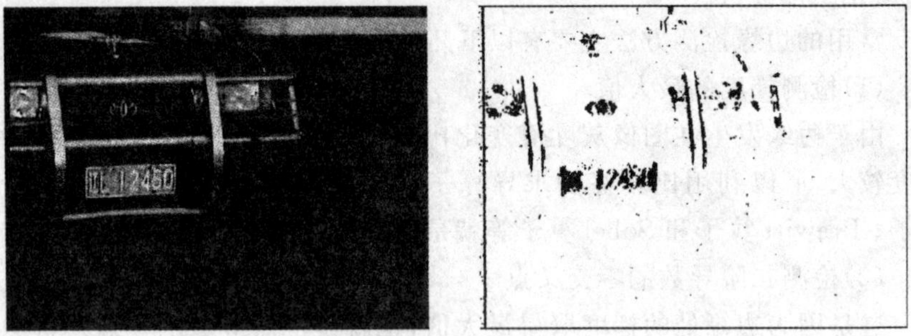

图 9-12　灰度图的 Prewitt 算子检测垂直边缘

9.3.2　车牌定位

单纯使用垂直边缘定位，由于边缘是离散的，所以很容易丢失字符，只能得到不完整的车牌区域。所以要定位车牌区域，首先就要把没有连接的字符连接起来，其次就是去除干扰区域，这些都应该综合考虑车牌的多个特征。

1. 形态学方法形成连通域

为了连接离散字符边缘，考虑使用数学形态学的方法来进行处理。一般传统的图像处理算子都是基于解析方式描述对每个点进行处理的，而数学形态学的算子则是基于几何方式描述的，对一个区域进行处理，数学形态学更适合视觉信息的处理和分析。

在车牌定位中，车牌的几何比例都是固定的，且在现场实拍中，摄像机和地感线之间的距离是固定的，因此车牌区域在图像中的大小比例也是差不多固定的，可以利用形态学连接在一定范围内的垂直边缘，在连接后并可以滤除不符合条件的噪声区域。

形态学基本运算包括膨胀运算、腐蚀运算、闭合运算、开启运算等。

2. 连通域体态分析

在图像处理中，非牌照区域的背景中存在其他的干扰纹理，经形态处理后得到的图片中会包含有多个连通区域。而经过观察可知，非牌照连通域的形状特性与牌照的形状特性存在较大差异，所以可以根据体态特征对候选车牌队列进行筛选。而要从形态学滤波后的结果中生成候选队列，就需要用到连通区域标记。

系统采用 8 邻域区域标记算法，并假设在二值化后的图像中，目标点为“1”，背景点为“0”，则递归标记算法如下。

①按从左到右、从上到下，从图像的左上角开始扫描，直到发现一个没有标记的 1 像素点。

②对此 1 像素点赋予一个新的标记 NewFlag。

③此时按 8 邻域对此 1 像素（阴影）点的 8 个邻点进行扫描，若遇到没有标记的 1 像素点就把它标记为 NewFlag（同第二步中的 NewFlag）。此时又要按上述次序扫描 8 个邻点中的 1 像素的 8 个邻点，若遇到没有标记的 1 像素，又将它标记为 NewFlag。此过程是一个递归，直到没有标记的 1 像素点被耗尽，才开始层层返回。同时，记下连通域外接矩形四角坐标的位置，并不断更新。

④递归结束，NewFlag＝NewFlag＋1，然后继续扫描没有标记的 1 像素点，然后执行步骤②、步骤③。

⑤反复执行上述过程直至扫描到图像的右下角。

在区域标记后，就可以对每一个候选区域进行体态分析，根据牌照的一些体态几何信息初步对非牌照的连通区域进行过滤。过滤条件借助以下几个牌照体态特征：长宽比、区域面积与整体面积比例及区域面积与区域外接矩形面积比例等。

设区域面积为 area，图像面积为 Area，外接矩形面积为 Areal；区域长度为 length，区域宽度为 width，在通过体态分析的区域应该具有以下这些特征。

①区域面积与图像面积相比：

$$\frac{\text{area}}{\text{Area}}>r_1(0.0065)\text{（}r_1\text{ 根据具体情况选取，下同）}$$

②区域长宽比：

$$r_{21}(1.5)<\frac{\text{length}}{\text{width}}<r_{22}(6.5)$$

③区域面积与外接矩形面积比：

$$\frac{\text{area}}{\text{Areal}}>r_3(1\sim 2/3)$$

如图 9-13 所示是某图区域标记、体态分析后的结果，采用不同的灰度值表示不同的区域。

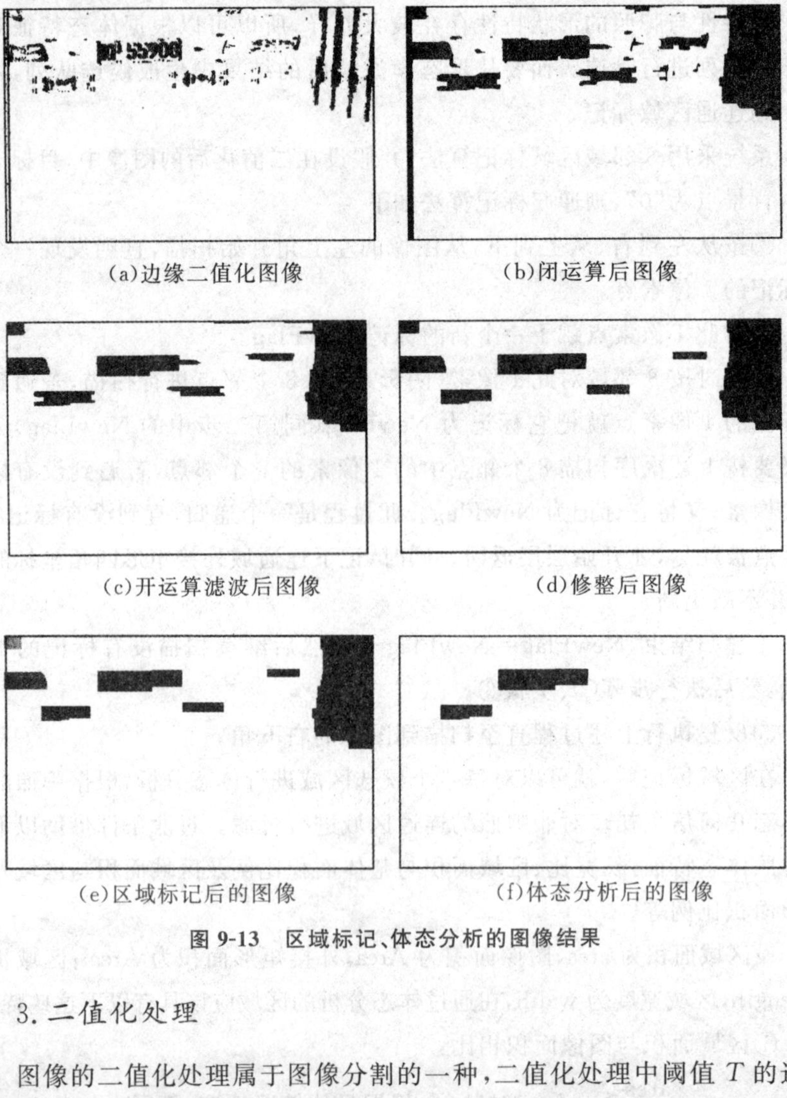

(a)边缘二值化图像　(b)闭运算后图像

(c)开运算滤波后图像　(d)修整后图像

(e)区域标记后的图像　(f)体态分析后的图像

图 9-13　区域标记、体态分析的图像结果

3. 二值化处理

图像的二值化处理属于图像分割的一种，二值化处理中阈值 T 的选取很重要，可由下面函数表示：

$$T=T[x,y,p(x,y),f(x,y)]$$

式中，$f(x,y)$为点(x,y)的灰度级；$p(x,y)$表示这个点的局部性质。

当 T 取决于 $f(x,y)$时，阈值就被称作是全局的。若 T 取决于 $f(x,y)$ 和 $p(x,y)$，阈值是局部的。另外，若 T 取决于空间坐标 x 和 y，阈值就是动态的或自适应的。

下面列举了常用的几种二值化方法特点及实际效果。

(1)P-tile 法

P-tile 法也称为 p 分位数法，使用目标或背景的像素比例等于其先验概率来设定阈值，简单高效，但是不适用于先验概率难以估计的图像。

虽然 P-tile 法的适用范围比较狭窄，但是在车牌定位中却正好适用，因为对于牌照区域，车牌字符与背景的面积比例是大致一定的，正好符合 P-tile 法使用的前提。P-tile 法效果如图 9-14 所示。

图 9-14　P-tile 阈值法

（2）迭代方法选取阈值

迭代方法是一种试探性的方法。它可以自动地得到，其效果如图 9-15 所示。

图 9-15　迭代阈值法

在测试中，利用迭代方法也得到了不错的效果，只是运行效率依据迭代的次数而定，在次数过大的时候效率较慢。

（3）最大类间方差法

最大类间方差方法（OSTU 法）是一种基于判别式分析的方法。在测试中，最大类间方差法是分割效果最好的一种方法，如图 9-16 所示。但是当光照过强或过弱的时候，会使图像的动态范围过窄，或者是由于前面的形态学处理包含了过多的车体部分，使得灰度直方图形成多峰状态，最大类间方差法失效。

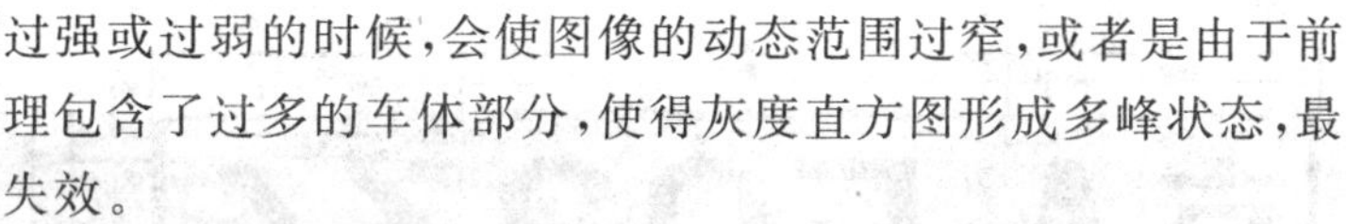

图 9-16　最大类间方差法

（4）局部动态二值化

若考虑到车牌区域可能存在牌面有脏污、光照不均匀的情况，全局二值化的方法有可能失效，此时可以考虑使用局部二值化的方法，如图 9-17 所示。

图 9-17　局部动态阈值法

在测试中,局部动态阈值法没有取得良好的效果,容易出现字符断裂及伪影,这是由该算法本身的特点所决定的。

9.3.3　车牌字符分割

经过车牌定位和二值化处理后所确定的车牌是一个整体,包含了文字及文字之间的空白,所以要想识别单个字符,就必须先把字符从一行文字中分离出来,这就是字符分割(也称为字符切分)。

进行字符分割的目的就是要找到单个字符的外接矩形,尽可能地少含有噪声,以便进行识别。这里,并不单纯依靠字符的垂直投影特征,而是综合车牌的先验信息,采用寻找标准宽度和定位参考点的方法来进行字符切分。

1. 车牌字符规律和几何特征

标准车牌格式是 $X_1X_2X_3X_4X_5X_6X_7$,其中,X_1 是各省、直辖市和自治区的简称,X_2 是英文字母,X_3X_4 是英文字母或阿拉伯数字,$X_5X_6X_7$ 是阿拉伯数字,并且对于不同的 X_1,X_2 的取值是不一样的。X_2 和 X_3 之间有一个小圆点。标准车牌示意图如图 9-18 所示。

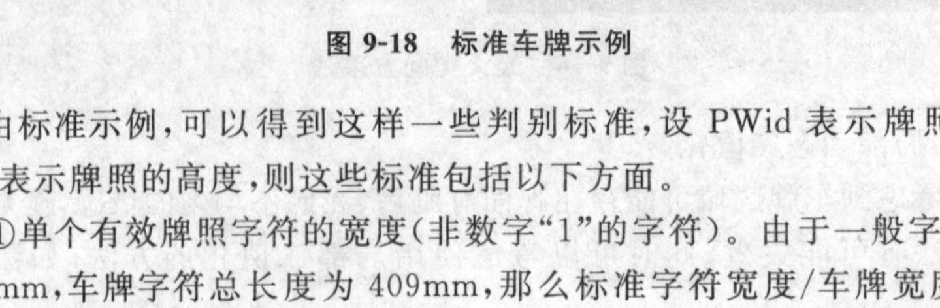

图 9-18　标准车牌示例

由标准示例,可以得到这样一些判别标准,设 PWid 表示牌照宽度,PHei 表示牌照的高度,则这些标准包括以下方面。

①单个有效牌照字符的宽度(非数字"1"的字符)。由于一般字符宽度为 45mm,车牌字符总长度为 409mm,那么标准字符宽度/车牌宽度 PWid 应该约等于 0.1,所以实际中的牌照字符宽度 CWid 在 0.9 * (0.1 * PWid)～

1.2＊(0.1＊PWid)之间。

②若不考虑两个字符“1”的间距(38.5mm)，第二、第三字符之间的间距最大(34mm)，是其余两个非零字符间距(12mm)的2.8倍左右，可以作为寻找参考点的特征。

③由图9-18可以看出，两个铆钉的位置在第二、第六字符的上下位置，实际中容易造成字符粘连而无法得到正确的字符高度，而第三、第四字符基本上不会有干扰，所以应该以第三字符的宽度、高度作为标准。

④数字“1”的判别标准。字符“1”的宽度约为13.5mm，为标准字符宽度45mm的0.3倍，即实际字符“1”的宽度CWid1在0.2＊(0.1＊PWid)～0.5＊(0.1＊ PWid)之间，且与邻近的字符间距较大。

⑤垂直边框的去除。垂直边框与相邻字符的间距比字符之间的间距要小，且垂直边框的位置在区域图像的左右两边，可以根据这两个特征去除边框。

2.车牌字符分割的实现

分割时，首先利用垂直投影图的波谷间隔分割出每一个可能字符的起点和终点；根据规律寻找字符的标准宽度，利用标准宽度和排列规律剔除干扰区域，将粘连的字符重新分割或将非连通字符如左右结构的汉字进行合并；然后寻找最大间隔，进而找到第三字符的左边界作为字符分割的起点或者参考点，以此参考点向左向右找到7个字符块。

具体的算法实现过程如下。

①对二值化图像进行垂直投影，以Th＝1为初始阈值对投影数组进行扫描，如图9-19所示。

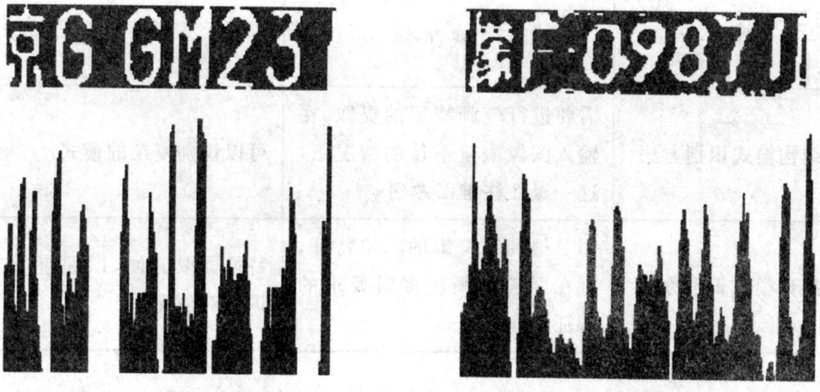

(a)没噪声的正常情况　　(b)有噪声的情况

图9-19　二值化车牌图像垂直投影

②利用最大间隔来寻找第二、第三字符。以第三字符为参考点，向左找 2 个字符，向右找 4 个字符，用一个新的链表记下位置和宽度信息，作为最后的车牌单个字符的分割结果。

如图 9-20 所示是一系列校正后的车牌字符分割后的结果。

车牌

切割字符

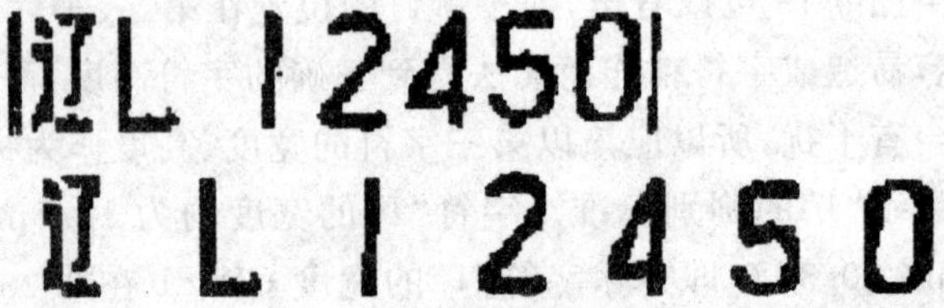

图 9-20　车牌字符分割后的结果

9.3.4　车牌字符识别

人类的视觉感知系统是一个鲁棒性很强的、能抵御实际中可能遇到的各种变形和噪声干扰的文字和字符识别系统。人们的认识过程实际上是对汉字和字符的整体形象的把握，是对其图像全局的处理过程。因而，汉字和字符的整体信息在无笔顺识别中起着无法替代的重要作用。

目前，人们正致力于研究一个类似于人类视觉的鲁棒性很强的车牌字符识别系统。通常的字符识别方法可分为两类：基于字符结构（笔画特征）的结构模式识别和基于字符统计特征的统计模式识别。这两种方法的优缺点的对比如表 9-1 所示。

表 9-1　结构模式识别与统计模式识别对比

特点 / 方法	缺点	优点
结构模式识别方法	需要进行笔画特征的提取，在输入图像质量不佳的情况下，这一点往往难以做到	可以识别复杂的模式
统计模式识别方法	需要得到字符集的稳定特征，且在字符笔画较多时要求的特征量非常大	特征提取方便，识别速度与识别对象无关

统计模式识别借助概率论的知识，判断或决策对象的特征类别，使得决策的错误率达到最小。基于统计特征的识别方法先抽取识别对象的稳定特

征，组成特征矢量，然后在字符集的特征空间中进行特征匹配。

二值化的图形模板在实际研究中发现，其虽然直观，但匹配计算过程过于简单直接，对倾斜、形变、残损、模糊的待识别字符匹配误差较大，因此鲁棒性较差。而灰度模板由于光照、色彩等因素影响，难以找到普遍适用的模板形式实现直接的匹配计算。

综合以上两方面的问题，在引入统计模式识别思想的基础上，采用了基于二值图形变动分析的模糊模板匹配方案。如图 9-21 所示给出了一个识别系统识别字符示例。

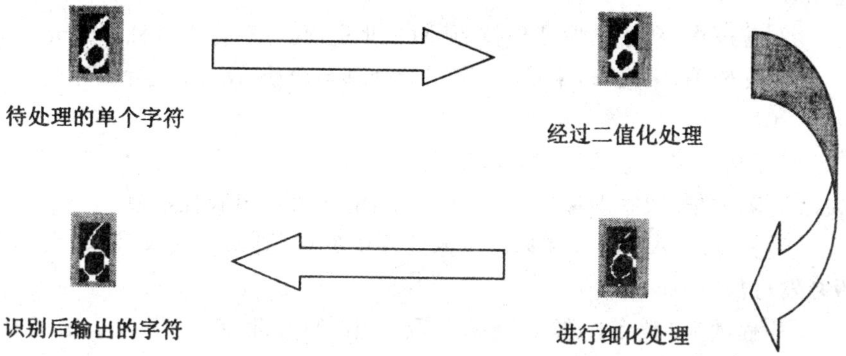

图 9-21　识别系统识别字符示例

在含有汽车牌照的图像中，即使是相同的字符，由于车牌倾斜、模糊，特别是由于每次定位不可能完全精确一致等诸多因素的影响，导致在二值图中字符的形状、大小都会不同，字符位置也会发生不同程度的偏移。将这种二值图形的不规则现象称为图形的变动。在字符识别的分析过程中，希望对图形变动的大小进行量化处理。因此，使用了求图形整体变动量的统计方法，其优点是不需要参照标准图形，可以进行客观评价，并构造出用于匹配识别的模糊模板。

参考文献

[1]蔡利梅,王利娟.数字图像处理[M].西安:西安电子科技大学出版社,2014.

[2]曹茂永.数字图像处理技巧[M].北京:高等教育出版社,2016.

[3]陈健美,宋余庆,朱峰.数字图像处理与分析[M].江苏:江苏大学出版社,2015.

[4]陈莉.数字图像处理算法研究[M].北京:科学出版社,2016.

[5]陈天华.数字图像处理[M].北京:清华大学出版社,2014.

[6]程刚.MATLAB 在数字图像处理中的应用[M].武汉:清华大学出版社发行部,2016.

[7]程远航.数字图像处理基础及应用[M].北京:清华大学出版社,2018.

[8]单冬冬.去除薄雾的图像恢复与增强算法研究[D].长春:长春理工大学,2010.

[9]冯学智,肖鹏峰,赵书河,等.遥感数字图像处理与应用[M].北京:商务印书馆,2011.

[10]韩晓军.数字图像处理技术与应用[M].北京:电子工业出版社,2017.

[11]郝红非.负矩阵分解在遥感图像识别中的应用[D].杭州:浙江农林大学,2011.

[12]胡学龙.数字图像处理与分析[M].北京:电子工业出版社,2014.

[13]贾永红,何彦霖,黄艳.数字图像处理技巧[M].武汉:武汉大学出版社,2017.

[14]蒋爱平,王晓飞,杜宝祥,等.数字图像处理[M].北京:科学出版社,2017.

[15]李成.视频监控系统中自动调焦技术的研究[D].长沙:长沙理工大学,2009.

[16]李江晖.改进遗传算法在图像恢复中的应用研究[D].长沙:中南大学,2013.

[17]李俊山，李旭辉，朱子江. 数字图像处理[M]. 北京：清华大学出版社，2017.

[18]李文娟. 基于视觉特性的彩色图像质量评价研究[D]. 长春：吉林大学，2006.

[19]李智雪. 遥感图像的色彩均衡与无缝处理研究[D]. 北京：北京邮电大学，2008.

[20]刘仁云，孙秋成，王春艳. 数字图像中边缘检测算法研究. [M]. 北京：科学出版社，2015.

[21]刘星彤. 基于图像识别技术的高尔夫挥杆动作分析仪的研制[D]. 沈阳：东北大学，2011.

[22]鲁溟峰，张峰，陶然. 分数傅里叶变换域数字化与图像处理[M]. 北京：北京理工大学出版社，2016.

[23]牟新刚. 基于 PFGA 的数字图像处理原理及应用[M]. 北京：电子工业出版社，2017.

[24]全红艳，王长波. 数字图像处理原理与实践[M]. 北京：机械工业出版社，2017.

[25]石鑫. 运动模糊雾霾图像增强算法研究[D]. 沈阳：东北大学，2013.

[26]孙正. 数字图像处理技术及应用[M]. 北京：机械工业出版社，2016.

[27]孙忠贵. 数字图像处理基础与实践[M]. 北京：清华大学出版社，2016.

[28]王科平. 数字图像处理[M]. 北京：机械工业出版社，2015.

[29]王向东. 数字图像处理[M]. 北京：高等教育出版社，2016.

[30]王小玉. 图像去噪复原方法研究[M]. 北京：电子工业出版社，2017.

[31]王一丁，李琛，王蕴红. 数字图像处理[M]. 西安：西安电子科技大学出版社，2015.

[32]王一涵. 雾天图像增强方法研究[D]. 西安：西安电子科技大学，2012.

[33]吴娱. 数字图像处理[M]. 北京：北京邮电大学出版社，2018.

[34]肖创柏. 数字图像处理[M]. 北京：机械工业出版社，2015.

[35]谢凤英. 数字图像处理及应用[M]. 北京：电子工业出版社，2017.

[36]辛洪兵. 计算机图像处理[M]. 北京：国防工业出版社，2015.

[37]许录平. 数字图像处理[M]. 北京：科学出版社，2017.

[38]薛以平. 数码图像的处理与制作[M]. 辽宁：辽宁美术出版社，2015.

[39]杨杰. 数字图像处理及 MATLAB 实现[M]. 北京：电子工业出版社，2016.

[40]禹晶，孙卫东，肖创柏. 数字图像处理[M]. 北京：机械工业出版社，

2015.

[41]袁金国.遥感图像数字处理[M].北京:中国环境科学出版社,2006.

[42]张丰收,宋卫东,李振伟.数字图像处理技术及应用[M].北京:中国水利水电出版社,2015.

[43]张国云.数字图像处理及工程应用[M].西安:西安电子科技大学出版社,2016.

[44]张弘.数字图像处理与分析[M].北京:机械工业出版社,2016.

[45]张金峰.基于图像处理的棒材自动计数系统的研究[D].沈阳:东北大学,2010.

[46]张培珍.计算机图像处理及应用[M].北京:北京大学出版社,2015.

[47]张仕娇.基于混沌神经网络的图像压缩技术[D].成都:电子科技大学,2008.

[48]张铮,徐超,任淑霞,等.数字图像处理与机器视觉[M].北京:人民邮电出版社,2014.

[49]赵丹.鱼眼图像变形校正算法研究[D].秦皇岛:燕山大学,2011.

[50]赵荣椿,赵忠明,张艳宁,等.数字图像处理[M].西安:西北工业大学出版社,2016.

[51]赵小川,何灏,吴军,等.数字图像处理高级应用[M].北京:清华大学出版社,2015.

[52]赵小川,赵斌.MATLAB数字图像处理[M].北京:北京航空航天大学出版社,2015.

[53]朱虹.数字图像处理基础[M].北京:科学出版社,2017.

[54]朱文泉,林文鹏.遥感数字图像处理实践与操作[M].北京:高等教育出版社,2016.

[55]朱秀昌,刘峰,胡栋.数字图像处理与图像信息[M].4版.北京:北京邮电大学出版社,2016.

[56]左飞.数字图像处理[M].北京:电子工业出版社,2014.